潘品英　等编著

电机绕组端面

模拟彩图总集 第二分册

三相特种布线·单、三相变极多速电动机

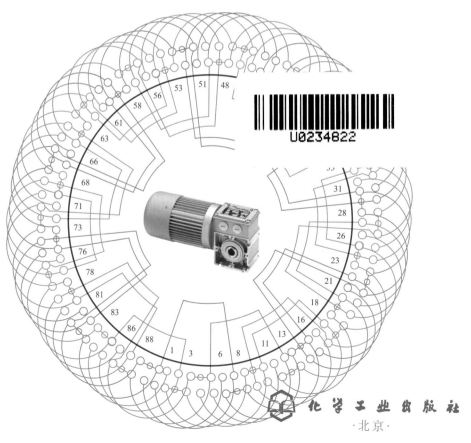

化学工业出版社
·北京·

图书在版编目（CIP）数据

电机绕组端面模拟彩图总集. 第二分册，三相特种布线·单、三相变极多速电动机/潘品英等编著. —北京：化学工业出版社，2015.11

ISBN 978-7-122-24844-2

Ⅰ.①电… Ⅱ.①潘… Ⅲ.①电机-绕组-端面-图集 Ⅳ.①TM303.1-64

中国版本图书馆 CIP 数据核字（2015）第 179871 号

责任编辑：高墨荣　　　　　　　　　　装帧设计：张　辉

责任校对：蒋　宇

出版发行：化学工业出版社（北京市东城区青年湖南街 13 号　邮政编码 100011）

印　　装：北京画中画印刷有限公司

880mm×1230mm　1/32　印张 15¼　字数 471 千字

2016 年 3 月北京第 1 版第 1 次印刷

购书咨询：010-64518888（传真：010-64519686）　售后服务：010-64518899

网　　址：http://www.cip.com.cn

凡购买本书，如有缺损质量问题，本社销售中心负责调换。

定　　价：68.00 元

编写人员名单

王少平	王亚男	王耀华	陈 居	陈玉娥
苏小波	苏自强	阮群英	招才万	庞采连
章国强	黎川可	谭丙垄	潘玉景	潘品英

前 言

电动机绕组端面模拟画法是笔者原创于二十世纪八十年代末，并首用于 1993 年出版的《家用及中小型电动机重绕修理》一书，后又扩编为《电动机绕组布线接线彩色图集》。历经二十余年数次增订改进，至使画法未能划一而存不足，故今趁改编之际，特对原图重新绘制、增编，以求尽善。

模拟画法是从电机绕组进（接）线端部视向，模仿绕组的布接线型式、线圈有效边的分布层次，以及绕组接线布局状况，并配以黄、绿、红三色线条分相，绘制成一种新颖的电机绕组图。因其表现形式与电机绕组实物形象贴切，所以深得广大读者认可，同时也使众多著作者模仿。

为便于读者看懂模拟图，特作说明如下。

（1）图中小圆代表定子铁芯槽位及线圈的有效边；因此，单层线圈每槽用单圆表示；双层线圈则用上下两个小圆表示。

（2）端面模拟图用两小圆和连接小圆的弧线代表一只线圈。

（3）线圈组是由几只线圈顺向串联而成，端面模拟画法如图（a）所示；对叠式布线的线圈组则采用改进后的画法如图（b）所示。而双层同心布线也进行类似简化画法。

（4）图例嵌线表中，双层布线时，先嵌入槽底者为"下层"边，后嵌于面者称"上层"边。单层布线无上下层之分，特将每线圈的先嵌边称"沉边"，后嵌于面的端部称"浮边"。

（5）电机产品除部颁标准，还有上海标准，而各地区也有适应当地发展的标准；就 JO2 系列而言就有七种大同小异的规格。而图例所指的应用实例取自不同版本，所以，举例的型号与所修电机可能会有出入。

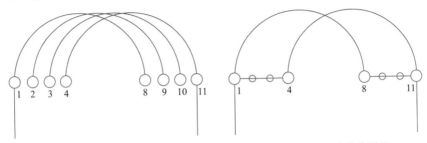

图（a）　端面图的线圈组　　　　图（b）　改进后的线圈组

　　《电机绕组端面模拟彩图总集》共分四册，本书是第二分册，内容延续三相系列电动机绕组应用中的特种型式，主要包括单层同心交叉式、双层链式、双层同心式及单双层混合式绕组。其中，双层同心式绕组在新近出现了一种变异型式，即双层同心整嵌三平面绕组，是 60 年前产品的翻版，目前却在非标产品中流行，故本书也收入 12 例，穿插于双层同心式节内，以供修理者参考。虽然，特种型式在标准系列用得很少，但在非标产品中并不罕见。

　　本书另一主题内容是三相及单相变极的双速、三速电动机绕组。三相所占篇幅较多，故以槽数逆序分为三章；而单相变极绕组，目前仅为笔者专有，但图例不多，仅有一节，供参考。

　　由于编者水平所限，书中不妥在所难免，诚望读者批评指正。

编著者

目　录

第 2 章　三相交流电动机单双层混合式绕组 ········· 80

第1章

三相系列电动机的特殊型式绕组

　　本章绕组仍属三相电动机范畴，是延续三相系列绕组型式的特殊品种，主要包括单层同心交叉式、双层链式及双层同心式。其特点在于它在正规系列中偶有应用但又实例不多，虽在正规产品中不多见，但却在修理中时常会碰到。此外，这些绕组型式局限于构成条件，不能像双层叠式那样扩展，故其规格品种很有限，因此，本书将其收入，归并于一章，供读者参考。

1.1 三相交流电动机单层同心交叉式绕组端面布接线图

单层同心交叉式绕组是具有"回"字形线圈组的"同心"和相邻线圈组元件数不相等的"交叉"的双重特征。它是将交叉式绕组的等距交叠线圈改变端部形式而成，因此它基本上具有单层交叉式绕组的特征，即每组线圈数为带 1/2 圈的带分数，因此，将 1/2 圈归并后，就构成单、双圈或双、三圈交替分布的"交叉式"型式。其实，它也是单层布线的分数绕组。

(1) 绕组结构参数

① 极相槽数　电动机绕组每相每极所占的槽数，它等于 $q = z/2pm$。交叉式显极布线时，q 值必须为整数的奇数；若 q 为带 1/2 的分数，则构成庶极交叉式。

② 每组圈数　单层同心交叉式每组线圈数由下式确定

大联圈数　　　　　$S_d = Q/u + 1/2$

小联圈数　　　　　$S_x = Q/u - 1/2$

每组圈数是单层同心交叉式的特征，故将其大小联列为标题（如 $S = 3/2$）的特征内容。

③ 同心节距　是同心线圈组形式标示，如同心组 1—10、2—9 标示为 1、2—9、10 等，余类推。

④ 绕组系数　同心交叉式属单层绕组故节距系数 $K_p = 1$。所以，绕组系数等于分布系数，即

$$K_{dp} = \frac{\sin(\alpha S_p)}{S_p \sin\alpha}$$

式中　α——每槽电角；

　　　S_p——同心线圈组的平均节距。

(2) 绕组特点

① 单层同心交叉式绕组同时具有同心式和交叉式绕组的特征；

② 绕组为全距，线圈由节距不等的大小联组成。显极布线时大、小联中最小线圈节距相等；庶极布线则是最大线圈的节距相等；

③ 同心交叉式绕组的同组线圈端部处于同一平面而便于布线；

④ 所有单层交叉式绕组均有可能改变而成为同心交叉式，但由于绕圈端部稍长而漏磁增加，且线圈规格增多，故实际应用反比交叉式绕组少。

(3) 绕组嵌线

绕组嵌线有两种方法，但此绕组是为适应整圈嵌线而设计，线圈组端部无交叉而处于同一平面，故较多采用整嵌法，对庶极绕组采用隔组嵌线，使大、小联端部分别处于两个平面上成为双平面绕组；而显极绕组可逐相分层嵌线构成三平面绕组，或用交叠法嵌线。

(4) 绕组接线

① 显极绕组　相邻线圈组极性相反，即同相相邻组间是"尾与尾"或"头与头"的反向连接。

② 庶极绕组　相邻线圈组极性均相同，即接线是顺向连接，如尾端与另一组头端相接。

1.1.1　18 槽 2 极（$S=2/1$）三相电动机绕组单层同心交叉式布线

(1) 绕组结构参数

定子槽数　$Z=18$　　　　电机极数　$2p=2$

总线圈数　$Q=9$　　　　极相槽数　$q=3$

线圈组数　$u=6$　　　　绕组极距　$\tau=9$

每组圈数　$S=2/1$　　　并联路数　$a=1$

同心节距　$y_o=1$、2—9、10；11—18

绕组系数　$K_{dp}=0.96$　　每槽电角　$\alpha=20°$

出线根数　$c=6$

(2) 绕组嵌线方法

本例绕组采用显极布线，可采用两种嵌线方法。

① 整嵌法　逐相分层嵌入，使绕组端部形成三平面层次。嵌线顺序见表 1-1。

表 1-1（a） 整嵌法

嵌绕次序		1	2	3	4	5	6	7	8	9	10	11	12	13	14	15	16	17	18
槽号	底层	2	9	1	10	11	18												
	中层							8	15	7	16	17	6						
	面层													14	3	13	4	5	12

② 交叠法　线圈交叠嵌线是嵌 2 槽空 1 槽，嵌 1 槽空 2 槽，吊边数为 3。由于本绕组的线圈跨距大，对内腔窄小的定子嵌线会感困难。嵌线顺序见表 1-1（b）。

表 1-1（b） 交叠法

嵌绕次序		1	2	3	4	5	6	7	8	9	10	11	12	13	14	15	16	17	18
槽号	沉边	2	1	17	14		13		11		8		7		5				
	浮边					3		4		18		15		16		12	9	10	6

(3) 绕组布接线特点及应用举例

本绕组由交叉式绕组演变而来，是同心交叉链的基本形式，常应用于小功率专用电动机，用 Y 形接法，出线 3 根。应用实例主要有老系列 JW-07A-2 三相小功率电动机；JW-YB-22、45 三相油泵电动机；电钻系列的 J3Z-13、19、23、32 等三相异步电动机。

(4) 绕组端面布接线

如图 1-1 所示。

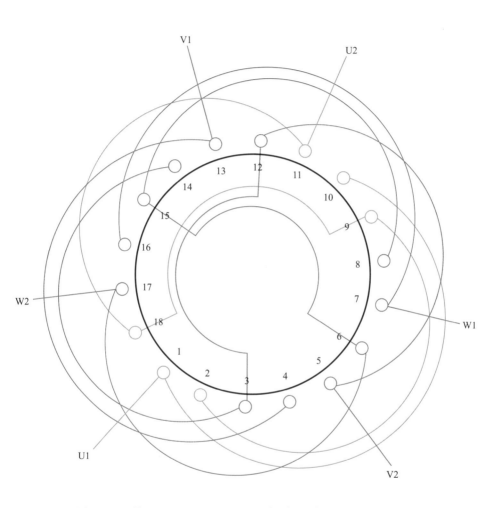

图 1-1　18 槽 2 极（S＝2/1）三相电动机绕组单层同心交叉式布线

1.1.2　30槽2极($S=3/2$)三相电动机绕组单层同心交叉布线

(1) 绕组结构参数

定子槽数　$Z=30$　　　　电机极数　$2p=2$

总线圈数　$Q=15$　　　　极相槽数　$q=5$

线圈组数　$u=6$　　　　　绕组极距　$\tau=15$

每组圈数　$S=3/2$　　　　并联路数　$a=1$

同心节距　$y_o=1、2、3—14、15、16；17、18—29、30$

绕组系数　$K_{dp}=0.957$　　每槽电角　$\alpha=12°$

出线根数　$c=6$

(2) 绕组嵌线方法

本例绕组可用两种嵌法，但因线圈跨距大，交叠法嵌线要吊5边，给嵌线带来一定难度，故通常只采用整嵌法，即逐相分层嵌线，使端部形成三个层次的平面。嵌线顺序见表1-2。

表 1-2　整嵌法

嵌绕次序		1	2	3	4	5	6	7	8	9	10	11	12	13	14	15
槽号	底层	3	14	2	15	1	16	18	29	17	30					
	中层											13	24	12	25	11
	面层															
嵌绕次序		16	17	18	19	20	21	22	23	24	25	26	27	28	29	30
槽号	底层															
	中层	26	28	9	27	10										
	面层						23	4	22	5	21	6	8	19	7	20

(3) 绕组布接线特点及应用举例

本例为30槽电机应用较多的绕组形式。绕组由3只同心线圈的大联组和2只线圈的小联组构成，每相有大、小联各1组，因是显极式布线，两组间的接线是反向串联，使其极性相反。主要应用实例有J03T-112S-2老系列电动机；Y-112M-2、Y-132S2-2新系列电动机和YLB-132-2深井电泵电动机等。

(4) 绕组端面布接线

如图 1-2 所示。

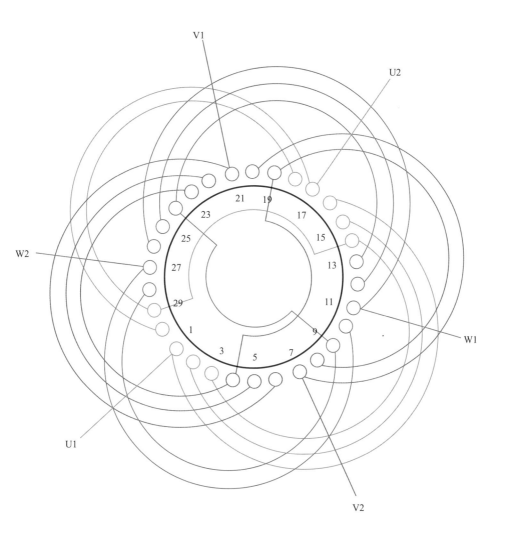

图 1-2　30 槽 2 极（$S=3/2$）三相电动机绕组单层同心交叉式布线

1.1.3　18槽4极（$S=2/1$）三相电动机绕组
单层同心交叉式（庶极）布线

(1) 绕组结构参数

定子槽数　$Z=18$　　　　　电机极数　$2p=4$

总线圈数　$Q=9$　　　　　极相槽数　$q=1\frac{1}{2}$

线圈组数　$u=6$　　　　　绕组极距　$\tau=4\frac{1}{2}$

每组圈数　$S=2/1$　　　　并联路数　$a=1$

同心节距　$y_{\scriptscriptstyle 0}=1$、2—5、6；10—15

绕组系数　$K_{dp}=0.96$　　　每槽电角　$\alpha=40°$

出线根数　$c=6$

(2) 绕组嵌线方法

本例绕组嵌线可用整嵌法或交叠法。

① 整嵌法　整圈嵌线是隔组嵌入，即先嵌双圈后嵌单圈，完成后绕组端部形成层次清楚的双平面；嵌线无需吊边，嵌线方便，是本绕组嵌线的首选方法。嵌线顺序见表1-3（a）。

表 1-3（a）　整嵌法

嵌绕次序		1	2	3	4	5	6	7	8	9	10	11	12	13	14	15	16	17	18
槽号	底层	2	5	1	6	14	17	13	18	8	11	7	12						
	面层													4	9	16	3	10	15

② 交叠法　嵌线需吊2边，嵌线顺序见表1-3（b）。

表 1-3（b）　交叠法

嵌绕次序		1	2	3	4	5	6	7	8	9	10	11	12	13	14	15	16	17	18
槽号	沉边	2	1	16		14		13		10		8		7		4			
	浮边				3		17		18		15		11		12		9	5	6

(3) 绕组布接线特点及应用举例

本例采用庶极布线，绕组由单、双圈联组成，每相两组是顺向串联，使其极性相同。绕组的线圈组数少，尤其采用整圈嵌线时嵌绕工艺方便省时，是国外电机常用的绕组型式之一，但国内极少使用，仅见于JW-07-4 小功率电动机。

（4）绕组端面布接线

如图 1-3 所示。

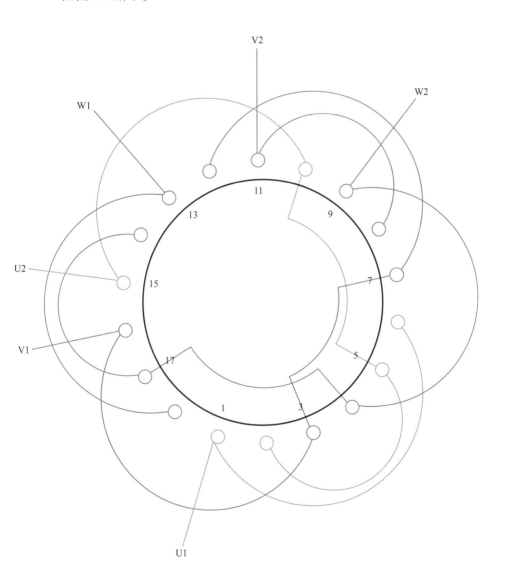

图 1-3　18 槽 4 极（$S=2/1$）三相电动机绕组单层同心交叉式（庶极）布线

1.1.4　30 槽 4 极（$S=3/2$）三相电动机绕组
单层同心交叉式（庶极）布线

（1）绕组结构参数

定子槽数　$Z=30$　　　　电机极数　$2p=4$

总线圈数　$Q=15$　　　　极相槽数　$q=2\frac{1}{2}$

线圈组数　$u=6$　　　　　绕组极距　$\tau=7\frac{1}{2}$

每组圈数　$S=3/2$　　　　并联路数　$a=1$

同心节距　$y_0=1、2、3—8、9、10；16、17—24、25$

绕组系数　$K_{dp}=0.957$　　每槽电角　$\alpha=24°$

出线根数　$c=6$

（2）绕组嵌线方法

本例嵌线宜用分层整嵌法，即嵌线时先将三相绕组的三圈大联组分别嵌入相应槽内，使其端部构成下平面；完后再把三相的双圈组嵌入相应槽内形成上平面，从而构成双平面结构。嵌线顺序见表 1-4。

表 1-4　整嵌法

嵌绕次序		1	2	3	4	5	6	7	8	9	10	11	12	13	14	15
槽号	下平面	3	8	2	9	1	10	23	28	22	29	21	30	13	18	12
	上平面															
嵌绕次序		16	17	18	19	20	21	22	23	24	25	26	27	28	29	30
槽号	下平面	19	11	20												
	上平面				7	14	6	15	27	4	26	5	17	24	16	25

（3）绕组布接线特点及应用举例

本例是单层同心交叉式庶极布线的绕组，它由"回"字形同心线圈组构成，相邻两组圈数不等，由大小联交替布线，从而构成"交叉"的特征。本绕组的大小线圈组的最大节距相同；因是庶极布线，故同相两组线圈极性相同，即"尾与头"接线，亦即全绕组的线圈组都是同极性。此绕组具有线圈数少，尤其是采用整嵌布线时更觉嵌绕方便，故具有省工省时的优点。但由于同心线圈组的线圈规格多，不为标准系列产品所用。曾见于系列电动机改绕。

（4）绕组端面布接线

如图 1-4 所示。

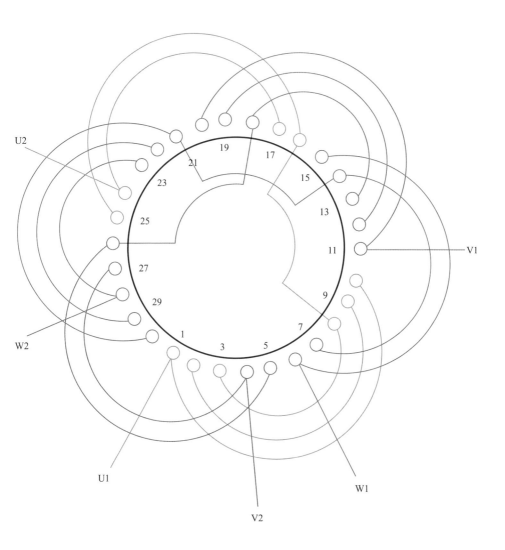

图 1-4　30 槽 4 极（S＝3/2）三相电动机绕组单层同心交叉式（庶极）布线

1.1.5　36 槽 4 极（$S=2/1$）三相电动机绕组
单层同心交叉式布线

(1) 绕组结构参数

定子槽数　$Z=36$	电机极数　$2p=4$
总线圈数　$Q=18$	极相槽数　$q=3$
线圈组数　$u=12$	绕组极距　$\tau=9$
每组圈数　$S=2/1$	并联路数　$a=1$
同心节距　$y_o=1、2—9、10；11—18$	
绕组系数　$K_{dp}=0.96$	每槽电角　$\alpha=20°$
出线根数　$c=6$	

(2) 绕组嵌线方法

本例可用两种方法嵌线。

① 整嵌法　采用逐相整嵌构成三平面绕组。嵌线顺序见表 1-5（a）

表 1-5（a）　整嵌法

嵌绕次序		1	2	3	4	5	6	7	8	9	10	11	12
槽号	下平面	2	9	1	10	29	36	20	27	19	28	11	18
嵌绕次序		13	14	15	16	17	18	19	20	21	22	23	24
槽号	中平面	8	15	7	16	35	6	26	33	25	34	17	24
嵌绕次序		25	26	27	28	29	30	31	32	33	34	35	36
槽号	上平面	14	21	13	22	5	12	32	3	31	4	23	30

② 交叠法　交叠嵌线吊边数 3，嵌线顺序见表 1-5（b）。

表 1-5（b）　交叠法

嵌绕次序		1	2	3	4	5	6	7	8	9	10	11	12	13	14	15	16	17	18
槽号	沉边	2	1	35	32		31		29		26		25		23		20		19
	浮边					3		4		36		33		34		30		27	
嵌绕次序		19	20	21	22	23	24	25	26	27	28	29	30	31	32	33	34	35	36
槽号	沉边		17		14		11		5										
	浮边	28		24		21		22		18		15		16		12	9	10	6

（3）绕组布接线特点及应用举例

本例绕组由单、双同心圈组成，是由交叉式演变而来的型式，属显极式绕组，同组间接线是反接串联。主要应用实例有 JO2L-32-4 型电动机。

（4）绕组端面布接线

如图 1-5 所示。

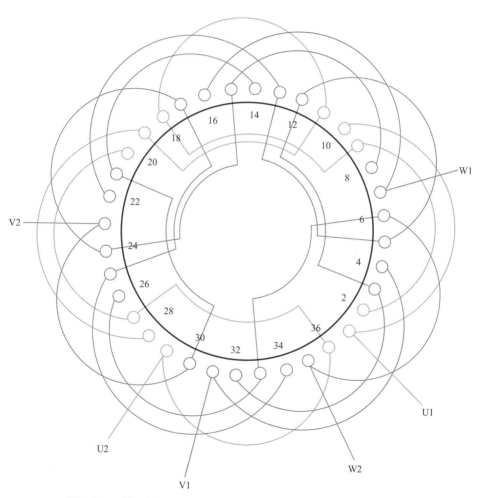

图 1-5　36 槽 4 极（S＝2/1）三相电动机绕组单层同心交叉式布线

1.1.6　36 槽 4 极（$S=2/1$、$a=2$）三相电动机绕组单层同心交叉式布线

(1) 绕组结构参数

定子槽数	$Z=36$	电机极数	$2p=4$
总线圈数	$Q=18$	极相槽数	$q=3$
线圈组数	$u=12$	绕组极距	$\tau=9$
每组圈数	$S=2/1$	并联路数	$a=2$
同心节距	$y_0=1$、$2—9$、10；$11—18$		
绕组系数	$K_{dp}=0.96$	每槽电角	$\alpha=20°$
出线根数	$c=6$		

(2) 绕组嵌线方法

本例绕组嵌线可用交叠法或整嵌法，但整嵌将构成三平面绕组，使端部整形困难，故通常都采用交叠嵌线，其嵌线顺序见表 1-6。

表 1-6　交叠法

嵌绕次序		1	2	3	4	5	6	7	8	9	10	11	12	13	14	15	16	17	18
槽号	沉边	32	31	29	26		25		23		20		19		17		14		13
	浮边					33		34		30		27		28		24		21	
嵌绕次序		19	20	21	22	23	24	25	26	27	28	29	30	31	32	33	34	35	36
槽号	沉边		11		8		7		5		2		1		35				
	浮边	22		18		15		16		12		9		10		6	3	4	36

(3) 绕组布接线特点及应用举例

本例采用二路并联，每相由 4 组线圈组成，每支路由单、双圈各一组反极性串联再并接成两路。主要应用实例有 JO3L-160S-4 等老系列电动机。

（4）绕组端面布接线
如图 1-6 所示。

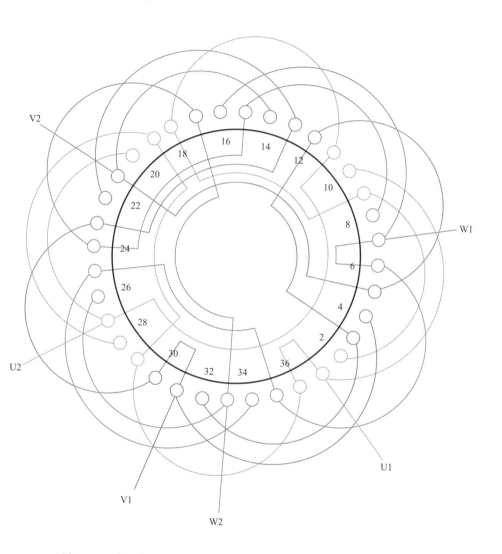

图 1-6　36 槽 4 极（$S=2/1$、$a=2$）三相电动机单层同心交叉式布线

1.1.7　54槽6极（$S=2/1$）三相电动机绕组
单层同心交叉式布线

（1）绕组结构参数

定子槽数　$Z=54$　　　　电机极数　$2p=6$

总线圈数　$Q=27$　　　　极相槽数　$q=3$

线圈组数　$u=18$　　　　绕组极距　$\tau=9$

每组圈数　$S=2/1$　　　　并联路数　$a=1$

同心节距　$y_0=1、2-9、10；11-18$

绕组系数　$K_{dp}=0.96$　　　每槽电角　$\alpha=20°$

出线根数　$c=6$

（2）绕组嵌线方法

本例绕组嵌线可用整嵌法或交叠法。整圈嵌线是逐相分层嵌入，形成三平面绕组，嵌线顺序见表1-7。

表1-7　整嵌法

嵌绕次序		1	2	3	4	5	6	7	8	9	10	11	12	13	14	15	16	17	18
槽号	底层	2	9	1	10	47	54	38	45	37	46	29	36	20	27	19	28	11	18
	中层																		
	面层																		
嵌绕次序		19	20	21	22	23	24	25	26	27	28	29	30	31	32	33	34	35	36
槽号	底层																		
	中层	8	15	7	16	53	6	44	51	43	52	35	42	26	33	25	34	17	24
	面层																		
嵌绕次序		37	38	39	40	41	42	43	44	45	46	47	48	49	50	51	52	53	54
槽号	底层																		
	中层																		
	面层	14	21	13	22	5	12	50	3	49	4	41	48	32	39	31	40	23	30

（3）绕组布接线特点及应用举例

本例为显极式布线，绕组由单、双同心圈交替轮换；每相由 6 组单、双圈构成，同相组间接线是反接串联。主要应用实例有 JR-115-6 绕线式转子。

（4）绕组端面布接线

如图 1-7 所示。

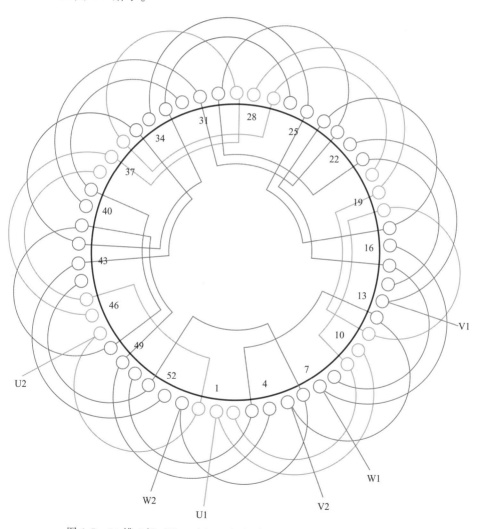

图 1-7　54 槽 6 极（S＝2/1）三相电动机绕组单层同心交叉式布线

1.1.8　54槽6极（$S=2/1$、$a=3$）三相电动机绕组单层同心交叉式布线

（1）绕组结构参数

定子槽数　$Z=54$　　　　　电机极数　$2p=6$

总线圈数　$Q=27$　　　　　极相槽数　$q=3$

线圈组数　$u=18$　　　　　绕组极距　$\tau=9$

每组圈数　$S=2/1$　　　　　并联路数　$a=3$

同心节距　$y_\circ=1、2—9、10；11—18$

绕组系数　$K_{dp}=0.96$　　　每槽电角　$\alpha=20°$

出线根数　$c=6$

（2）绕组嵌线方法

本例嵌线可用整嵌法或交叠法。下面是交叠法嵌线顺序，吊边数为3，见表1-8。

表1-8　交叠法

嵌绕次序		1	2	3	4	5	6	7	8	9	10	11	12	13	14	15	16	17	18
槽号	沉边	2	1	53	50		49		47		44		43		41		38		37
	浮边					3		4		54		51		52		48		45	
嵌绕次序		19	20	21	22	23	24	25	26	27	28	29	30	31	32	33	34	35	36
槽号	沉边		35		32		31		29		26		25		23		20		19
	浮边	46		42		39		40		36		33		34		30		27	
嵌绕次序		37	38	39	40	41	42	43	44	45	46	47	48	49	50	51	52	53	54
槽号	沉边		17		14		13		11		8		7		5				
	浮边	28		24		21		22		18		15		16		12	10	9	6

（3）绕组布接线特点及应用举例

本绕组结构与上例相同，都是显极式布线，每相有线圈6组，其中三圈组和双圈组各3组，并按3232次序分布。不同的是本例采用三路并联，即每相分三个支路，每一支路由三联和双联各一反极性串联，然后把三个支路并接。但必须保证同相相邻线圈组的极性相反。此绕组既可用于定子也可用于绕线式转子绕组。

（4）绕组端面布接线

如图 1-8 所示。

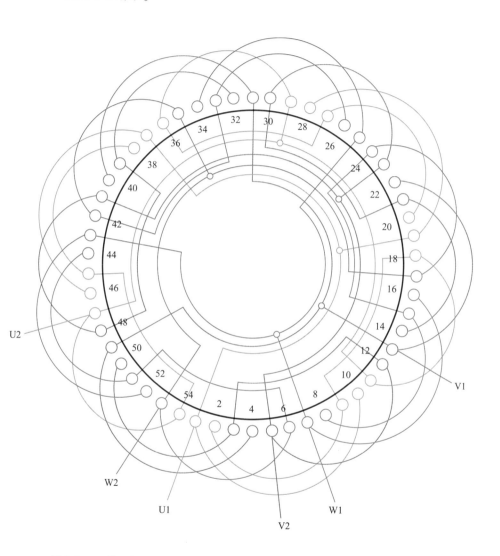

图 1-8　54 槽 6 极（$S=2/1$、$a=3$）三相电动机绕组单层同心交叉式布线

1.1.9 60槽8极（$S=3/2$）三相电动机绕组 单层同心交叉式（庶极）布线[*]

（1）绕组结构参数

定子槽数 $Z=60$ 　　电机极数 $2p=8$

总线圈数 $Q=30$ 　　极相槽数 $q=2\frac{1}{2}$

线圈组数 $u=12$ 　　绕组极距 $\tau=7\frac{1}{2}$

每组圈数 $S=3/2$ 　　并联路数 $a=1$

同心节距 $y_o=1$、2、3—8、9、10；16、17—24、25

绕组系数 $K_{dp}=0.957$ 　　每槽电角 $\alpha=24°$

出线根数 $c=6$

（2）绕组嵌线方法

本例绕组可用交叠法或整嵌法。下面介绍前进式嵌线的整嵌法，嵌线顺序见表1-9。

表1-9 整嵌法（前进式嵌线）

嵌绕次序		1	2	3	4	5	6	7	8	9	10	11	12	13	14	15	16	17	18
槽号	底层	3	8	2	9	1	10	13	18	12	19	11	20	23	28	22	29	21	30
	面层																		
嵌绕次序		19	20	21	22	23	24	25	26	27	28	29	30	31	32	33	34	35	36
槽号	底层	33	38	32	39	31	40	43	48	42	49	41	50	53	58	52	59	51	60
	面层																		
嵌绕次序		37	38	39	40	41	42	43	44	45	46	47	48	49	50	51	52	53	54
槽号	底层																		
	面层	7	14	6	15	17	24	16	25	27	34	26	35	37	44	36	45	47	54
嵌绕次序		55	56	57	58	59	60												
槽号	底层																		
	面层	46	55	57	4	56	5												

（3）绕组布接线特点及应用举例

本例是庶极布线，大联由3只同心圈、小联由2只同心圈组成，每相4组大小联交替分布，接线时是同相相邻顺向串接，即全部线圈组极性一致。此绕组主要用于转子绕组，应用实例有AK-61/8转子实修。

（4）绕组端面布接线

如图 1-9 所示。

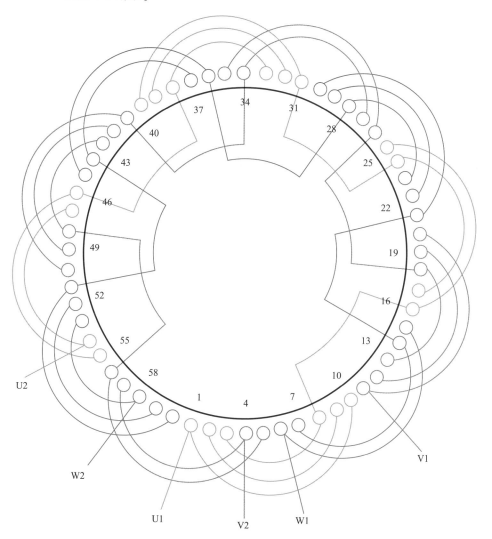

图 1-9　60 槽 8 极（$S=3/2$）三相电动机绕组单层同心式（庶极）布线

注：标题解释——本例是单层同心交叉或（庶极）布线，其基本结构是"同心交叉"，即大小组线圈（本例 $S=3/2$，则由 3 圈组和 2 圈组）交替分布，故属"同心交叉"。与上例不同的是"庶极"，即每相线圈组数仅为极数的一半，如本例 8 极则每相仅有 4 组线圈；而且，庶极的同相相邻线圈组极性相同。以下凡单层同心交叉式（庶极）布线同此解释。

1.1.10　60槽8极（$S＝3/2$、$a＝2$）三相电动机绕组单层同心式（庶极）布线

（1）绕组结构参数

定子槽数	$Z＝60$	电机极数	$2p＝8$
总线圈数	$Q＝30$	极相槽数	$q＝2\frac{1}{2}$
线圈组数	$u＝12$	绕组极距	$\tau＝7\frac{1}{2}$
每组圈数	$S＝3/2$	并联路数	$a＝2$
同心节距	$y_\circ＝1、2、3—8、9、10；16、17—24、25$		
绕组系数	$K_{dp}＝0.957$	每槽电角	$\alpha＝24°$
出线根数	$c＝6$		

（2）绕组嵌线方法

本例是单层（庶极）同心式布线，嵌线可用两种方法。

① 整嵌法　整嵌法在嵌线时无需吊边，属于嵌线工艺中的简易嵌法，是三相单层布线的常用方法。嵌线时把同一线圈两有效边相继嵌入相应槽内，而一组同心线圈中，通常是先从最小线圈起嵌，最后才嵌入最大节距的线圈。根据不同的操作习惯，整嵌法也有两种嵌法，一种是前进式整嵌，其嵌线顺序可见上例。本例则采用后退式整嵌。因单层庶极的同心式绕组同相相邻线圈组没有交叠，故应隔组混相嵌线，嵌完6组后，其端部处于同一平面；然后再把其余线圈组隔组整嵌，从而使整个三相绕组的端部构成双平面结构。嵌线顺序见表1-10（a）。

表1-10（a）　整嵌法（后退式嵌线）

嵌绕次序		1	2	3	4	5	6	7	8	9	10	11	12	13	14	15	16	17	18	19	20
槽号	下平面	53	58	52	59	51	60	43	48	42	49	41	50	33	38	32	39	31	40	23	28
	上平面																				

嵌绕次序		21	22	23	24	25	26	27	28	29	30	31	32	33	34	35	36	37	38	39	40
槽号	下平面	22	29	21	30	13	18	12	19	11	20	3	8	2	9	1	10				
	上平面																	57	4	56	5

嵌绕次序		41	42	43	44	45	46	47	48	49	50	51	52	53	54	55	56	57	58	59	60
槽号	下平面																				
	上平面	47	54	46	55	37	44	36	45	27	34	26	35	17	24	16	25	7	14	6	15

② 交叠法　前面的整嵌法无需吊边，且操作方便宜行，但其端部整形后不能形成圆滑的喇叭口而呈凹凸不平状，但如用于转子绕组，则可加强机内的散热效果。所以，对定子绕组的嵌线就常用交叠法，这时单层绕组的吊边数少于双层，加之 60 槽定子铁芯内腔都足够大，即使有吊边也基本无碍嵌线操作。另外，由于端部整形容易，且能形成圆滑的喇叭口，不但美观，更利于散热，所以，交叠法在定子上的嵌线也得到一定的应用。

本例交叠嵌线从小线圈组起嵌，而每组中又以小节距线圈边先嵌。嵌线规律是：先嵌 2 槽，往后退空 2 槽；嵌入 3 槽，再退空 3 槽。用交叠法嵌线，本例仅吊 2 边。具体嵌线顺序见表 1-10（b）。

表 1-10（b）　交叠法

嵌绕次序		1	2	3	4	5	6	7	8	9	10	11	12	13	14	15	16	17	18
槽号	沉边	57	56	53		52		51		47		46		43		42		41	
	浮边				58		59		60		54		55		48		49		50

嵌绕次序		19	20	21	22	23	24	25	26	27	28	29	30	31	32	33	34	35	36
槽号	沉边	37		36		33		32		31		27		26		23		22	
	浮边		44		45		38		39		40		34		35		28		29

嵌绕次序		37	38	39	40	41	42	43	44	45	46	47	48	49	50	51	52	53	54
槽号	沉边	21		17		16		13		12		11		7		6		3	
	浮边		30		24		25		19		20		14		15				8

嵌绕次序		55	56	57	58	59	60
槽号	沉边	2		1		4	5
	浮边		9		10		

（3）绕组布接线特点及应用举例

本例绕组布线如上例，但采用二路并联接线，将每相 4 个线圈组分作 2 支路，每一支路由三联和双联各 1 顺向串联，最后把两支路并接而成。此绕组既可用于定子也可用于转子，但实例不多，仅见用于 JZRB-52 的修理实例。

(4) 绕组端面布接线

如图 1-10 所示。

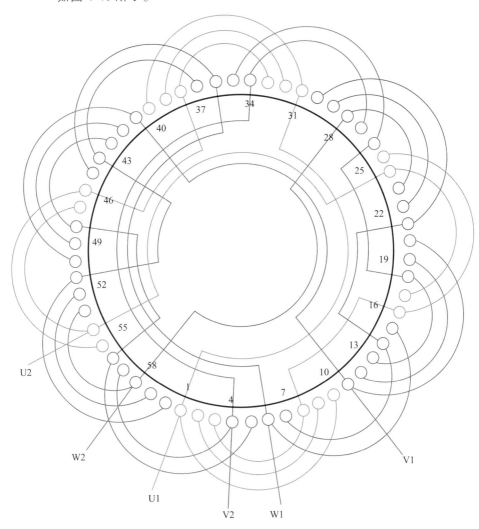

图 1-10　60 槽 8 极（$S=3/2$、$a=2$）三相电动机
绕组单层同心交叉式（庶极）布线

1.2　三相交流电动机双层链式绕组端面布接线图

双层链式绕组简称双链绕组，其端部结构与双层叠式相同，但每组只有一只线圈，是从双层叠式分化出来的特殊型式。这种绕组型式出现较早，但规格不多，已往都归纳到双叠绕组，但近年在双绕组多速中时有应用，故本书将其另立一节，共收入绕组 9 例，供修理者参考。

（1）绕组结构参数

双链绕组参数的几个特殊关系特作如下说明。

① 极相槽数 q 与每组圈数 S　双链绕组是从双层叠绕分化出来的，而双层显极式绕组的线圈数等于槽数（$Q=z$），通常 $S=q$；但某些双链采用不规则布线而取 q 为分数时，就使 $S \neq q$，如图 1-16、图 1-18 所示。

② 线圈节距 y　双链绕组线圈节距一般都采用整距，即 $y=\tau$。但也有个别绕组（如图 1-15）则选用短距；此外，若是不规则布线时，双链绕组的 $\tau \neq$ 整数，而线圈实跨槽数则必须为整数，故其节距也可不等于极距。

③ 绕组系数 K_{dp}　双链每极每相仅有一只线圈，故分布系数 $K_d=1$，而当 $y=\tau$ 时，$K_p=1$，所以正规分布的双链绕组系数 $K_{dp}=K_p=1$；但若用短距线圈或不规则布线时，K_{dp} 由下式计算

$$K_{dp} = K_p = \sin\left(90° \frac{y}{\tau}\right)$$

（2）绕组特点

① 双链绕组正规布线是整数槽绕组，即 $q=1$，而每组线圈数 $S=q=1$；

② 双链绕组为显极布线，每相线圈组数等于极数，即 $u=2p$；

③ 线圈规格划一，而且节距较短，绕组嵌线和绕制都较方便；

④ 绕组为双层布线，线圈数比单层多一倍，故嵌绕和接线较单层费事。

（3）绕组嵌线

绕组采用交叠法嵌线，吊边数为 y。嵌线操作与双叠绕组相同，即嵌下一槽（边）往后退，再嵌一槽（边）再后退，嵌完 y 边可整嵌，嵌完下层嵌吊边。

（4）绕组接线规律

双链绕组均是显极布线，故接线与双叠相同，即串联时"尾与尾"或"头与头"相接，即必须确保同相相邻线圈（组）的极性相反。

1.2.1　12槽4极（$y=2$）三相电动机绕组双层链式布线

（1）绕组结构参数

定子槽数	$Z=12$	电机极数	$2p=4$
总线圈数	$Q=12$	极相槽数	$q=1$
线圈组数	$u=12$	每组圈数	$S=1$
线圈节距	$y=2$	每槽电角	$\alpha=60°$
绕组极距	$\tau=3$	绕组系数	$K_{dp}=0.866$
并联路数	$a=1$	出线根数	$c=6$

（2）绕组布接线特点及应用举例

本例绕组采用短节距布线，有利于削减高次谐波成分以提高电机的运行性能；但由于定子槽数少，绕组极距较短，缩短节距后的绕组系数较低。此绕组应用较少，主要实例有FTA3-5仪用排风扇。

（3）绕组嵌线方法

本例绕组可用交叠法或整嵌法嵌线。

①交叠法　交叠嵌线是常用方法，但它要吊起2边。嵌线顺序见表1-11（a）

表1-11（a）　交叠法

嵌绕次序	1	2	3	4	5	6	7	8	9	10	11	12	13	14	15	16	17	18	19	20	21	22	23	24
槽号 下层	12	11	10		9		8		7		6		5		4		3		2		1			
上层				12		11		10		9		8		7		6		5		4		3	2	1

②整嵌法　整嵌法是分相整嵌，一般较少采用，其最大优点是无需吊边，但端部喇叭口不够整齐美观。嵌线是逐相嵌入，即先嵌U相入相应槽构成端部下平面；继而嵌入V相和W相，最后使绕组端形成三平面结构。嵌线顺序见表1-11（b）。

表1-11（b）　整嵌法

嵌绕次序	1	2	3	4	5	6	7	8	9	10	11	12	13	14	15	16
槽号 下平面	10	12	7	9	4	6	1	3								
中平面									2	12	1	8	10	5	7	

嵌绕次序	17	18	19	20	21	22	23	24
槽号 上平面	12	2	9	11	6	8	3	5

（4）绕组端面布接线

如图 1-11 所示。

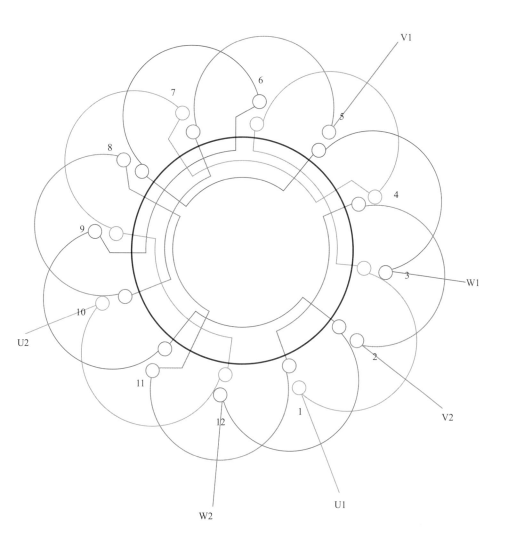

图 1-11　12 槽 4 极（$y=2$）三相电动机绕组双层链式布线

1.2.2　12槽4极（$y=3$）三相电动机绕组双层链式布线

(1) 绕组结构参数

定子槽数　$Z=12$　　　　电机极数　$2p=4$

总线圈数　$Q=12$　　　　极相槽数　$q=1$

线圈组数　$u=12$　　　　每组圈数　$S=1$

线圈节距　$y=3$　　　　　每槽电角　$\alpha=60°$

绕组极距　$\tau=3$　　　　绕组系数　$K_{dp}=1$

并联路数　$a=1$　　　　　出线根数　$c=6$

(2) 绕组布接线特点及应用举例

12槽定子绕制4极，每极每相也只有1只线圈，从而构成双层链式绕组，换言之也只能构成双链绕组。绕组属于显极布线，每相由4只线圈按相邻反极性串联而成，即接线是"头接头"或"尾接尾"；但对每相4只线圈的绕组，一般都采用同相连绕，既省去接线的麻烦，更可保证相绕组畅通的可靠性，但由于12槽定子内腔窄小，又采用全距线圈，故嵌线相对困难，一般只在微电机方面应用，主要应用实例有AO_2-4524等。

(3) 绕组嵌线方法

本例宜用交叠法嵌线，吊边数为3，从第4只线圈开始整嵌，嵌线顺序见表1-12。

表 1-12　交叠法

嵌绕次序		1	2	3	4	5	6	7	8	9	10	11	12	13	14	15	16	17	18	19	20	21	22	23	24
槽号	下层	1	12	11	10		9		8		7		6		5		4		3		2				
	上层					1		12		11		10		9		8		7		6		5	4	3	2

（4）绕组端面布接线
如图 1-12 所示。

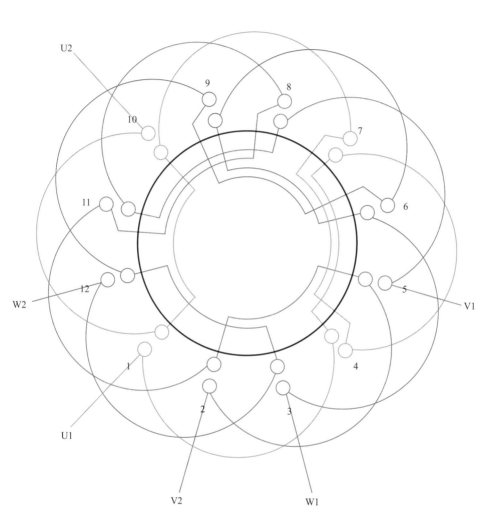

图 1-12　12 槽 4 极（$y=3$）三相电动机绕组双层链式布线

1.2.3 18槽6极（$y=3$）三相电动机绕组双层链式布线

（1）绕组结构参数

定子槽数	$Z=18$	电机极数	$2p=6$
总线圈数	$Q=18$	极相槽数	$q=1$
线圈组数	$u=18$	每组圈数	$S=1$
线圈节距	$y=3$	每槽电角	$\alpha=60°$
绕组极距	$\tau=3$	绕组系数	$K_{dp}=1$
并联路数	$a=1$	出线根数	$c=6$

（2）绕组布接线特点及应用举例

本例为18槽绕6极，则每极相槽数为1，绕制双层自然构成链式，即每组仅为1圈，每相由6只线圈（组）按相邻线圈反极性串联而成。18槽属小功率电动机，实际应用不多，仅见用于500FTA-7型排风扇电动机。

（3）绕组嵌线方法

本例绕组嵌线采用交叠法，需吊3边。嵌线顺序见表1-13。

表1-13 交叠法

嵌绕次序		1	2	3	4	5	6	7	8	9	10	11	12	13	14	15	16	17	18
槽号	下层	18	17	16	15		14		13		12		11		10		9		8
	上层					18		17		16		15		14		13		12	

嵌绕次序		19	20	21	22	23	24	25	26	27	28	29	30	31	32	33	34	35	36
槽号	下层		7		6		5		4		3		2		1				
	上层	11		10		9		8		7		6		5		4	3	2	1

（4）绕组端面布接线

如图 1-13 所示。

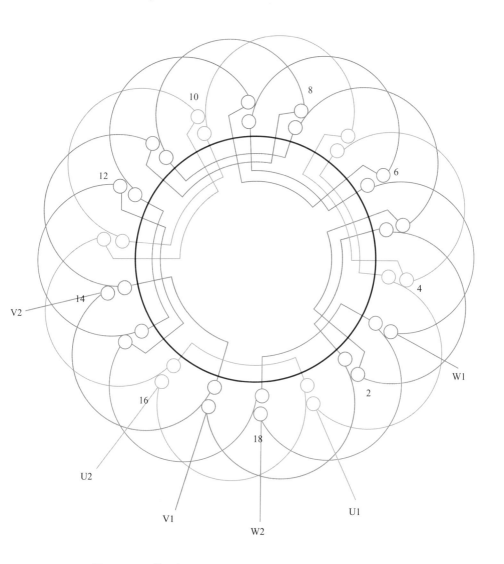

图 1-13　18 槽 6 极（$y=3$）三相电动机绕组双层链式布线

1.2.4 24槽8极（$y=3$）三相电动机绕组双层链式布线

（1）绕组结构参数

定子槽数 $Z=24$ 　　　　电机极数 $2p=8$

总线圈数 $Q=24$ 　　　　极相槽数 $q=1$

线圈组数 $u=24$ 　　　　每组圈数 $S=1$

线圈节距 $y=3$ 　　　　每槽电角 $\alpha=60°$

绕组极距 $\tau=3$ 　　　　绕组系数 $K_{dp}=1$

并联路数 $a=1$ 　　　　出线根数 $c=6$

（2）绕组布接线特点及应用举例

本例为显极布线，每相由8只线圈组成，并按正反极性串联构成8极。此绕组在系列产品中无应用实例，曾用作24槽改绕8极中使用。

（3）绕组嵌线方法

本例绕组为双层，端部呈交叠状，故宜用交叠法嵌线，吊边数为3。嵌线顺序见表1-14。

表 1-14　交叠法

嵌绕次序		1	2	3	4	5	6	7	8	9	10	11	12	13	14	15	16
槽号	下层	24	23	22	21		20		19		18		17		16		15
	上层				24		23		22		21		20		19		
嵌绕次序		17	18	19	20	21	22	23	24	25	26	27	28	29	30	31	32
槽号	下层		14		13		12		11		10		9		8		7
	上层	18		17		16		15		14		13		12		11	
嵌绕次序		33	34	35	36	37	38	39	40	41	42	43	44	45	46	47	48
槽号	下层		6		5		4		3		2		1				
	上层	10		9		8		7		6		5		4	3	2	1

(4) 绕组端面布接线

如图 1-14 所示。

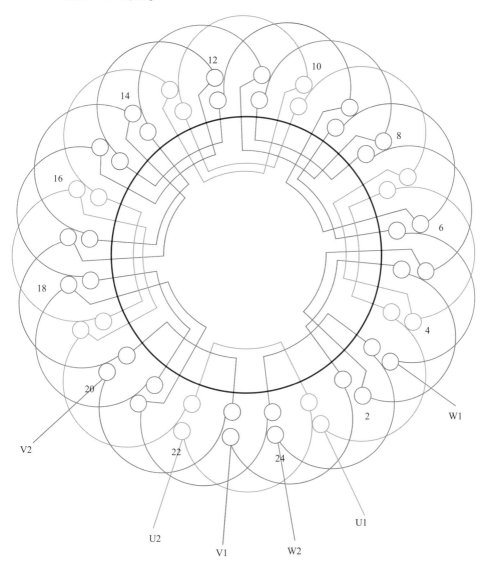

图 1-14　24 槽 8 极 ($y=3$) 三相电动机绕组双层链式布线

1.2.5　36 槽 12 极（$y=2$）三相电动机绕组双层链式布线

（1）绕组结构参数

定子槽数	$Z=36$	电机极数	$2p=12$
总线圈数	$Q=36$	极相槽数	$q=1$
线圈组数	$u=36$	每组圈数	$S=1$
线圈节距	$y=2$	每槽电角	$\alpha=60°$
绕组极距	$\tau=3$	绕组系数	$K_{dp}=0.866$
并联路数	$a=1$	出线根数	$c=6$

（2）绕组布接线特点及应用举例

双层链式绕组简称"双链"绕组，是双层叠式绕组的特殊结构型式，因其每组只有一只线圈，故名之。本绕组采用缩短节距，交叠嵌线时吊边数仅为 2，嵌线较方便；但线圈节距偏离极距较远，使绕组系数下降较多，从而降低了铁芯利用率而影响电动机出力。

双链绕组实际应用并不多，但本例则取自国产系列。主要应用实例有 JG2-42-12 型辊道用异步电动机。

（3）绕组嵌线方法

本例绕组采用交叠法嵌线，吊边数仅为 2，嵌线较方便。嵌线顺序见表 1-15。

表 1-15　交叠法

嵌绕次序		1	2	3	4	5	6	7	8	9	10	11	12	13	14	15	16	17	18
槽号	下层	36	35	34		33		32		31		30		29		28		27	
	上层				36		35		34		33		32		31		30		29
嵌绕次序		19	20	21	22	23	24	25	26	27	28	29	30	31	32	33	34	35	36
槽号	下层	26		25		24		23		22		21		20		19		18	
	上层		28		27		26		25		24		23		22		21		20
嵌绕次序		37	38	39	40	41	42	43	44	45	46	47	48	49	50	51	52	53	54
槽号	下层	17		16		15		14		13		12		11		10		9	
	上层		19		18		17		16		15		14		13		12		11
嵌绕次序		55	56	57	58	59	60	61	62	63	64	65	66	67	68	69	70	71	72
槽号	下层	8		7		6		5		4		3		2		1			
	上层		10		9		8		7		6		5		4		3	2	1

（4）绕组端面布接线

如图 1-15 所示。

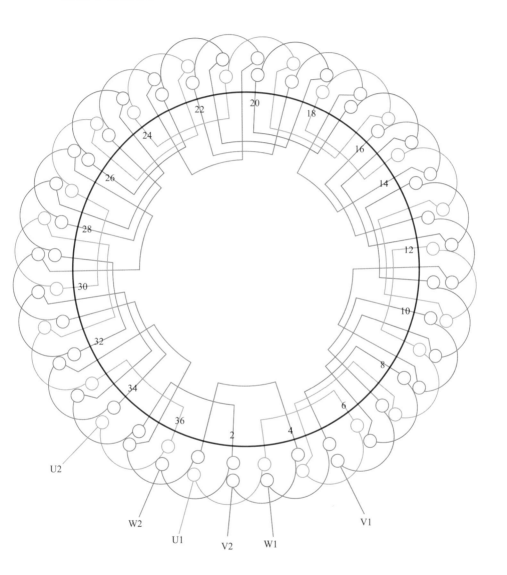

图 1-15　36 槽 12 极（$y=2$）三相电动机绕组双层链式布线

1.2.6　45槽16极（$y=3$、$q=15/16$）三相电动机绕组双层链式（分数槽）布线*

（1）绕组结构参数

定子槽数	$Z=45$	电机极数	$2p=16$
总线圈数	$Q=45$	极相槽数	$q=15/16$
线圈组数	$u=45$	每组圈数	$S=1$
线圈节距	$y=3$	每槽电角	$\alpha=64°$
绕组极距	$\tau=2\tfrac{13}{16}$	绕组系数	$K_{dp}=0.996$
并联路数	$a=1$	出线根数	$c=6$

（2）绕组布接线特点及应用举例

本例属双层链式，但绕组每极相槽数 $q=15/16$，即用每相15只线圈形成16极，故是 $q<1$ 的分数槽绕组。一般来说，双层显极布线每极应有一只线圈，故16极要用16只线圈，但庶极布线时则每只线圈可形成两个极。而本绕组就据此原理，在一相绕组的起始槽和相尾槽安排一只庶极0线圈，使其形成16极；然后再拿掉这0线圈造成缺口，这样在缺口两端槽位会保持原来的极性，从而使15槽产生16极的效果。此外，为使三相对称平衡，减少振动和噪声，本例特意将三个缺口安排在定子圆周相距120°的对称位置。不过，这种 q 为分数的绕组只可应用于极数绝对多的电机；对于极数较少时，虽然仍可构成，但会因振噪过大而不能正常运转，故不宜采用。

此绕组主要应用实例有 JG2-52-16 型辊道式异步电动机。

（3）绕组嵌线方法

本例采用交叠法嵌线，吊边数为3。嵌线顺序见表1-16。

表1-16　交叠法

嵌绕次序		1	2	3	4	5	6	7	8	9	10	11	12	13	14	15	16	17	18
槽号	下层	45	44	43	42		41		40		39		38		37		36		35
	上层					45		44		43		42		41		40		39	

嵌绕次序		19	20	21	22	23	......		62	63	64	65	66	67	68	69	70	71	72
槽号	下层		34		33		......		13		12		11		10		9		8
	上层	38		37		36	......			16		15		14		13		12	

嵌绕次序		73	74	75	76	77	78	79	80	81	82	83	84	85	86	87	88	89	90
槽号	下层		7		6		5		4		3		2		1				
	上层	11		10		9		8		7		6		5		4	3	2	1

（4）绕组端面布接线

如图 1-16 所示。

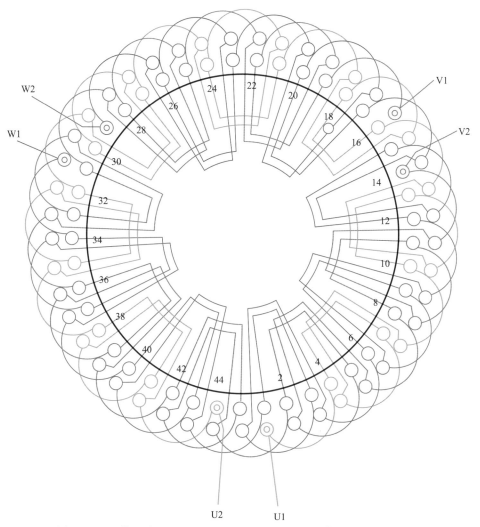

图 1-16　45 槽 16 极（$y=3$、$q=15/16$）三相电动机绕组双层链式布线

注：标题解释——本例是双层链式（分数槽）布线。其基本结构与例 1.2.2 相同，但每极相槽数不是整数，本例是分数 $q=15/16$；它表示每相有 15 只线圈，但形成 16 极，即其中有一只线圈采用庶极连接，从而使其构成 2 极（庶极）。此外，还必须使三相的庶极线圈在定子上对称分布。以下凡双层链式（分数槽）布线同此解释。

1.2.7 48槽16极（$y=3$）三相电动机绕组双层链式布线

（1）绕组结构参数

定子槽数	$Z=48$	电机极数	$2p=16$
总线圈数	$Q=48$	极相槽数	$q=1$
线圈组数	$u=48$	每组圈数	$S=1$
线圈节距	$y=3$	每槽电角	$\alpha=60°$
绕组极距	$\tau=3$	绕组系数	$K_{dp}=1$
并联路数	$a=1$	出线根数	$c=3$

（2）绕组布接线特点及应用举例

本例每组仅一只线圈，故属双层链式绕组，是双层叠绕组的特殊型式。虽然接线较繁，但线圈节距较短，交叠嵌线仅吊3边；而且，48槽定子接近于中型规格，其铁芯内腔当不致窄小，所以嵌线也算方便。绕组采用显极布线，即同相相邻线圈必须反极性串联。为减少烦琐的接线，通常采用分相连绕工艺，或将每相16只线圈分成2组或4组连绕，然后按极性要求嵌入相应槽内。此绕组取自修理的双绕组三速电动机的配套绕组，是Y形接法，因属专用绕组，故以Y形接线而引出线3根。此绕组应用实例除配套之外，还用于YCT大号的交流测速发电机定子。

（3）绕组嵌线方法

本例采用交叠法嵌线，吊边数为3。嵌线顺序见表1-17。

表1-17 交叠法

嵌绕次序		1	2	3	4	5	6	7	8	9	10	11	12	13	14	15	16	17	18
槽号	下层	48	47	46	45		44		43		42		41		40		39		38
	上层					48		47		46		45		44		43		42	

嵌绕次序		19	20	21	22	23	24	25	26	27	……	91	92	93	94	95	96
槽号	下层		37		36		35		34		……	1					
	上层	41		40		39		38		37	……	5		4	3	2	1

(4) 绕组端面布接线

如图 1-17 所示。

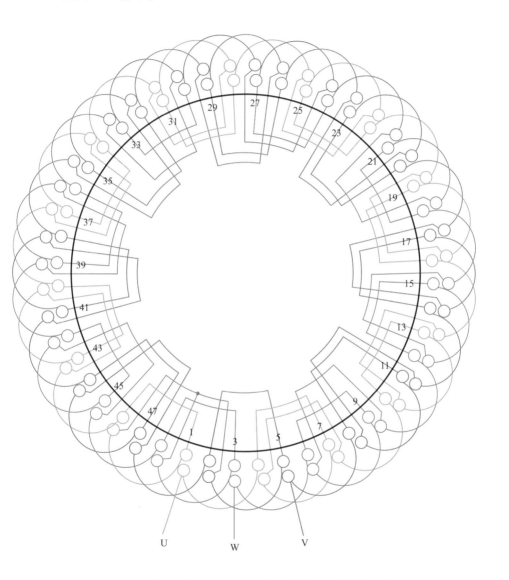

图 1-17 48 槽 16 极 ($y=3$) 三相电动机绕组双层链式布线

1.2.8　54槽20极（$y=3$、$q=9/10$）三相电动机绕组双层链式（分数槽）布线

（1）绕组结构参数

定子槽数　$Z=54$		电机极数　$2p=20$	
总线圈数　$Q=54$		极相槽数　$q=9/10$	
线圈组数　$u=54$		每组圈数　$S=1$	
线圈节距　$y=3$		每槽电角　$\alpha=66.7°$	
绕组极距　$\tau=2\frac{7}{10}$		绕组系数　$K_{dp}=0.996$	
并联路数　$a=1$		出线根数　$c=6$	

（2）绕组布接线特点及应用举例

本例绕组结构特点与例1.2.6相同，但20极中每相只有18只线圈，因此，每相要有2只0线圈，故每相应有两个0线圈缺口，而三相就有6个缺口，并均匀分布于定子的六个对称位置如图1-18中双层小圆和虚线所示。由于三相互差120°，故无论是一相或三相，都能做到缺口对称平衡，从而将电动机的振噪降至最低。此绕组应用于JG2-72-20型辊道电动机。

（3）绕组嵌线方法

本例绕组采用交叠法嵌线，但连绕时最好是9只线圈连绕，并关注虚线连接两边线圈的极性必须相同。嵌线顺序见表1-18。

表1-18　交叠法

嵌绕次序		1	2	3	4	5	6	7	8	9	10	11	12	13	14	15	16	17	18
槽号	下层	53	52	51	50		49		48		47		46		45		44		43
	上层					53		52		51		50		49		48		47	

嵌绕次序		19	20	21	22	23	24	25	26	……	83	84	85	86	87	88	89	90
槽号	下层		42		41		40		39	……		10		9		8		7
	上层	46		45		44		43		……	14		13		12		11	

嵌绕次序		91	92	93	94	95	96	97	98	99	100	101	102	103	104	105	106	107	108
槽号	下层		6		5		4		3		2		1		54				
	上层	10		9		8		7		6		5		4		3	2	1	54

（4）绕组端面布接线

如图 1-18 所示。

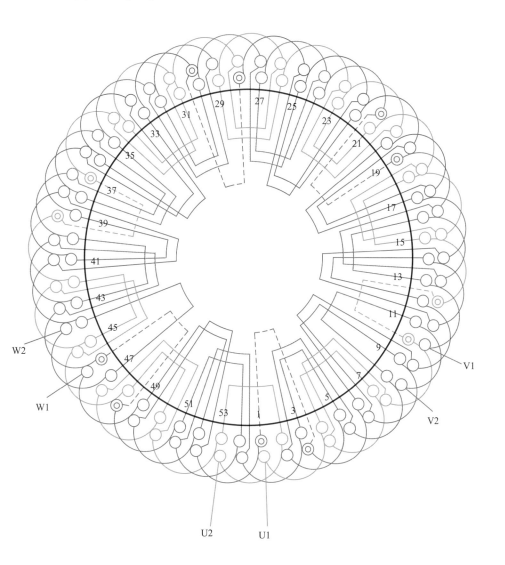

图 1-18   54 槽 20 极（$y=3$、$q=9/10$）三相电动机绕组双层链式布线

1.2.9　72槽24极（$y=3$）三相电动机绕组双层链式布线

（1）绕组结构参数

定子槽数	$Z=72$	电机极数	$2p=24$
总线圈数	$Q=72$	极相槽数	$q=1$
线圈组数	$u=72$	每组圈数	$S=1$
线圈节距	$y=3$	每槽电角	$\alpha=60°$
绕组极距	$\tau=3$	绕组系数	$K_{dp}=1$
并联路数	$a=1$	出线根数	$c=6$

（2）绕组布接线特点及应用举例

本例绕组每极相只有1槽，且无法采用短距线圈，故形成具有特殊型式的双层叠绕组，即每线圈组只有1只线圈如链相扣，故又称双层链式绕组。在单相电动机中常有应用，而三相电动机中仅有数例，应用于24/6极电梯配套，作为减速平层停车用的24极绕组，这样实际接线时可将U2、V2、W2在内部连接成星点，仅引出线3根。

本绕组应用实例有JTD系列双绕组双速电梯电动机配套绕组。

（3）绕组嵌线方法

本例绕组采用交叠嵌线，吊边数为3。嵌线顺序见表1-19。

表1-19　交叠法

嵌绕次序		1	2	3	4	5	6	7	8	9	10	11	12	13	14	15	16	17	18
槽号	下层	72	71	70	69		68		67		66		65		64		63		62
	上层					72		71		70		69		68		67		66	

嵌绕次序		19	20	21	22	23	24	25	……	119	120	121	122	123	124	125	126
槽号	下层		61		60		59				11		10		9		8
	上层	65		64		63		62		15		14		13		12	

嵌绕次序		127	128	129	130	131	132	133	134	135	136	137	138	139	140	141	142	143	144
槽号	下层		7		6		5		4		3		2		1				
	上层	11		10		9		8		7		6		5		4	3	2	1

（4）绕组端面布接线
如图 1-19 所示。

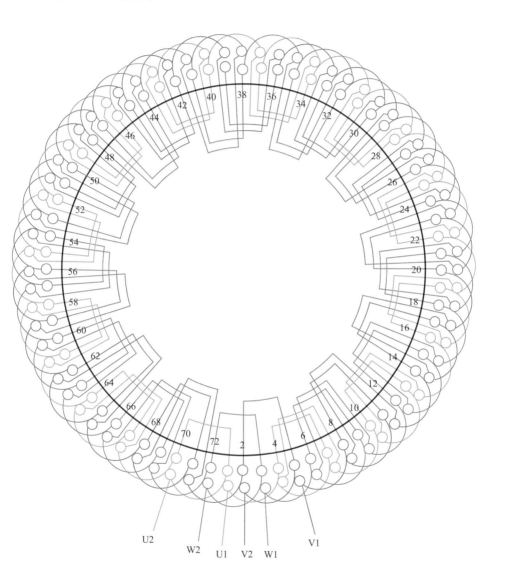

图 1-19　72 槽 24 极（$y=3$）三相电动机绕组双层链式布线

1.3 三相交流电动机双层同心式绕组端面布接线图

三相双层同心式属显极式绕组，它由相应的双层叠式绕组演变而来，即将双叠绕组的交叠线圈组端部连接次序改变，使其成为"回"字形的大小同心线圈组，故称双层同心式。一般来说，任何一种节距的双叠绕组都可构成双层同心式，但由于一组线圈中有多只不同尺寸的线圈而增加模具制作的难度，特别是过去采用木制线模时，木模不但耗费木材，还消耗人工，所以，在系列产品中极少应用。但同心线圈组的端部同处一平面而没有交叠，便于整理，随着多用模具的改进，使得目前在修理中得到较多的应用。

此外，当前一股外来风掀起双层整嵌之法；其实，早在二十世纪"大跃进"年代的"多快好省"号令之下，行业中为追求快与省，双层整嵌就曾火过一阵，就当时的认识，对其电气性能则是负面评价，所以，也似风一样，一吹而过。如今据说优点多多，我终未研究，无语评价。但既有市场，就有必要将其收入书中，供读者参考。所谓三平面整嵌布线的双层同心式绕组，是在常规双层同心式的基础上将线圈等效节距缩短或增长至极距的三分之二，使同相有效边成为不相交叠的连续相带，然后逐相整嵌，即把第 1 相线圈全部嵌入相应槽的下层，使同相端部处于同一（下）平面；再将第 2 相线圈组嵌入相应槽内，但这时该相线圈组的有效边是分别跨于槽的上下层，故其端部呈现不规则的中层平面；最后嵌入第 3 相于相应槽的上层，其端部构成上平面，从而使三相绕组端面呈三平面结构。双层同心式整嵌绕组在结构上具有较优的工艺性，嵌线无需吊边，操作方便而工效较高等优点；但其等效节距多数都比常规采用的节距短，故绕组系数偏低。如若改绕务必根据绕组系数将原线圈数据进行换算；而且还必须满足槽满率的要求。

本节收入双层同心式绕组 17 例，其中常规布线 5 例；三平面整嵌布线 12 例。

(1) 绕组结构参数

① 总线圈数　$Q = z$

② 绕圈组数　$u = 2pm$

③ 每组圈数　$S = Q/u$

④ 绕组节距　节距 y 表示同心线圈组各线圈的实际跨槽距；y_d 则

是等效节距，它等于该同心绕组演变前身的每组交叠线圈的节距。

⑤ 绕组系数　双层同心式绕组系数

$$K_{dp} = K_d K_p$$

式中　K_d——分布系数，$K_d = \sin(\alpha S) / S \sin\alpha$；

$\quad\quad K_p$——节距系数，$K_p = \sin(90°y_d / \tau)$；

其中　τ——绕组极距，$\tau = z/2p$；

$\quad\quad y_d$——双层同心式绕组等效节距。

⑥ 双层同心式改绕整嵌的换算　改绕整嵌同心式后的线圈匝数

$$W = W' = \frac{K'_{dp}}{K_{dp}}匝$$

式中　W'——原来（双层同心式）线圈匝数，匝；

$\quad\quad K'_{dp}$——原来双层同心式绕组系数；

$\quad\quad K_{dp}$——改绕整嵌后的绕组系数。

（2）绕组特点

① 实用的双层同心式绕组是显极布线，它的每相线圈组数等于极数；

② 绕组由同心线圈构成，但每一线圈有效边则分置于不同槽的上、下层；

③ 常规的双层同心式绕组可合理选用短节距以削减谐波，改善电动机性能；

④ 绕组端部交叠减少，便于嵌线和绝缘；

⑤ 端部结构改变后，平均匝长增加而耗费铜线；而且线圈节距不等也使嵌线难度和工时增加；

⑥ 同心式绕组改用整嵌布线无需吊边，嵌线工效有所提高；但端部喇叭口形态不理想，影响通风散热效果，从而抑制出力的发挥。

（3）绕组嵌线

① 常规双层同心式　本例绕组采用交叠法嵌线，需吊边数为 y_p。每组嵌线从小到大嵌入，当下层边嵌完后，再把原来吊边逐个嵌入相应槽上层。

② 双层同心式整嵌布线时采用分相整嵌，即逐相嵌入相应槽内，无需吊边，最后使端部形成三平面结构。

（4）绕组接线

本例绕组因属显极绕组，故接线是"尾接尾"或"头接头"，即必须使同相相邻线圈组的极性相反。

1.3.1 24槽4极（$y_d=5$、$a=1$）三相电动机绕组双层同心式布线

(1) 绕组结构参数

定子槽数	$Z=24$	电机极数	$2p=4$
总线圈数	$Q=24$	极相槽数	$q=2$
线圈组数	$u=12$	每组圈数	$S=2$
线圈节距	$y=6$、4	每槽电角	$\alpha=30°$
分布系数	$K_d=0.966$	绕组极距	$\tau=6$
节距系数	$K_p=0.966$	并联路数	$a=1$
绕组系数	$K_{dp}=0.933$	出线根数	$c=6$

(2) 绕组布接线特点及应用举例

本例绕组是显极布线，每相4组线圈按相邻反极性的规律连接，每组则由同心双圈组成。本例绕组是由 $y=5$ 的双叠绕组演变而来，故具有短节距削减谐波的性能，可作为该双叠绕组重绕的替代型式。

(3) 绕组嵌线方法

本例嵌线采用交叠法，嵌法与双层叠绕组基本相同，但每组嵌线时宜从小节距线圈嵌起。嵌线吊边数为5。嵌线顺序见表1-20。

表1-20 交叠法

嵌绕次序	1	2	3	4	5	6	7	8	9	10	11	12	13	14	15	16
槽号 下层	2	1	24	23	22		21	20		19		18		17		16
槽号 上层						2			24		1		22		23	

嵌绕次序	17	18	19	20	21	22	23	24	25	26	27	28	29	30	31	32
槽号 下层		15		14		13		12		11		10		9		8
槽号 上层	20		21		18		19		16		17		14		15	

嵌绕次序	33	34	35	36	37	38	39	40	41	42	43	44	45	46	47	48
槽号 下层		7		6		5		4		3						
槽号 上层	12		11		10		11		8		9	6	7	5	4	3

（4）绕组端面布接线

如图 1-20 所示。

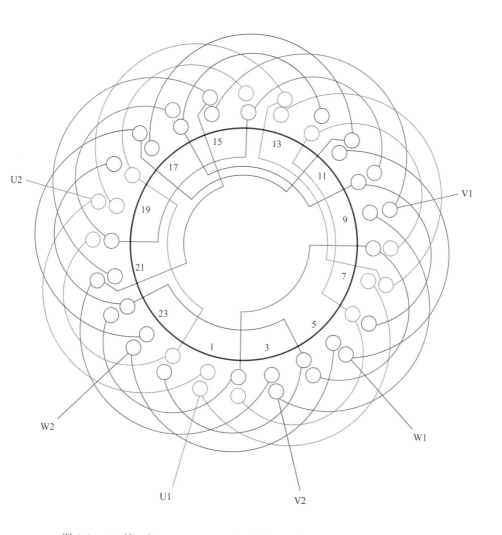

图 1-20　24 槽 4 极（$y_d=5$、$a=1$）三相电动机绕组双层同心式布线

1.3.2　36 槽 2 极（$y_d = 12$、$a = 1$）三相电动机绕组双层（三平面）同心式（整嵌）布线[*]

(1) 绕组结构参数

定子槽数　$Z = 36$　　　　　电机极数　$2p = 2$

总线圈数　$Q = 36$　　　　　极相槽数　$q = 6$

线圈组数　$u = 6$　　　　　　每组圈数　$S = 6$

线圈节距　$y = 17$、15、13、11、9、7

分布系数　$K_d = 0.956$　　　绕组极距　$\tau = 18$

节距系数　$K_p = 0.866$　　　并联路数　$a = 1$

绕组系数　$K_{dp} = 0.828$　　每槽电角　$\alpha = 10°$

出线根数　$c = 6$

(2) 绕组布接线特点及应用举例

本例绕组由线圈节距 $y = 12$ 的双层叠绕组演变而成的双层同心式，而且采用分相整嵌布线，使三相绕组的端部构成三平面结构。该绕组每组同心线圈多，故调制线模较费工时；但采用分相整嵌而无需吊边，可使嵌线变得方便，但三平面端部不能形成圆滑的喇叭口，故其散热效果不及交叠嵌线。

(3) 绕组嵌线方法

本例绕组采用分相整嵌，嵌线顺序见表 1-21。

表 1-21　分相整嵌法

嵌绕次序		1	2	3	4	5	6	7	8	9	10	11	12	13	14	15	16	17	18
槽号	下平面	6	13	5	14	4	15	3	16	2	17	1	18	24	31	23	32	22	33
	中平面																		
嵌绕次序		19	20	21	22	23	24	25	26	27	28	29	30	31	32	33	34	35	36
槽号	下平面	21	34	20	35	19	36												
	中平面							30	1	29	2	28	3	27	4	26	5	25	6
嵌绕次序		37	38	39	40	41	42	43	44	45	46	47	48	49	50	51	52	53	54
槽号	中平面	12	19	11	20	10	21	9	22	8	23	7	24						
	上平面													30	1	29	2	28	3
嵌绕次序		55	56	57	58	59	60	61	62	63	64	65	66	67	68	69	70	71	72
槽号	上平面	27	4	26	5	25	6	12	19	18	20	10	21	9	22	8	23	7	24

（4）绕组端面布接线

如图 1-21 所示。

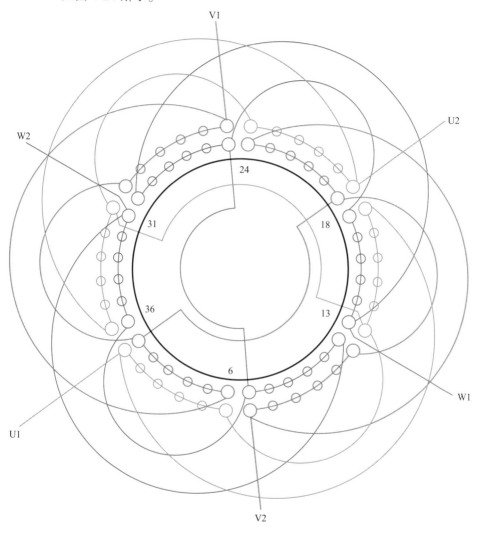

图 1-21　36 槽 2 极（$y_d = 6$、$a = 1$）三相电动机

绕组双层（三平面）同心式（整嵌）布线

注：标题解释——本例是双层同心式，但安排"整嵌"布线。所谓"整嵌"就是每只线圈两边相继嵌入而无需吊边。因同心式线圈组端部没有交叠而呈同一平面，故整嵌的三相绕组端部就形成"三平面"结构。

1.3.3　36 槽 2 极（$y_d = 12$、$a = 2$）三相电动机绕组双层（三平面）同心式（整嵌）布线

（1）绕组结构参数

定子槽数　$Z = 36$	电机极数　$2p = 2$
总线圈数　$Q = 36$	极相槽数　$q = 6$
线圈组数　$u = 6$	每组圈数　$S = 6$
线圈节距　$y = 17$、15、13、11、9、7	
分布系数　$K_d = 0.956$	绕组极距　$\tau = 18$
节距系数　$K_p = 0.866$	并联路数　$a = 2$
绕组系数　$K_{dp} = 0.828$	每槽电角　$\alpha = 10°$
出线根数　$c = 6$	

（2）绕组布接线特点及应用举例

本例与上例绕组的布线型式相同，但采用二路并联，每相两组线圈反极性并联，其接线简单。由于采用分相嵌线，三相绕组端部构成三平面结构，故使绕组两端部不能形成圆滑的喇叭口，不利于绕组散热；但整嵌工艺无需吊边则有利于嵌线而提高工效。此绕组适用于 $y = 12$、$a = 2$ 的双层叠绕组直接改绕；但若线圈节距不同时，其线圈数据则必须根据绕组系数换算后才能实施。

（3）绕组嵌线方法

本例绕组采用分相整嵌，嵌线顺序见表 1-22。

表 1-22　分相整嵌法

嵌绕次序		1	2	3	4	5	6	7	8	9	10	11	12	13	14	15	16	17	18
槽号	下平面	6	13	5	14	4	15	3	16	2	17	1	18	24	31	23	32	22	33
	中平面																		

嵌绕次序		19	20	21	22	23	……	44	45	46	47	48	49	50	51	52	53	54
槽号	上平面						……						30	1	29	2	28	3
	中平面						……	22	8	23	7	24						

嵌绕次序		55	56	57	58	59	60	61	62	63	64	65	66	67	68	69	70	71	72
槽号	中平面																		
	上平面	27	4	26	5	25	6	12	19	11	20	10	21	9	22	8	23	7	24

(4) 绕组端面布接线

如图 1-22 所示。

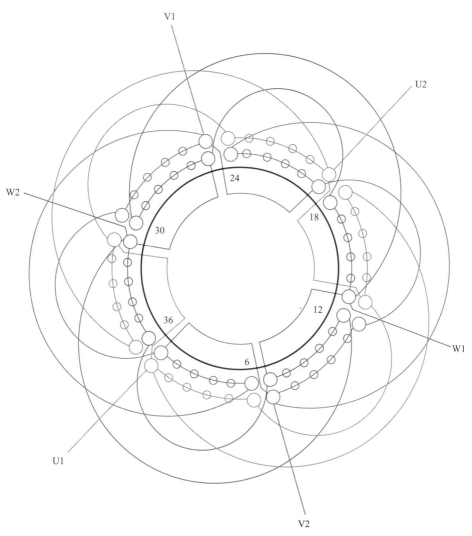

图 1-22 36 槽 2 极（$y_d = 12$、$a = 2$）三相电动机绕组

双层（三平面）同心式（整嵌）布线

1.3.4　36 槽 4 极（$y_d=6$、$a=1$）三相电动机绕组双层（三平面）同心式（整嵌）布线

(1) 绕组结构参数

定子槽数	$Z=36$	电机极数	$2p=4$
总线圈数	$Q=36$	极相槽数	$q=3$
线圈组数	$u=12$	每组圈数	$S=3$
线圈节距	$y=8$、6、4	每槽电角	$\alpha=20°$
分布系数	$K_d=0.96$	绕组极距	$\tau=9$
节距系数	$K_p=0.866$	并联路数	$a=1$
绕组系数	$K_{dp}=0.831$	出线根数	$c=6$

(2) 绕组布接线特点及应用举例

本例由线圈节距 $y=6$ 的双层叠绕组演变而来，但此规格双叠在国产系列中未见应用，故若要改绕同心布线则必须根据绕组系数把线圈数据进行换算后才能实施。本绕组是 4 极，每相由 4 个同心三联组按一正一反串联而成。绕组为整嵌而设计，嵌绕完成后，其两端部三相线圈呈三平面结构，不能形成圆滑的喇叭口，故通风散热效果不佳，但嵌线时无需吊边，故嵌线方便而节省工时，可提高工效。

(3) 绕组嵌线方法

本例采用分相整嵌，嵌线顺序见表 1-23。

表 1-23　分相整嵌法

嵌绕次序	1	2	3	4	5	6	7	8	9	10	11	12	13	14	15	16	17	18
槽号 下平面	3	7	2	8	1	9	16	12	17	11	18	10	21	25	20	26	19	27
中平面																		

嵌绕次序	19	20	21	22	23	24	25	26	27	28	29	30	31	32	33	34	35	36
槽号 下平面	30	34	29	35	28	36												
中平面							15	19	14	20	13	21	24	28	23	22	29	30

嵌绕次序	37	38	39	40	41	42	43	44	45	46	47	48	49	50	51	52	53	54
槽号 中平面	33	1	32	2	31	3	6	10	5	11	4	12						
上平面													9	13	8	14	7	15

嵌绕次序	55	56	57	58	59	60	61	62	63	64	65	66	67	68	69	70	71	72
槽号 上平面	18	22	17	23	16	24	27	31	26	32	25	33	36	4	35	5	34	6

（4）绕组端面布接线

如图 1-23 所示。

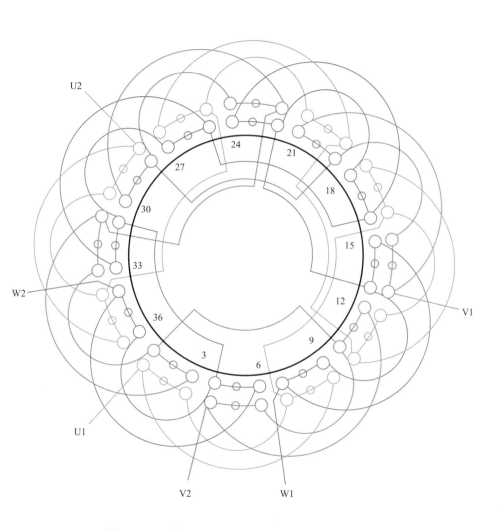

图 1-23　36 槽 4 极（$y_d = 6$、$a = 1$）三相电动机绕组
双层（三平面）同心式（整嵌）布线

1.3.5　36槽4极（$y_d=6$、$a=2$）三相电动机绕组双层（三平面）同心式（整嵌）布线

（1）绕组结构参数

定子槽数	$Z=36$	电机极数	$2p=4$
总线圈数	$Q=36$	极相槽数	$q=3$
线圈组数	$u=12$	每组圈数	$S=3$
线圈节距	$y=8$、6、4	每槽电角	$\alpha=20°$
分布系数	$K_d=0.96$	绕组极距	$\tau=9$
节距系数	$K_p=0.866$	并联路数	$a=2$
绕组系数	$K_{dp}=0.831$	出线根数	$c=6$

（2）绕组布接线特点及应用举例

本例绕组布线型式与上例相同，但接线改用二路并联，每一支路由相邻两组同心线圈反极性串联，然后把两支路并联，但它必须满足同相相邻线圈组极性相反的原则。本绕组布线采用分相整嵌，其端部构成三平面结构，故喇叭口呈不规则状，所以绕组散热效果欠佳；但嵌线无需吊边而较省工时。

（3）绕组嵌线方法

本例绕组采用分相整嵌法，先嵌 U 相构成下平面；再嵌 V 相中平面；最后嵌入上平面的 W 相。嵌线顺序见表1-24。

表1-24　分相整嵌法

嵌绕次序		1	2	3	4	5	6	7	8	9	10	11	12	13	14	15	16	17	18
槽号	下平面	3	7	2	8	1	9	16	12	17	11	18	10	21	25	20	26	19	27
	中平面																		
嵌绕次序		19	20	21	22	23	24	25	26	27	28	29	30	31	32	33	34	35	36
槽号	下平面	30	34	29	35	28	36												
	中平面							15	19	14	20	13	21	24	28	23	29	22	30
嵌绕次序		37	……	58	59	60	61	62	63	64	65	66	67	68	69	70	71	72
槽号	中平面	33																
	上平面		……	23	16	24	27	31	26	32	25	33	36	4	35	5	34	6

(4) 绕组端面布接线

如图 1-24 所示。

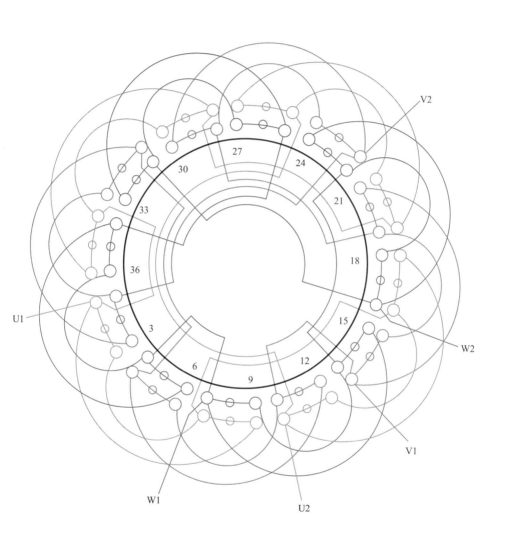

图 1-24　36 槽 4 极（$y_d = 6$、$a = 2$）三相电动机绕组

双层（三平面）同心式（整嵌）布线

1.3.6　36槽4极（$y_d=7$、$a=1$）三相电动机绕组双层同心式布线

（1）绕组结构参数

定子槽数	$Z=36$	电机极数	$2p=4$
总线圈数	$Q=36$	极相槽数	$q=3$
线圈组数	$u=12$	每组圈数	$S=3$
线圈节距	$y=9、7、5$	每槽电角	$\alpha=20°$
分布系数	$K_d=0.96$	绕组极距	$\tau=9$
节距系数	$K_p=0.94$	并联路数	$a=1$
绕组系数	$K_{dp}=0.902$	出线根数	$c=6$

（2）绕组布接线特点及应用举例

本例绕组由同心三圈构成，每相4组，依显极布线，即连接时使同相相邻线圈组极性相反。因绕组演变于 $y=7$ 的双叠绕组，故具有缩短节距改善电动机性能的特点。此绕组主要应用实例有JO2-41-4、JO2L-62-4等国产老系列电动机。

（3）绕组嵌线方法

本例属双层绕组，嵌线采用交叠法，嵌线开始需吊起7边，待下层边全部嵌入后再把吊边依次嵌入上层。嵌线顺序见表1-25。

表1-25　交叠法

嵌绕次序	1	2	3	4	5	6	7	8	9	10	11	12	13	14	15	16	17	18
槽号 下层	3	2	1	36	35	34	33		32		31	30		29		28		27
上层								2		3			35		36		1	
嵌绕次序	19	20	21	22	23	24	25	26	......	48	49	50	51	52	53	54
槽号 下层		26		25		24		23	......	12		11		10		9
上层	32		33		34		29		......		17		18		19	
嵌绕次序	55	56	57	58	59	60	61	62	63	64	65	66	67	68	69	70	71	72
槽号 下层		8		7		6		5		4								
上层	14		15		16		11		12		13	10	9	8	7	6	5	4

（4）绕组端面布接线
如图 1-25 所示。

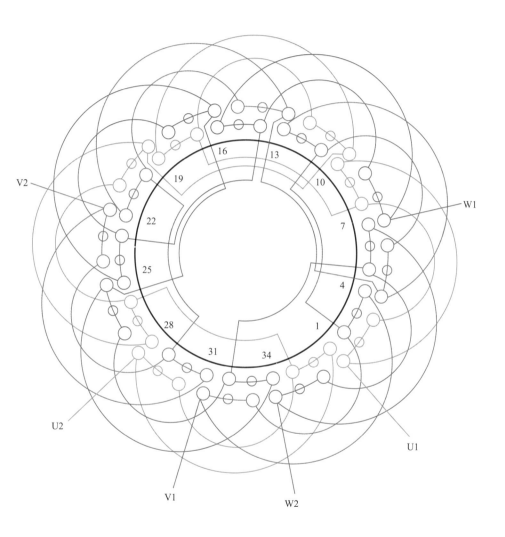

图 1-25　36 槽 4 极（$y_d=7$、$a=1$）三相
电动机绕组双层同心式布线

1.3.7 36槽4极（$y_d=8$、$a=2$）三相电动机绕组双层同心式布线

（1）绕组结构参数

定子槽数	$Z=36$	电机极数	$2p=4$
总线圈数	$Q=36$	极相槽数	$q=3$
线圈组数	$u=12$	每组圈数	$S=3$
线圈节距	$y=10、8、6$	每槽电角	$\alpha=20°$
分布系数	$K_d=0.96$	绕组极距	$\tau=9$
节距系数	$K_p=0.985$	并联路数	$a=2$
绕组系数	$K_{dp}=0.945$	出线根数	$c=6$

（2）绕组布接线特点及应用举例

本例绕组特点与上例基本相同，但线圈节距放长一槽，而且采用二路并联，即绕组相头从同一极下进线后分左右方向并联，将各自两组线圈反串后再并联，最后引出相尾。此绕组实际应用不多，曾见用于老系列 JO4-73-4 等电动机。

（3）绕组嵌线方法

本例绕组嵌线采用交叠法，通常是从线圈组的小节距线圈起嵌，需吊边数为 8。嵌线顺序见表 1-26。

表 1-26 交叠法

嵌绕次序		1	2	3	4	5	6	7	8	9	10	11	12	13	14	15	16	17	18
槽号	下层	3	2	1	36	35	34	33		32	31	30		29		28		27	
	上层								3				36		1		2		33

嵌绕次序		19	20	21	22	23	24	25	26	27	28	29	30	31	32	33	34	35	36
槽号	下层	26		25		24		23		22		21		20		19		18	
	上层		34		35		30		31		32		27		28		29		24

嵌绕次序		37	38	39	……	60	61	62	63	64	65	66	67	68	69	70	71	72
槽号	下层	17		16	……		5		4									
	上层		25		……	12		13		14	10	11	9	8	7	6	5	4

（4）绕组端面布接线

如图 1-26 所示。

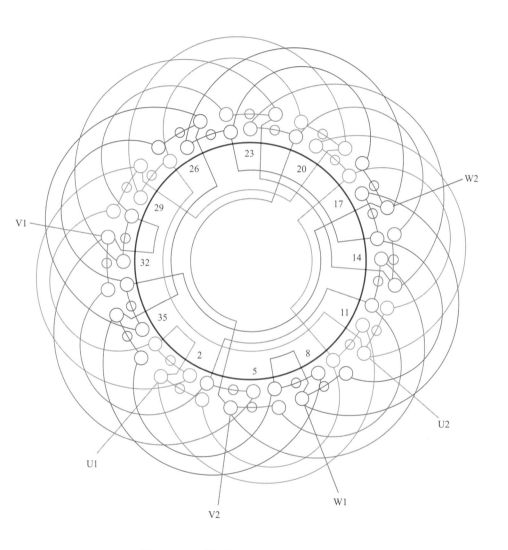

图 1-26　36 槽 4 极（$y_d = 8$、$a = 2$）三相
电动机绕组双层同心式布线

1.3.8　36槽6极（$y_d=5$、$a=1$）三相电动机绕组双层同心式布线

（1）绕组结构参数

定子槽数　$Z=36$		电机极数　$2p=6$	
总线圈数　$Q=36$		极相槽数　$q=2$	
线圈组数　$u=18$		每组圈数　$S=2$	
线圈节距　$y=6$、4		每槽电角　$\alpha=30°$	
分布系数　$K_d=0.966$		绕组极距　$\tau=6$	
节距系数　$K_p=0.966$		并联路数　$a=1$	
绕组系数　$K_{dp}=0.933$		出线根数　$c=6$	

（2）绕组布接线特点及应用举例

本例是6极双同心，是由 $y=5$ 的双层叠式绕组演变而来。每组由同心双圈构成；显极布线，每相由6组线圈按相邻反极性串联。此绕组在国产系列中无实例，曾在 JO2-71-6 型电动机中改绕使用。

（3）绕组嵌线方法

本例绕组嵌线采用交叠法，嵌线需吊6边，嵌法与双叠类似，但每组应先嵌节距最小的线圈，具体嵌序见表1-27。

表 1-27　交叠法

嵌绕次序		1	2	3	4	5	6	7	8	9	10	11	12	13	14	15	16	17	18
槽号	下层	2	1	36	35	34		33	32		31		30		29		28		27
	上层						2			36		1		34		35		32	

嵌绕次序		19	20	21	22	23	……	45	46	47	48	49	50	51	52	53	54
槽号	下层		26		25		……		13		12		11		10		9
	上层	33		30		31	……	20		19		16		17		14	

嵌绕次序		55	56	57	58	59	60	61	62	63	64	65	66	67	68	69	70	71	72
槽号	下层		8		7		6		5		4		3						
	上层	15		12		13		10		11		8		9	6	7	4	5	3

（4）绕组端面布接线

如图 1-27 所示。

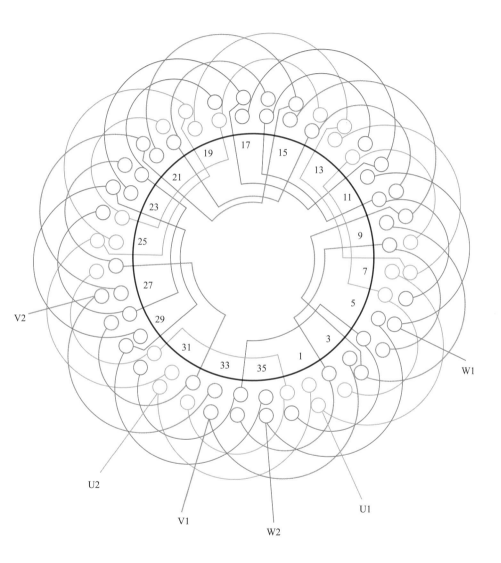

图 1-27　36 槽 6 极（$y_d = 5$、$a = 1$）三相
电动机绕组双层同心式布线

1.3.9　48 槽 2 极（$y_d=16$、$a=1$）三相电动机绕组双层（三平面）同心式（整嵌）布线

(1) 绕组结构参数

定子槽数　$Z=48$		电机极数　$2p=2$	
总线圈数　$Q=48$		极相槽数　$q=8$	
线圈组数　$u=6$		每组圈数　$S=8$	
线圈节距　$y=23$、21、19、17、15、13、11、9			
分布系数　$K_d=0.956$		绕组极距　$\tau=24$	
节距系数　$K_p=0.866$		并联路数　$a=1$	
绕组系数　$K_{dp}=0.828$		每槽电角　$\alpha=7.5^\circ$	
出线根数　$c=6$			

(2) 绕组布接线特点及应用举例

本例是双层同心式绕组，每相仅两组线圈，每组由 8 只同心线圈组成；接线时将同相两组线圈反串，使极性相反。此绕组由 $y=16$ 的双层叠绕演变而来，原双叠嵌线吊边数多而显困难；今改用整嵌后无需吊边，能提高绕组嵌线工效。适宜用于 JB710M2-2 等电动机改绕采用，如若线圈节距不同的双叠改绕，则要根据绕组系数对线圈数据进行换算才能实施。

(3) 绕组嵌线方法

本例绕组嵌线采用分相整嵌，嵌线顺序见表 1-28。

表 1-28　分相整嵌法

嵌绕次序		1	2	3	4	5	6	7	8	9	10	11	12	13	14	15	16	17	18
槽号	下平面	8	17	7	18	6	19	5	20	4	21	3	22	2	23	1	24	32	41
嵌绕次序		19	20	21	22	23	24	25	26	27	28	29	30	31	32	33	34	35	36
槽号	下平面	31	42	30	43	29	44	28	45	27	46	26	47	24	48				
	中平面															40	1	39	2
嵌绕次序		37	38	39	40	41	42	43	44	45	46	47	48	49	50	51	52	53	54
槽号	中平面	38	3	40	4	39	5	36	6	34	7	33	8	16	25	15	26	14	27
嵌绕次序		55	56	57	58	59	60	61	62	63	64	65	66	67	68	69	70	71	72
槽号	中平面	13	28	12	29	11	30	10	31	9	32								
	上平面											24	33	23	34	22	35	21	36
嵌绕次序		73	74	75	76	77	78	79	80	81	82	83	84	85	86	87	88	89	90
槽号	上平面	20	37	19	38	18	39	17	40	48	41	47	42	46	43	45	12	44	13
嵌绕次序		91	92	93	94	95	96												
槽号	上平面	43	14	42	15	41	16												

（4）绕组端面布接线

如图 1-28 所示。

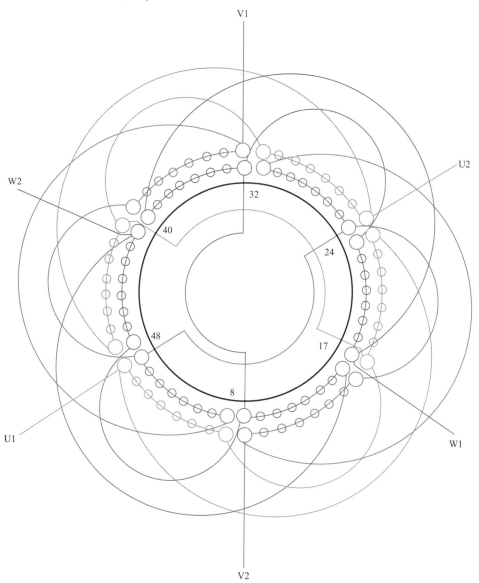

图 1-28　48 槽 2 极（$y_d=16$、$a=1$）三相电动机

绕组双层（三平面）同心式（整嵌）布线

1.3.10　48槽2极（$y_d=16$、$a=2$）三相电动机绕组双层（三平面）同心式（整嵌）布线

（1）绕组结构参数

定子槽数　$Z=48$　　　　　电机极数　$2p=2$

总线圈数　$Q=48$　　　　　极相槽数　$q=8$

线圈组数　$u=6$　　　　　　每组圈数　$S=8$

线圈节距　$y=23$、21、19、17、15、13、11、9

分布系数　$K_d=0.956$　　　绕组极距　$\tau=24$

节距系数　$K_p=0.866$　　　并联路数　$a=2$

绕组系数　$K_{dp}=0.828$

出线根数　$c=6$

（2）绕组布接线特点及应用举例

本例绕组布线与上例基本相同，但采用二路并联，每一支路仅一组同心线圈，两个支路按反极性并联构成一相绕组。此绕组可用于代替相应槽数2极电动机而采用整嵌下线，可省去16个吊边的麻烦。但整嵌的缺点也较明显，最突出的是散热效果欠佳。

（3）绕组嵌线方法

本例是为整嵌设计的，故先嵌U相，再嵌V、W相，使三相线圈端部构成三平面结构。嵌线顺序见表1-29。

表1-29　分相整嵌法

嵌绕次序		1	2	3	4	5	6	7	8	9	10	11	12	13	14	15	16	17	18
槽号	下平面	8	17	7	18	6	19	5	20	4	21	3	22	2	23	1	24	32	41
	中平面																		
嵌绕次序		19	20	21	22	23	……		53	54	55	56	57	58	59	60	61	62	63
槽号	下平面	31	42	30	43	29	……												
	中平面						……		14	27	13	28	12	29	11	30	10	31	9
嵌绕次序		64	……		82	83	84	85	86	87	88	89	90	91	92	93	94	95	96
槽号	中平面	32	……																
	上平面		……		9	47	10	46	11	45	12	44	13	43	14	42	15	41	16

(4) 绕组端面布接线

如图 1-29 所示。

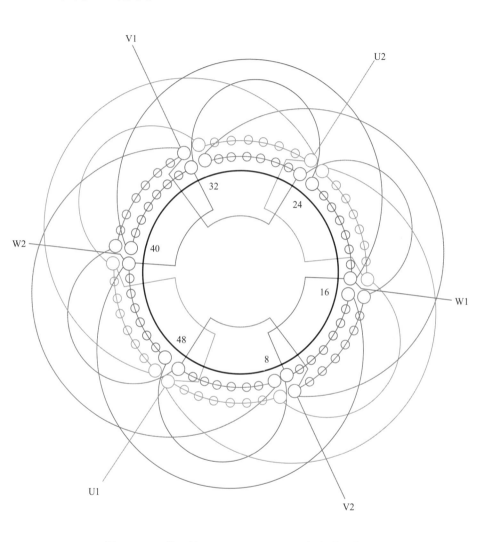

图 1-29　48 槽 2 极（$y_d=16$、$a=2$）三相电动机绕组
双层（三平面）同心式（整嵌）布线

1.3.11　48槽4极（$y_d=8$、$a=1$）三相电动机绕组双层（三平面）同心式（整嵌）布线

（1）绕组结构参数

定子槽数	$Z=48$	电机极数	$2p=4$
总线圈数	$Q=48$	极相槽数	$q=4$
线圈组数	$u=12$	每组圈数	$S=4$
线圈节距	$y=11$、9、7、5	每槽电角	$\alpha=15°$
分布系数	$K_d=0.958$	绕组极距	$\tau=12$
节距系数	$K_p=0.866$	并联路数	$a=1$
绕组系数	$K_{dp}=0.83$	出线根数	$c=6$

（2）绕组布接线特点及应用举例

绕组由四联同心线圈组构成，每相有4组线圈，按相邻反极性串联。绕组选用节距为极距的2/3，是为三平面整嵌而设计，故该绕组具有嵌线方便，工艺简单、工效较高等优点；但绕组端部呈三平面布线，无法形成完美的喇叭口，故冷却散热较差，有可能影响到电动机满载条件下的持续运行。

（3）绕组嵌线方法

本绕组采用分相整嵌，嵌线顺序见表1-30。

表1-30　分相整嵌法

嵌绕次序	1	2	3	4	5	6	7	8	9	10	11	12	13	14	15	16	17	18	19	20
槽号 下平面	40	45	39	46	38	47	37	48	28	33	27	34	26	35	25	36	40	45	39	46

嵌绕次序	21	22	23	24	25	26	27	28	29	30	31	32	33	34	35	36	37	38	39	40
槽号 下平面	38	47	37	48	4	9	3	10	2	11	1	12								
槽号 中平面													8	13	7	14	6	15	5	16

嵌绕次序	41	42	43	44	45	46	47	48	49	50	51	52	53	54	55	56	57	58	59	60
槽号 中平面	44	1	43	2	42	3	41	4	32	37	31	38	30	39	29	40	20	25	19	26

嵌绕次序	61	62	63	64	65	66	67	68	69	70	71	72	73	74	75	76	77	78	79	80
槽号 中平面	18	27	17	28																
槽号 下平面					48	5	47	6	46	7	45	8	36	41	35	42	34	43	33	44

嵌绕次序	81	82	83	84	85	86	87	88	89	90	91	92	93	94	95	96
槽号 上平面	24	29	23	30	22	31	21	32	12	17	11	18	10	19	9	20

（4）绕组端面布接线

如图 1-30 所示。

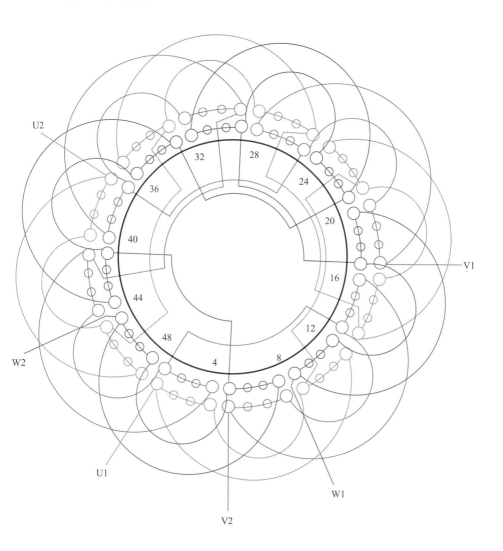

图 1-30　48 槽 4 极（$y_d = 8$、$a = 1$）三相电动机绕组
双层（三平面）同心式（整嵌）布线

1.3.12 48槽4极（$y_d=8$、$a=2$）三相电动机绕组双层（三平面）同心式（整嵌）布线

（1）绕组结构参数

定子槽数	$Z=48$	电机极数	$2p=4$
总线圈数	$Q=48$	极相槽数	$q=4$
线圈组数	$u=12$	每组圈数	$S=4$
线圈节距	$y=11、9、7、5$	每槽电角	$\alpha=15°$
分布系数	$K_d=0.958$	绕组极距	$\tau=12$
节距系数	$K_p=0.866$	并联路数	$a=2$
绕组系数	$K_{dp}=0.83$	出线根数	$c=6$

（2）绕组布接线特点及应用举例

本例绕组结构特点与上例相同，但采用二路并联接线，连接时，每相进线后向左右两侧反向走线构成二路，每一支路由正反极性两组线圈串联而成。此绕组由 $y=8$ 的双层叠式演化而来，但原绕组在系列中未见应用，其他规格要改用三平面整嵌时，必须根据绕组系数将线圈数据换算后才能转换；否则会因磁密改变而可能引起重绕后电动机出力不足或温度升高。

（3）绕组嵌线方法

绕组采用分相整嵌，嵌线顺序见表1-31。

表1-31　分相整嵌法

嵌绕次序	1	2	3	4	5	6	7	8	9	10	11	12	13	14	15	16
槽号 下平面	40	45	39	46	38	47	37	48	28	33	27	34	26	35	25	36
嵌绕次序	17	18	19	20	21	22	23	24	25	26	27	28	29	30	31	32
槽号 下平面	40	45	39	46	38	47	37	48	4	9	3	10	2	11	1	12
嵌绕次序	33	34	35	36	37	38	39	40	41	42	43	44	45	46	47	48
槽号 中平面	8	13	7	14	6	15	5	16	44	1	43	2	42	3	41	4
嵌绕次序	49	50	51	52	53	54	55	56	57	58	59	60	61	62	63	64
槽号 中平面	32	37	31	38	30	39	29	40	20	25	19	26	18	27	17	28
嵌绕次序	65	66	67	68	69	70	71	72	73	74	75	76	77	78	79	80
槽号 上平面	48	5	47	6	46	7	45	8	36	41	35	42	34	43	33	44
嵌绕次序	81	82	83	84	85	86	87	88	89	90	91	92	93	94	95	96
槽号 上平面	24	29	23	30	22	31	21	32	12	17	11	18	10	19	9	20

(4) 绕组端面布接线

如图 1-31 所示。

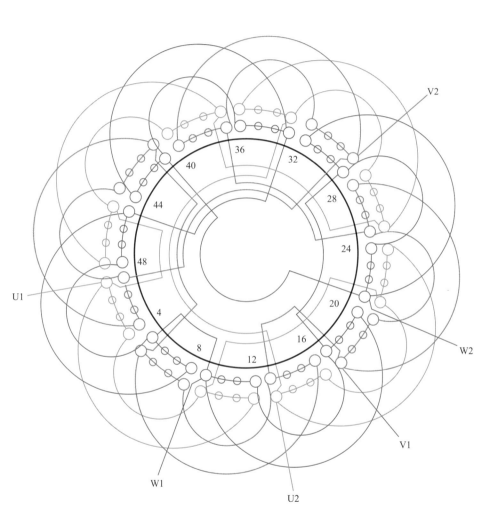

图 1-31　48 槽 4 极（$y_d = 8$、$a = 2$）三相电动机绕组

双层（三平面）同心式（整嵌）布线

1.3.13　48槽4极（$y_d=8$、$a=4$）三相电动机绕组双层（三平面）同心式（整嵌）布线

(1) 绕组结构参数

定子槽数	$Z=48$	电机极数	$2p=4$
总线圈数	$Q=48$	极相槽数	$q=4$
线圈组数	$u=12$	每组圈数	$S=4$
线圈节距	$y=11$、9、7、5	每槽电角	$\alpha=15°$
分布系数	$K_d=0.958$	绕组极距	$\tau=12$
节距系数	$K_p=0.866$	并联路数	$a=4$
绕组系数	$K_{dp}=0.83$	出线根数	$c=6$

(2) 绕组布接线特点及应用举例

本例采用四路并联接线，每一支路仅有一组线圈，同相4组线圈按相邻反极性并联；而每组线圈由4只同心线圈组成。此绕组为构成三平面结构而选用等效节距8，即双层叠绕 $y=8$ 的绕组为基础，故其绕组系数相对较低，其他规格双叠绕组改绕整嵌时，需按绕组系数进行换算。

(3) 绕组嵌线方法

本例绕组采用分相整嵌，先嵌U相，再嵌V相，最后嵌入W相，使其三相端部构成三平面。嵌线顺序见表1-32。

表1-32　分相整嵌法

嵌绕次序		1	2	3	4	5	6	7	8	9	10	11	12	13	14	15	16
槽号	下平面	40	45	39	46	38	47	37	48	28	33	27	34	26	35	25	36
嵌绕次序		17	18	19	20	21	22	23	24	25	26	27	28	29	30	31	32
槽号	下平面	40	45	39	46	38	47	37	48	4	9	3	10	2	11	1	12
嵌绕次序		33	34	35	36	37	38	39	40	41	42	43	44	45	46	47	48
槽号	中平面	8	13	7	14	6	15	5	16	44	1	43	2	42	3	41	4
嵌绕次序		49	50	51	52	53	54	55	56	57	58	59	60	61	62	63	64
槽号	中平面	32	37	31	38	30	39	29	40	20	25	19	26	18	27	17	28
嵌绕次序		65	66	67	68	69	70	71	72	73	74	75	76	77	78	79	80
槽号	上平面	48	5	47	6	46	7	45	8	36	41	35	42	34	43	33	44
嵌绕次序		81	82	83	84	85	86	87	88	89	90	91	92	93	94	95	96
槽号	上平面	24	29	23	30	22	31	21	32	12	17	11	18	10	19	9	20

（4）绕组端面布接线
如图 1-32 所示。

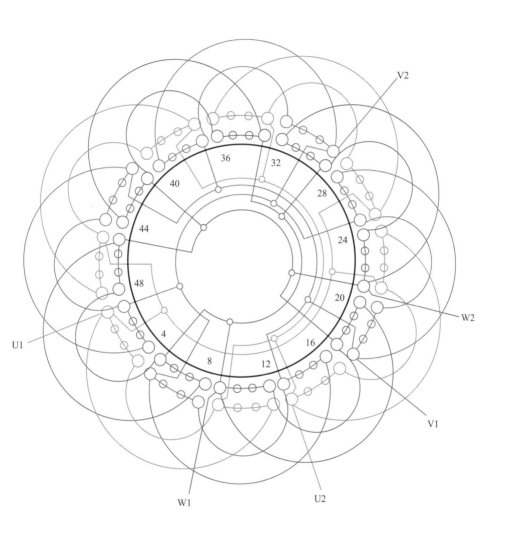

图 1-32　48 槽 4 极（$y_d = 8$、$a = 4$）三相电动机绕组
双层（三平面）同心式（整嵌）布线

1.3.14　48槽4极（$y_d=10$、$a=4$）三相电动机绕组双层同心式布线

(1) 绕组结构参数

定子槽数　$Z=48$　　　　　　电机极数　$2p=4$

总线圈数　$Q=48$　　　　　　极相槽数　$q=4$

线圈组数　$u=12$　　　　　　每组圈数　$S=4$

线圈节距　$y=13、11、9、7$　　每槽电角　$\alpha=15°$

分布系数　$K_d=0.958$　　　　绕组极距　$\tau=12$

节距系数　$K_p=0.966$　　　　并联路数　$a=4$

绕组系数　$K_{dp}=0.925$

出线根数　$c=6$

(2) 绕组布接线特点及应用举例

本例是4极绕组，采用四路并联，而每相由4组线圈组成，故每一支路仅一个线圈组。所以，接线时要依据相邻组间反极性进行并联。主要应用实例有国产老系列JO2L-71-4等电动机。

(3) 绕组嵌线方法

本例绕组采用交叠法嵌线，吊边数为9。嵌线顺序见表1-33。

表1-33　交叠法

嵌绕次序		1	2	3	4	5	6	7	8	9	10	11	12	13	14	15	16	17	18
槽号	下层	4	3	2	1	48	47	46	45	44		43		42	41	40		39	
	上层										3		4				47		48

嵌绕次序		19	20	21	22	23	……	69	70	71	72	73	74	75	76	77	78
槽号	下层	38		37		36	……	13		12		11		10		9	
	上层		1		2		……		26		19		20		21		22

嵌绕次序		79	80	81	82	83	84	85	86	87	88	89	90	91	92	93	94	95	96
槽号	下层	8		7		6		5											
	上层		15		16		17		18	11	12	13	14	7	8	9	10	5	6

（4）绕组端面布接线

如图 1-33 所示。

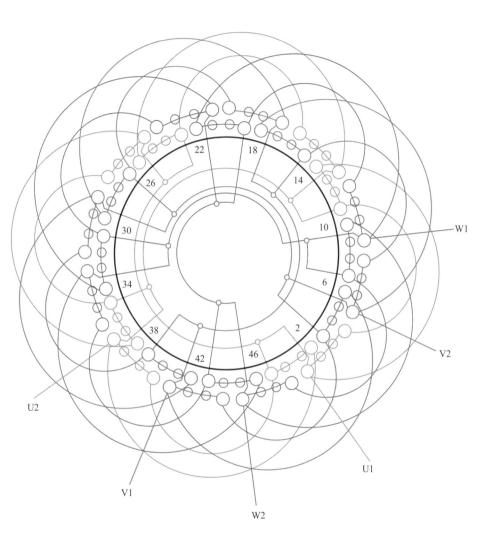

图 1-33　48 槽 4 极（$y_d = 10$、$a = 4$）三相电动机绕组

双层同心式布线

1.3.15　54槽6极（$y_d=6$、$a=2$）三相电动机绕组双层（三平面）同心式（整嵌）布线

（1）绕组结构参数

定子槽数　$Z=54$		电机极数　$2p=6$	
总线圈数　$Q=54$		极相槽数　$q=3$	
线圈组数　$u=18$		每组圈数　$S=3$	
线圈节距　$y=8、6、4$		每槽电角　$\alpha=20°$	
分布系数　$K_d=0.96$		绕组极距　$\tau=9$	
节距系数　$K_p=0.866$		并联路数　$a=2$	
绕组系数　$K_{dp}=0.831$		出线根数　$c=6$	

（2）绕组布接线特点及应用举例

本例绕组采用二路并联，接线时，在进线槽分左右两路走线，每路3个线圈组，按同相相邻反极性的原则将支路内的两个线圈组连接。本例选用 $y=6$ 的双叠绕组作演变基础，但原绕组在系列产品中并无实例，故其他规格电机若改绕三平面整嵌时，可将线圈数据进行换算，否则可能会因数据不匹配而导致不良后果。

（3）绕组嵌线方法

本例采用分相整嵌，嵌绕顺序见表1-34。

表1-34　分相整嵌法

嵌绕次序	1	2	3	4	5	6	7	8	9	10	11	12	13	14	15	16	17	18
槽号 下平面	48	52	47	53	46	54	39	43	38	44	37	45	30	34	29	35	28	36
嵌绕次序	19	20	21	22	23	24	25	26	27	28	29	30	31	32	33	34	35	36
槽号 下平面	21	25	20	26	19	27	12	16	11	17	10	18	3	7	2	8	1	9
嵌绕次序	37	38	39	40	41	42	43	44	45	46	47	48	49	50	51	52	53	54
槽号 中平面	6	10	5	11	4	12	51	1	50	2	49	3	42	46	41	47	40	48
嵌绕次序	55	56	57	58	59	60	61	62	63	64	65	66	67	68	69	70	71	72
槽号 中平面	33	37	32	38	31	39	24	28	23	29	22	30	15	19	14	20	13	21
嵌绕次序	73	74	75	76	77	78	79	80	81	82	83	84	85	86	87	88	89	90
槽号 上平面	54	4	53	5	52	6	45	49	44	50	43	51	36	40	35	41	34	42
嵌绕次序	91	92	93	94	95	96	97	98	99	100	101	102	103	104	105	106	107	108
槽号 上平面	27	31	26	32	25	33	18	22	17	23	16	24	9	13	8	14	7	15

（4）绕组端面布接线

如图 1-34 所示。

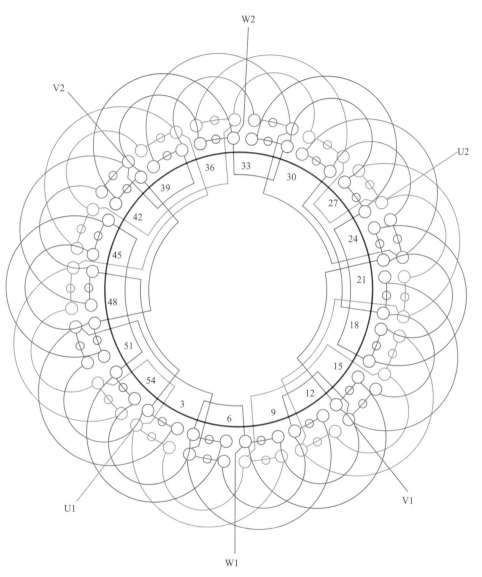

图 1-34　54 槽 6 极（$y_d = 6$、$a = 2$）三相电动机绕组
双层（三平面）同心式（整嵌）布线

1.3.16　54槽6极（$y_d=6$、$a=3$）三相电动机绕组双层（三平面）同心式（整嵌）布线

(1) 绕组结构参数

定子槽数	$Z=54$	电机极数	$2p=6$
总线圈数	$Q=54$	极相槽数	$q=3$
线圈组数	$u=18$	每组圈数	$S=3$
线圈节距	$y=8、6、4$	每槽电角	$\alpha=20°$
分布系数	$K_d=0.96$	绕组极距	$\tau=9$
节距系数	$K_p=0.866$	并联路数	$a=3$
绕组系数	$K_{dp}=0.831$	出线根数	$c=6$

(2) 绕组布接线特点及应用举例

本例绕组由三联同心线圈组组成，并采用三路并联，每一支路由相邻同相线圈组按一正一反串联而成，而且要求同相相邻线圈组必须极性相反。此绕组为满足三平面整嵌而用 $y_d=6$，其绕组系数偏低；如用双叠改绕，当绕组系数不同时，必须进行换算。

(3) 绕组嵌线方法

本例绕组采用分相整嵌，嵌线顺序见表 1-35。

表 1-35　分相整嵌法

嵌绕次序	1	2	3	4	5	6	7	8	9	10	11	12	13	14	15	16	17	18
槽号 下平面	48	52	47	53	46	54	39	43	38	44	37	45	30	34	29	35	28	36
嵌绕次序	19	20	21	22	23	24	25	26	27	28	29	30	31	32	33	34	35	36
槽号 下平面	21	25	20	26	19	27	12	16	11	17	10	18	3	7	2	8	1	9
嵌绕次序	37	38	39	40	41	42	43	44	45	46	47	48	49	50	51	52	53	54
槽号 中平面	6	10	5	11	4	12	51	1	50	2	49	3	42	46	41	47	40	48
嵌绕次序	55	56	57	58	59	60	61	62	63	64	65	66	67	68	69	70	71	72
槽号 中平面	33	37	32	38	31	39	24	28	23	29	22	30	15	19	14	20	13	21
嵌绕次序	73	74	75	76	77	78	79	80	81	82	83	84	85	86	87	88	89	90
槽号 上平面	54	4	53	5	52	6	45	49	44	50	43	51	36	40	35	41	34	42
嵌绕次序	91	92	93	94	95	96	97	98	99	100	101	102	103	104	105	106	107	108
槽号 上平面	27	31	26	32	25	33	18	22	17	23	16	24	9	13	8	14	7	15

（4）绕组端面布接线

如图 1-35 所示。

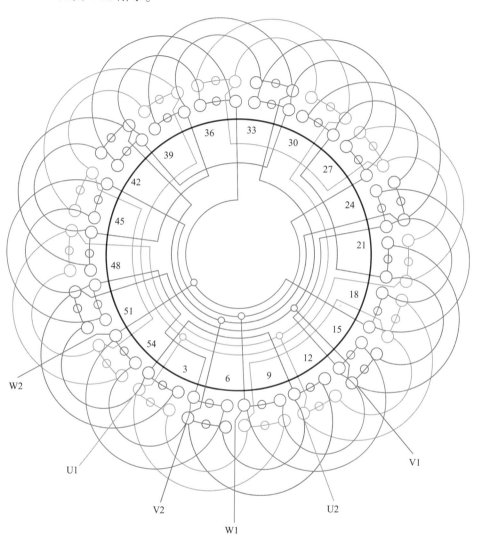

图 1-35　54 槽 6 极（$y_d = 6$、$a = 3$）三相电动机绕组
双层（三平面）同心式（整嵌）布线

1.3.17　60槽4极（$y_d = 10$、$a = 4$）三相电动机绕组双层（三平面）同心式（整嵌）布线

（1）绕组结构参数

定子槽数　$Z = 60$　　　　电机极数　$2p = 4$

总线圈数　$Q = 60$　　　　极相槽数　$q = 5$

线圈组数　$u = 12$　　　　每组圈数　$S = 5$

线圈节距　$y = 14$、12、10、8、6

分布系数　$K_d = 0.957$　　绕组极距　$\tau = 15$

节距系数　$K_p = 0.866$　　并联路数　$a = 4$

绕组系数　$K_{dp} = 0.829$　每槽电角　$\alpha = 12°$

出线根数　$c = 6$

（2）绕组布接线特点及应用举例

本例是由 $y = 10$、$a = 4$ 的双叠绕组演变而来，其节距缩短至绕组极距的2/3，适合改作三平面整嵌。此绕组由五联同心线圈组成，采用四路并联线时，每一支路仅一组线圈，所以每相4组线圈按相邻反极性并接。此外，由于节距较短，绕组系数偏低，如是其他规格的绕组改绕整嵌时，必须按绕组系数换算后实施。

（3）绕组嵌线方法

本例绕组嵌线采用分相整嵌，嵌线顺序见表1-36。

表1-36　分相整嵌法

嵌绕次序	1	2	3	4	5	6	7	8	9	10	11	12	13	14	15	16	17	18	19	20
槽号 下平面	5	11	4	12	3	13	2	14	1	15	50	56	49	57	48	58	47	59	46	60
嵌绕次序	21	22	23	24	25	26	27	28	29	30	31	32	33	34	35	36	37	38	39	40
槽号 下平面	35	41	34	42	33	43	32	44	31	45	20	26	19	27	18	28	17	29	16	30
嵌绕次序	41	42	43	44	45	46	47	48	49	50	51	52	53	54	55	56	57	58	59	60
槽号 中平面	25	31	24	32	23	33	22	34	21	35	10	16	9	17	8	18	7	19	6	20
嵌绕次序	61	62	63	64	65	66	67	68	69	70	71	72	73	74	75	76	77	78	79	80
槽号 中平面	55	1	54	2	53	3	52	4	51	5	40	46	39	47	38	48	37	49	36	50
嵌绕次序	81	82	83	84	85	86	87	88	89	90	91	92	93	94	95	96	97	98	99	100
槽号 上平面	15	21	14	22	13	23	12	24	11	25	60	6	59	7	58	8	57	9	56	10
嵌绕次序	101	102	103	104	105	106	107	108	109	110	111	112	113	114	115	116	117	118	119	120
槽号 上平面	45	51	44	52	43	53	42	54	41	55	30	36	29	37	28	38	27	39	26	40

（4）绕组端面布接线

如图 1-36 所示。

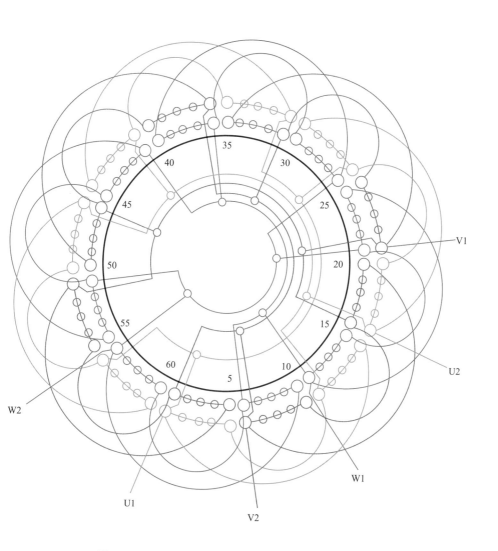

图 1-36　60 槽 4 极（$y_d=10$、$a=4$）三相电动机绕组
双层（三平面）同心式（整嵌）布线

第 2 章

三相交流电动机单双层混合式绕组

　　单双层混合式绕组简称单双层绕组，其出现大约在 20 世纪 60 年代末。它是以双层短距叠绕组为基础演变而来，即把同槽内同相的上下层线圈边合并成单层线圈，而同槽不同相则保留双层布线，从而便构成既有单层又有双层线圈的混合式绕组。

　　构成单双层的必要条件是短距，但又不能超短距，因此，其线圈节距必须满足：

$$\tau > y_{\mathrm{d}} > (\tau - q + 1)$$

　　单双层绕组是一种性能较优的绕组型式，它既保留了双层短距能改善磁场波形，又可削减高次谐波，提高启动性能，降低附加损耗等优点，此外，还使槽满率得到改善；绕组用线长度能有效缩短而节省线材；如果应用于转子绕组还有利于散热而降低温升。但其主要不足是从单一规格双叠线圈变成多种尺寸同心线圈，而且还要嵌入单双层，给嵌绕增加了难度而不利于工效的提高。所以标准系列（包括 Y 系列）产品中尚未被普及采用。然而，发现近年的单双层绕组电机在增加。究其原因，主要是由于铜价飞涨所致。一些小厂为生存计，不得不选用工艺难度较大的绕组，以换取节省材料来降低成本。而部分有能力的修理者也只得增加技术难度来维护收益。由此而将单双层绕组推向于实用。

　　单双层绕组都是显极式布线，其 A、B 类之分是借鉴于单相正弦绕组。即同心线圈组中最大线圈为双层，且节距 $y = \tau$ 时为 A 类布线；若最大线圈节距 $y < \tau$，且为单层时为 B 类布线。为减少总线圈数，将 A 类的最大双层线圈改为一只单层大线圈，就演变成单双层同心交叉布线。

　　(1) 绕组结构参数

　　单双层结构参数与双叠绕组基本相同，下面仅对几个特别的参数解释说明。

　　① 总线圈数　它包括单层和双层线圈的总和，但与线圈等效节距（y_{d}）有关，即 y_{d} 越大则单层线圈越多，而总线圈数就少；反之就越多。

　　② 每组圈数　是指一组线圈包括单、双层线圈数之和。

③ 绕组节距　单双层绕组有两种表示形式：

y 是单双层同心线圈中的线圈实际节距；

y_0 是单双层同心线圈中的等效节距，它等于演变前双叠绕组的线圈节距。

④ 绕组系数　单双层绕组系数由下式计算

$$K_{dp} = K_d K_0 = \frac{0.5}{q\sin\left(\dfrac{30°}{q}\right)} \sin\left(90°\frac{y_d}{\tau}\right)$$

式中各参数值由例图中选取。

（2）绕组特点

① 它具有双层叠绕可选用短节距线圈的特点而获得较好的电磁性能；

② 单双层绕组平均匝长少于相应的双层绕组，可节省铜线，降低附加损耗，提高效率；

③ 线圈数较双层叠绕组少，且同心线圈端部交叠少，嵌绕方便；

④ 单双层线圈匝数不等，大小线圈分布复杂而给布接线带来一定困难。

（3）绕组嵌线

单双层混合式绕组只能采用交叠式嵌线，嵌线一般规律为：逐个先嵌小圈（$S_{双}$）的下层边，后退再嵌（$S_{单}$）大圈沉边，嵌完一组向后退空 $S_{单}$ 槽，再嵌另组小圈下层边、大圈沉边。循此嵌线，直至完成。

由于单层线圈边无上下层之分，故以沉浮边加以区别，所以单双层绕组嵌线顺序原表就如图 2-13 所示，可见其不但烦琐又占版面。故本章除个别保留原表外，其余均作统称处理，即把单双层线圈先嵌的左侧"沉边"统称为"下层边"；后嵌的右侧"浮边"统称"上层边"。以使表格简化。

（4）绕组接线

单双层绕组同相相邻线圈组极性必须相反。

本章共分三节，并以多槽数为先的逆序编排。

2.1　60 及以上槽数三相电动机单双层混合式绕组端面布接线图

本节包括 72、60 槽两种铁芯槽数的单双层绕组端面布接线图共计 13 例，其中 72 槽 7 例，60 槽 6 例。

2.1.1　72 槽 4 极（$y_d=17$、$a=2$）三相电动机绕组单双层（A 类）布线

(1) 绕组结构参数

定子槽数	$Z=72$	电机极数	$2p=4$
总线圈数	$Q=48$	极相槽数	$q=6$
线圈组数	$u=12$	每组圈数	$S=4$
线圈节距	$y=18、16、14、12$	每槽电角	$\alpha=10°$
分布系数	$K_d=0.956$	绕组极距	$\tau=18$
节距系数	$K_p=0.996$	并联路数	$a=2$
绕组系数	$K_{dp}=0.952$	出线根数	$c=6$

(2) 绕组布接线特点及应用举例

绕组由四联同心式线圈组构成，每组有 4 只线圈，其中单、双层各 2 只。绕组采用二路并联，每一支路由同相相邻的两组线圈按一正一反串联而成，最后将两支路并联。此绕组由 $y=17$ 的双叠绕组演变而来，但改为单双层后，绕组缩减线圈数达到原来的三分之一，而且还保留较高的绕组系数，是单双层绕组较佳方案之一。本例适用于相应规格电动机改绕单双层。

(3) 绕组嵌线方法

本例绕组采用交叠法，吊边数为 8。嵌线顺序见表 2-1。

表 2-1　交叠法

嵌绕次序		1	2	3	4	5	6	7	8	9	10	11	12	13	14	15	16	17	18
槽号	下层	16	15	14	13	10	9	8	7	4		3		2		1	70		69
	上层										16		17		18			10	
嵌绕次序		19	20	21	22	23	24	25	26	……	71	72	73	74	75	76	77	78
槽号	下层		68		67		64		63	……		28		27		26		25
	上层	11		12		13		4		……	49		40		41		42	
嵌绕次序		79	80	81	82	83	84	85	86	87	88		89	90	91	92	93	94	95	96
槽号	下层		22		21		20		19											
	上层	43		34		35		36		37	19	28	29	30	31	22	23	24	25

（4）绕组端面布接线

如图 2-1 所示。

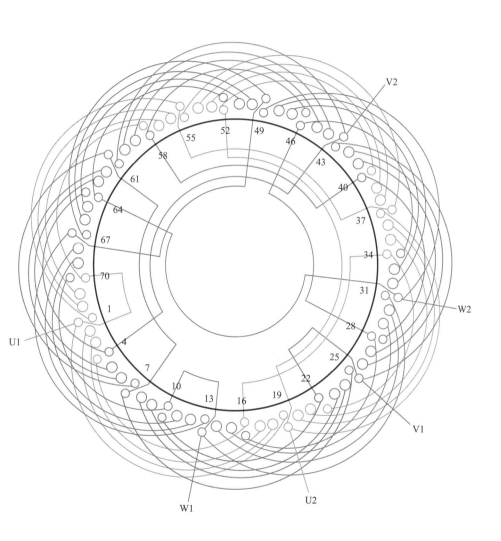

图 2-1　72 槽 4 极（$y_d = 17$、$a = 2$）三相
电动机绕组单双层（A 类）布线

2.1.2　72槽4极（$y_d=17$、$a=4$）三相电动机绕组单双层（A类）布线

(1) 绕组结构参数

定子槽数　$Z=72$	电机极数　$2p=4$
总线圈数　$Q=48$	极相槽数　$q=6$
线圈组数　$u=12$	每组圈数　$S=4$
线圈节距　$y=18$、16、14、12	每槽电角　$\alpha=10°$
分布系数　$K_d=0.956$	绕组极距　$\tau=18$
节距系数　$K_p=0.996$	并联路数　$a=4$
绕组系数　$K_{dp}=0.952$	出线根数　$c=6$

(2) 绕组布接线特点及应用举例

本例绕组结构与上例相同，但采用四路并联，故每一支路仅有一组线圈，接线是将同相相邻的线圈组反极性并联。此绕组属A类，即相邻两组的最大节距线圈等于极距，并安排为双层线圈，其线圈匝数为槽匝数的一半。此绕组适用于相应规格电动机改制单双层，但规格不相同者则绕组系数不同，则改绕必须通过绕组系数进行换算。

(3) 绕组嵌线方法

本例绕组采用交叠法嵌线，吊边数为8。嵌线顺序见表2-2。

表2-2　交叠法

嵌绕次序	1	2	3	4	5	6	7	8	9	10	11	12	13	14	15	16	17	18
槽号 下层	4	3	2	1	70	69	68	67	64		63		62		61	58		57
槽号 上层										4		5		6		70		

嵌绕次序	19	20	21	22	23	……	68	69	70	71	72	73	74	75	76	77	78
槽号 下层		56		55		……	20		19		16		15		14		13
槽号 上层	71		72		1	……		36		37		28		29		30	

嵌绕次序	79	80	81	82	83	84	85	86	87	88	89	90	91	92	93	94	95	96
槽号 下层		10		9		8		7										
槽号 上层	31		22		23		24		25	7	16	17	18	19	10	11	12	13

（4）绕组端面布接线

如图 2-2 所示。

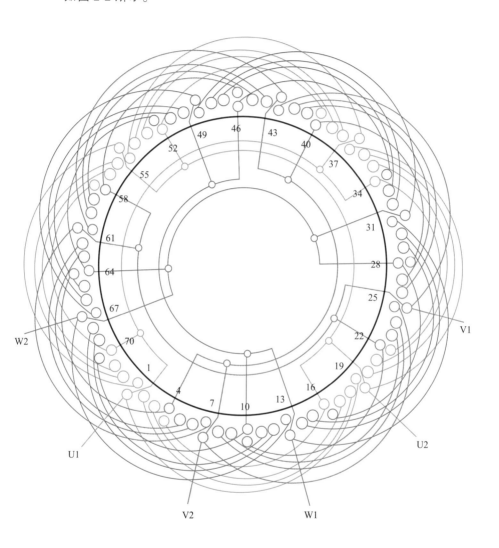

图 2-2　72 槽 4 极（$y_d = 17$、$a = 4$）三相
电动机绕组单双层（A 类）布线

2.1.3 72槽6极（$y_d = 10$、$a = 2$）三相电动机绕组单双层（B类）布线

（1）绕组结构参数

定子槽数 $Z = 72$　　　　电机极数 $2p = 6$

总线圈数 $Q = 54$　　　　极相槽数 $q = 4$

线圈组数 $u = 18$　　　　每组圈数 $S = 3$

线圈节距 $y = 11$、9、7　　每槽电角 $\alpha = 15°$

分布系数 $K_d = 0.958$　　绕组极距 $\tau = 12$

节距系数 $K_p = 0.966$　　并联路数 $a = 2$

绕组系数 $K_{dp} = 0.925$　　出线根数 $c = 6$

（2）绕组布接线特点及应用举例

本例是B类布线，即每组线圈数相等，而且最大节距的同心线圈小于极距。绕组由3圈同心联组成，每组由1只单层大线圈和2只双层线圈组成；每相分2路接线，每一支路有3组线圈，采用反方向走线，但要求同相相邻的线圈组极性相反。此绕组见于JO2-81-6的改绕。

（3）绕组嵌线方法

本例绕组采用交叠法嵌线，吊边数为6。嵌线的基本规律是：嵌3槽，退空2槽，再嵌3槽，余类推。嵌线顺序见表2-3。

表2-3　交叠法

嵌绕次序		1	2	3	4	5	6	7	8	9	10	11	12	13	14	15	16	17	18
槽号	下层	3	2	1	71	70	69	67		66		65		63		62		61	
	上层								2		3		4		70		71		72
嵌绕次序		19	20	21	22	23	24	25	......		83	84	85	86	87	88	89	90
槽号	下层	59		58		57		55	......		17		15		14		13	
	上层		66		67		68		......			28		22		23		24
嵌绕次序		91	92	93	94	95	96	97	98	99	100	101	102	103	104	105	106	107	108
槽号	下层	11		10		9		7		6		5							
	上层		18		19		20		14		15		16	10	11	12	6	7	8

（4）绕组端面布接线

如图 2-3 所示。

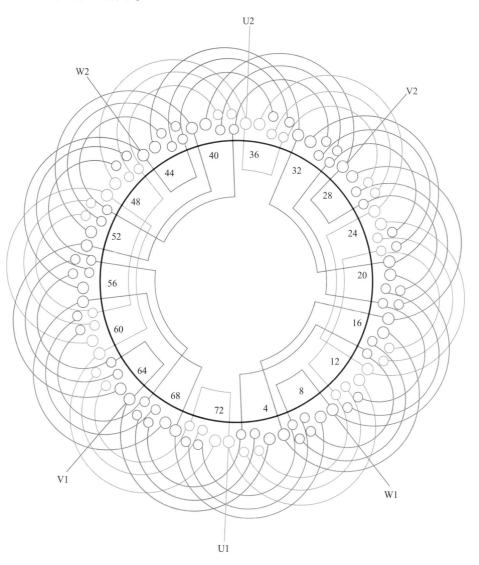

图 2-3　72 槽 6 极（$y_d = 10$、$a = 2$）三相
电动机绕组单双层（B 类）布线

2.1.4　72 槽 6 极 （$y_d=10$、$a=3$）三相电动机绕组单双层 （B 类）布线

(1) 绕组结构参数

定子槽数	$Z=72$	电机极数	$2p=6$
总线圈数	$Q=54$	极相槽数	$q=4$
线圈组数	$u=18$	每组圈数	$S=3$
线圈节距	$y=11、9、7$	每槽电角	$\alpha=15°$
分布系数	$K_d=0.958$	绕组极距	$\tau=12$
节距系数	$K_p=0.966$	并联路数	$a=3$
绕组系数	$K_{dp}=0.925$	出线根数	$c=6$

(2) 绕组布接线特点及应用举例

本例是显极绕组，每相由 6 组线圈组成，每相邻两组按反极性串联构成一个支路，然后把 3 个支路并联构成一相，三相布线和接法相同。绕组的单层线圈只占全部线圈的 1/3。从节约线材方面稍有效果，但仍能对削减高次谐波和提高电机性能方面保留了双叠绕组的优点。主要应用在某些厂家的 YZR-M2-6 等电动机。

(3) 绕组嵌线方法

本例采用交叠法嵌线，吊边数为 6。嵌线顺序见表 2-4。

表 2-4　交叠法

嵌绕次序		1	2	3	4	5	6	7	8	9	10	11	12	13	14	15	16	17	18
槽号	下层	3	2	1	71	70	69	67		66		65		63		62		61	
	上层								2		3		4		70		71		72

嵌绕次序		19	20	21	22	23	24	25	26	27	……	85	86	87	88	89	90
槽号	下层	59		58		57		55		54	……	15		14		13	
	上层		66		67		68		62		……		22		23		24

嵌绕次序		91	92	93	94	95	96	97	98	99	100	101	102	103	104	105	106	107	108
槽号	下层	11		10		9		7		6		5							
	上层		18		19		20		14		15		16	10	11	12	6	7	8

(4) 绕组端面布接线

如图 2-4 所示。

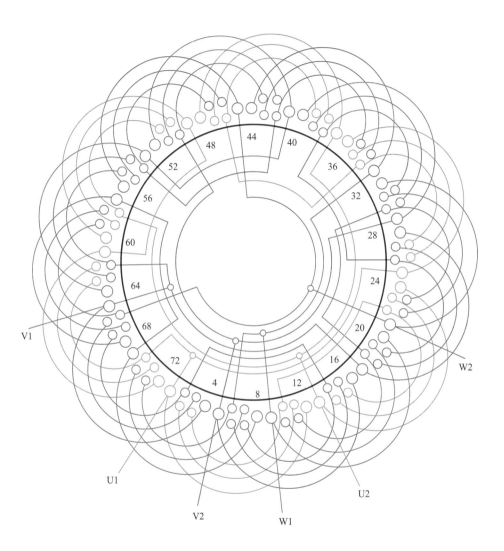

图 2-4   72 槽 6 极（$y_d=10$、$a=3$）三相
电动机绕组单双层（B 类）布线

2.1.5　72 槽 6 极（$y_d=10$、$a=6$）三相电动机绕组单双层（B 类）布线

（1）绕组结构参数

定子槽数	$Z=72$	电机极数	$2p=6$
总线圈数	$Q=54$	极相槽数	$q=4$
线圈组数	$u=18$	每组圈数	$S=3$
线圈节距	$y=11、9、7$	每槽电角	$\alpha=15°$
分布系数	$K_d=0.958$	绕组极距	$\tau=12$
节距系数	$K_p=0.966$	并联路数	$a=6$
绕组系数	$K_{dp}=0.925$	出线根数	$c=6$

（2）绕组布接线特点及应用举例

本例与前例的绕组特点基本相同，但采用 6 路并联，因此，要把每相 6 组线圈并接在一起，但必须使相邻的线圈组反极性。主要见于部分厂家的 Y225M-6 电动机。

（3）绕组嵌线方法

本例绕组嵌线采用交叠法，吊边数为 6。先嵌入一组的两个下层边和一个单层槽，线圈另一边吊起，向后退空 2 槽不嵌，再嵌第 2 组的 3 边，再退空 2 槽后，开始整嵌余下线圈，最后把吊边逐个嵌入相应槽的上层。嵌线顺序见表 2-5。

表 2-5　交叠法

嵌绕次序		1	2	3	4	5	6	7	8	9	10	11	12	13	14	15	16	17	18
槽号	下层	3	2	1	71	70	69	67		66		65		63		62		61	
	上层								2		3		4		70		71		72

嵌绕次序		19	20	21	22	……	80	81	82	83	84	85	86	87	88	89	90
槽号	下层	59		58		……		18		17		15		14		13	
	上层		66		67	……	26		27		28		22		23		24

嵌绕次序		91	92	93	94	95	96	97	98	99	100	101	102	103	104	105	106	107	108
槽号	下层	11		10		9		7		6		5							
	上层		18		19		20		14		15		16		11	12	6	7	8

（4）绕组端面布接线

如图 2-5 所示。

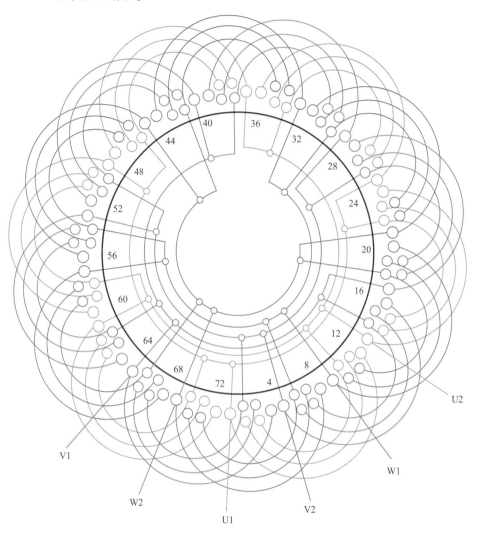

图 2-5　72 槽 6 极 （y_d＝10、a＝6）三相
电动机绕组单双层 （B 类）布线

2.1.6　72槽6极（$y_d=11$、$a=3$）三相电动机绕组单双层（A类）布线

（1）绕组结构参数

定子槽数	$Z=72$	电机极数	$2p=6$
总线圈数	$Q=54$	极相槽数	$q=4$
线圈组数	$u=18$	每组圈数	$S=3$
线圈节距	$y=12$、10、8	每槽电角	$\alpha=15°$
分布系数	$K_d=0.958$	绕组极距	$\tau=12$
节距系数	$K_p=0.991$	并联路数	$a=3$
绕组系数	$K_{dp}=0.95$	出线根数	$c=6$

（2）绕组布接线特点及应用举例

由于选用平均节距 y_p 比上例长一槽，单双层构成 A 类布线，但从节约材料计，也可将最大节距线圈变为单层，演变成大小组交替的同心交叉布线。主要应用有某厂家的 YX280M-6、JO3-250S-6 等。

（3）绕组嵌线方法

本例绕组采用交叠法嵌线，吊边数为 7。先嵌第 1 组的小线圈下层边，另边吊起，继续嵌同组的 2 个下层边，另边也吊起；退空 1 槽后再嵌 3 边，另边吊起；再退空 1 槽嵌入第 3 组小线圈的两边，即整个线圈嵌入相应槽内，以后便可类推整嵌。嵌线顺序见表 2-6。

表 2-6　交叠法

嵌绕次序	1	2	3	4	5	6	7	8	9	10	11	12	13	14	15	16	17	18
槽号 下层	3	2	1	71	70	69	67		66		65	63		62		61		59
上层						3		4			71	72		1				

嵌绕次序	19	20	21	22	23	24	25	26	27	28	29	30	……	87	88	89	90
槽号 下层		58		57		55		54		53		61	……	13		11	
上层	67		68		69		63		64		65		……	24		25	

嵌绕次序	91	92	93	94	95	96	97	98	99	100	101	102	103	104	105	106	107	108
槽号 下层		10				5												
上层	19		20		21		15		16		17	5	11	12	13	7	8	9

(4) 绕组端面布接线

如图 2-6 所示。

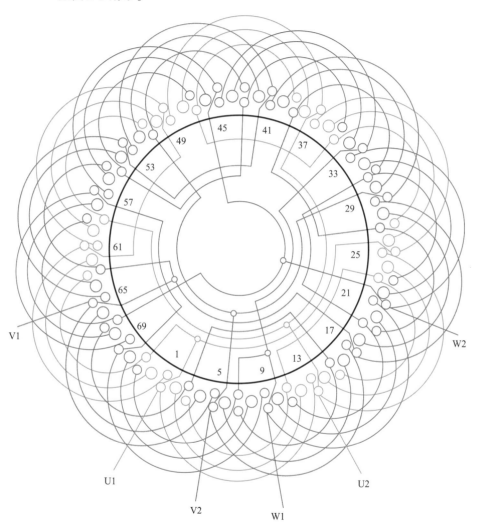

图 2-6　72 槽 6 极（$y_d = 11$、$a = 3$）三相
电动机绕组单双层（A 类）布线

2.1.7　72槽8极（$y_d=8$、$a=4$）三相电动机绕组单双层（B类）布线

(1) 绕组结构参数

定子槽数　$Z=72$	电机极数　$2p=8$
总线圈数　$Q=48$	极相槽数　$q=3$
线圈组数　$u=24$	每组圈数　$S=2$
线圈节距　$y=8、6$	每槽电角　$\alpha=20°$
分布系数　$K_d=0.96$	绕组极距　$\tau=9$
节距系数　$K_p=0.985$	并联路数　$a=4$
绕组系数　$K_{dp}=0.945$	出线根数　$c=6$

(2) 绕组布接线特点及应用举例

本例绕组采用显极布线，它是由 $q=3$、$y=8$ 的双层叠式绕组演变而来的。每组由一单层大线圈和双层小线圈组成，每相相邻2组按一正一反串接成一支路，然后将4个支路并联构成一相，但必须确保同相相邻线圈组极性相反的原则。此绕组见于某厂家的Y250M-8电动机。

(3) 绕组嵌线方法

本绕组采用交叠法嵌线，吊边数为4。嵌线的基本规律是：嵌2槽，退空1槽再嵌2槽，余类推。嵌线的顺序见表2-7。

表2-7　交叠法

嵌绕次序		1	2	3	4	5	6	7	8	9	10	11	12	13	14	15	16	17	18
槽号	下层	2	1	71	70	68		67		65		64		62		61		59	
	上层						2		3		71		72		68		69		65

嵌绕次序		19	20	21	22	23	24	25	26	27	……	73	74	75	76	77	78
槽号	下层	58		56		55		53		52	……	17		16		14	
	上层		66		62		63		59		……		23		24		20

嵌绕次序		79	80	81	82	83	84	85	86	87	88	89	90	91	92	93	94	95	96
槽号	下层	13		11		10		8		7									
	上层		21		17		18		14		15		11		12	8	9	5	6

（4）绕组端面布接线

如图 2-7 所示。

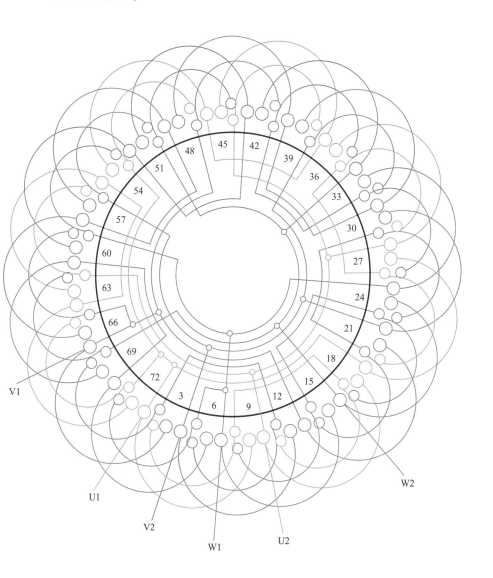

图 2-7 72 槽 8 极（$y_d = 8$、$a = 4$）三相电动机绕组单双层（B 类）布线

2.1.8 60槽4极（$y_d = 12$、$a = 4$）三相电动机绕组单双层（B类）布线

（1）绕组结构参数

定子槽数 $Z = 60$	电机极数 $2p = 4$
总线圈数 $Q = 48$	极相槽数 $q = 5$
线圈组数 $u = 12$	每组圈数 $S = 4$
线圈节距 $y = 14$、12、10、8	每槽电角 $\alpha = 12°$
分布系数 $K_d = 0.957$	绕组极距 $\tau = 15$
节距系数 $K_p = 0.951$	并联路数 $a = 4$
绕组系数 $K_{dp} = 0.91$	出线根数 $c = 6$

（2）绕组布接线特点及应用举例

本例是显极布线，全部绕组由12组同心线圈组成。每组4圈，每相4组，分别按同相相邻反极性并联成4个支路。本绕组单层线圈较少，故总线圈数仍较多，不能充分体现单双层布线的优点。主要应用于JR126-4的改绕。

（3）绕组嵌线方法

本绕组采用交叠法嵌线，嵌线的基本规律是：嵌4槽，退空1槽，再嵌4槽，再退空1槽后，连续整嵌一组（4只）线圈，退空1槽再整嵌。吊边数为8，嵌线顺序见表2-8。

表2-8 交叠法

嵌绕次序		1	2	3	4	5	6	7	8	9	10	11	12	13	14	15	16	17	18
槽号	下层	4	3	2	1	59	58	57	56	54		53		52		51		49	
	上层										2		3		4		5		57

嵌绕次序		19	20	21	22	23	24	25	……	71	72	73	74	75	76	77	78
槽号	下层	48		47		46		44	……	16		14		13		12	
	上层		58		59		60		……		30		22		23		24

嵌绕次序		79	80	81	82	83	84	85	86	87	88	89	90	91	92	93	94	95	96
槽号	下层	11		9		8		7		6									
	上层		25		17		18		19		20	12	13	14	15	7	8	9	10

（4）绕组端面布接线

如图 2-8 所示。

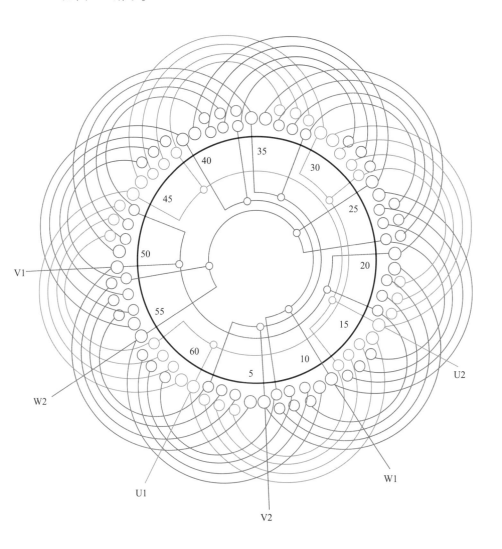

图 2-8　60 槽 4 极（$y_d = 12$、$a = 4$）三相电动机绕组单双层（B 类）布线

2.1.9　60槽4极（$y_d = 13$、$a = 2$）三相电动机绕组单双层（A类）布线

（1）绕组结构参数

定子槽数	$Z = 60$	电机极数	$2p = 4$
总线圈数	$Q = 48$	极相槽数	$q = 5$
线圈组数	$u = 12$	每组圈数	$S = 4$
线圈节距	$y = 15$、13、11、9	每槽电角	$\alpha = 12°$
分布系数	$K_d = 0.957$	绕组极距	$\tau = 15$
节距系数	$K_p = 0.978$	并联路数	$a = 2$
绕组系数	$K_{dp} = 0.936$	出线根数	$c = 6$

（2）绕组布接线特点及应用举例

绕组是由 $y = 13$ 的双层叠式绕组演变而来，每组由3个双层线圈和1个单层线圈组成；每相4个线圈组，并分2个支路并接，每个支路由相邻的两组按一正一反串联，然后再把两支路并接。此绕组可用于相应规格电动机改绕。不过，若绕组系数不同时要进行换算。

（3）绕组嵌线方法

本例绕组采用交叠法，嵌线吊边数为9。嵌线顺序见表2-9。

表2-9　交叠法

嵌绕次序		1	2	3	4	5	6	7	8	9	10	11	12	13	14	15	16	17	18
槽号	下层	4	3	2	1	59	58	57	56	54		53		52		51	49		48
	上层										3		4		5			58	

嵌绕次序		19	20	21	22	23	24	25	26	……	71	72	73	74	75	76	77	78
槽号	下层		47		46		44		43	……	14		13		12			11
	上层	59		60		1		53		……	31		23		24		25	

嵌绕次序		79	80	81	82	83	84	85	86	87	88	89	90	91	92	93	94	95	96
槽号	下层		9		8		7		6										
	上层	26		18		19		20		21	6	13	14	15	16	8	9	10	11

(4) 绕组端面布接线

如图 2-9 所示。

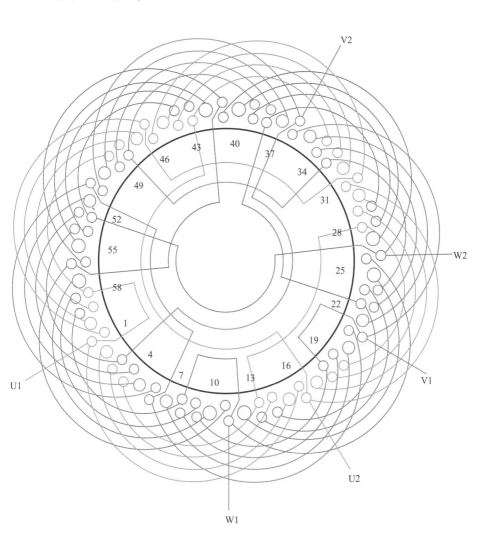

图 2-9 60 槽 4 极 ($y_d=13$、$a=2$) 三相电动机绕组单双层 (A 类) 布线

2.1.10　60槽4极（$y_d=13$、$a=2$）三相电动机绕组单双层（同心交叉）布线 *

（1）绕组结构参数

定子槽数　$Z=60$　　　　　　电机极数　$2p=4$

总线圈数　$Q=42$　　　　　　极相槽数　$q=5$

线圈组数　$u=12$　　　　　　每组圈数　$S=3、4$

线圈节距　$y=15、13、11、9$　　每槽电角　$\alpha=12°$

分布系数　$K_d=0.957$　　　　绕组极距　$\tau=15$

节距系数　$K_p=0.978$　　　　并联路数　$a=2$

绕组系数　$K_{dp}=0.936$　　　出线根数　$c=6$

（2）绕组布接线特点及应用举例

本绕组采用同心线圈交叉式布线，大组为4联，小组为3联，交替分布，即每相由2个4联组和2个3联组构成。因是2路接线，每相相邻的大小联按反极性串联成一个支路，然后再将2个支路并联。主要应用于某厂家生产的 YLB-1-4 和 JR2-S1-4 等电动机。

（3）绕组嵌线方法

本绕组采用交叠法嵌线，吊边数为7，嵌线顺序见表2-10。

表2-10　交叠法

嵌绕次序		1	2	3	4	5	6	7	8	9	10	11	12	13	14	15	16	17	18
槽号	下层	4	3	2	1	59	58	57	54		53		52		51		49		48
	上层									3		4		5		6		58	
嵌绕次序		19	20	21	22	……		56	57	58	59	60	61	62	63	64	65	66
槽号	下层		47		44	……		21		19		18		17		14		13
	上层	59		60		……		36		28		29		30		23		
嵌绕次序		67	68	69	70	71	72	73	74	75	76	77	78	79	80	81	82	83	84
槽号	下层		12		11		9		8		7								
	上层	24		25		26		18		19		20	13	14	15	16	8	9	10

(4) 绕组端面布接线

如图 2-10 所示。

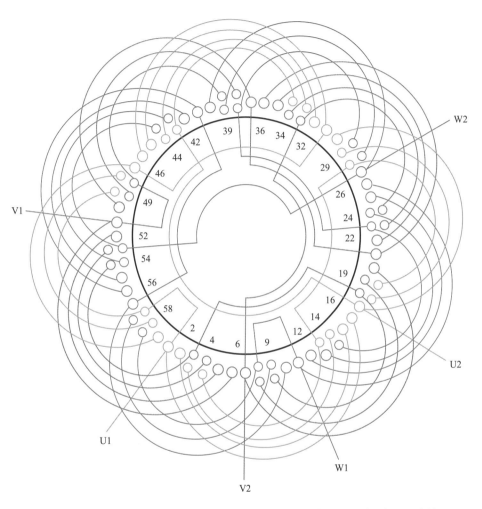

图 2-10　60 槽 4 极（$y_d = 13$、$a = 2$）三相电动机绕组单双层（同心交叉）布线

注：标题解释——本例是单双层（同心交叉）布线。绕组除单双层结构之外，其型式与前不同，即线圈组是同心式，而且相邻同相两组线圈为圈数不等的交叉式；同时最大节距线圈为单层；其实此大线圈是由两只同相相邻双层线圈归并而成，故此同心交叉是单双层 A 类的演变型式。因其演变后具有同心交叉特征，故称"同心交叉"布线。以下同此标题均同此解释。

2.1.11　60槽4极（$y_d = 13$、$a = 4$）三相电动机绕组单双层（A类）布线

（1）绕组结构参数

定子槽数	$Z = 60$	电机极数	$2p = 4$
总线圈数	$Q = 48$	极相槽数	$q = 5$
线圈组数	$u = 12$	每组圈数	$S = 4$
线圈节距	$y = 15$、13、11、9	每槽电角	$\alpha = 12°$
分布系数	$K_d = 0.957$	绕组极距	$\tau = 15$
节距系数	$K_p = 0.978$	并联路数	$a = 4$
绕组系数	$K_{dp} = 0.936$	出线根数	$c = 6$

（2）绕组布接线特点及应用举例

本例绕组参数基本与上例相同，但采用四路并联，而且结构型式也改用A类布线，即将上例每组最大节距的单层线圈改为双层布线，这样就使原来的3、4圈交叉变成每组4圈。而并联路数改为4路后，每相分为4路，则每一支路仅1组线圈，故应按相邻线圈组反极性并接。此绕组可用于相应规格的电动机改绕，如JO3-280S-4、JO2L-93-4等改绕单双层。

（3）绕组嵌线方法

本例绕组采用交叠法，吊边数为9。嵌线顺序见表2-11。

表2-11　交叠法

嵌绕次序		1	2	3	4	5	6	7	8	9	10	11	12	13	14	15	16	17	18
槽号	下层	9	8	7	6	4	3	2	1	59		58		57		56	54		53
	上层									8		9		10				3	

嵌绕次序		19	20	21	22	23	……	68	69	70	71	72	73	74	75	76	77	78
槽号	下层		52		51		……	22		21		19		18		17		16
	上层	4		5		6	……	35		36		28		29		30		

嵌绕次序		79	80	81	82	83	84	85	86	87	88	89	90	91	92	93	94	95	96
槽号	下层		14		13		12		11										
	上层	31		23		24		25		26	11	18	19	20	21	13	14	15	16

（4）绕组端面布接线

如图 2-11 所示。

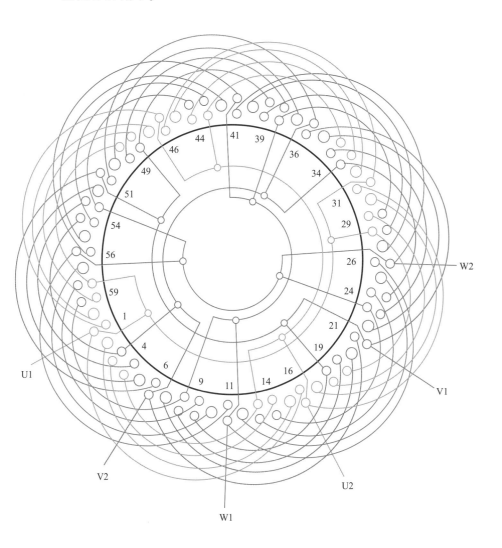

图 2-11　60 槽 4 极（$y_d = 13$、$a = 4$）三相电动机绕组单双层（A 类）布线

2.1.12　60槽4极（$y_d=14$、$a=2$）三相电动机绕组单双层（B类）布线

(1) 绕组结构参数

定子槽数	$Z=60$	电机极数	$2p=4$
总线圈数	$Q=36$	极相槽数	$q=5$
线圈组数	$u=12$	每组圈数	$S=3$
线圈节距	$y=14$、12、10	每槽电角	$\alpha=12°$
分布系数	$K_d=0.957$	绕组极距	$\tau=15$
节距系数	$K_p=0.995$	并联路数	$a=2$
绕组系数	$K_{dp}=0.952$	出线根数	$c=6$

(2) 绕组布接线特点及应用举例

本绕组采用等圈的线圈组，每组3圈，每相4组线圈分二路并联。绕组单层线圈较多，占了全绕组的2/3，即较之双层叠绕组减少线圈近半，较能体现单双层绕组的优点。因此，可在一定程度减少用铜量以节约成本。本绕组可用于4极双层叠式绕组的改绕。

(3) 绕组嵌线方法

本例采用交叠法嵌线，嵌线的基本规律是：嵌3槽，退空2槽，再嵌3槽，余类推。嵌线需吊边数为6。嵌线顺序见表2-12。

表2-12　交叠法

嵌绕次序		1	2	3	4	5	6	7	8	9	10	11	12	13	14	15	16	17	18
槽号	下层	3	2	1	58	57	56	53		52		51		48		47		46	
	上层								3		4		5		58		59		60

嵌绕次序		19	20	21	22	……	44	45	46	47	48	49	50	51	52	53	54
槽号	下层	43		42		……	22		21		18		17		16		
	上层		53		54	……	33		34		35		28		29		30

嵌绕次序		55	56	57	58	59	60	61	62	63	64	65	66	67	68	69	70	71	72
槽号	下层	13		12		11		8		7		6							
	上层		23		24		25		18		19		20	13	14	15	8	9	10

(4) 绕组端面布接线

如图 2-12 所示。

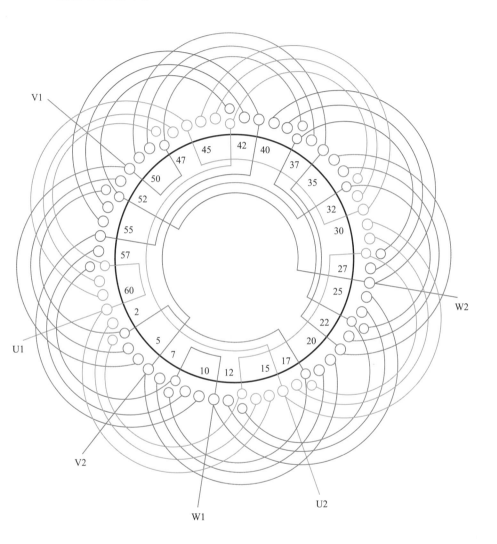

图 2-12   60 槽 4 极（$y_d=14$、$a=2$）三相电动机绕组单双层（B 类）布线

2.1.13 60槽4极（$y_d=14$、$a=4$）三相电动机绕组单双层（B类）布线

(1) 绕组结构参数

定子槽数 $Z=60$	电机极数 $2p=4$
总线圈数 $Q=36$	极相槽数 $q=5$
线圈组数 $u=12$	每组圈数 $S=3$
线圈节距 $y=14$、12、10	每槽电角 $\alpha=12°$
分布系数 $K_d=0.957$	绕组极距 $\tau=15$
节距系数 $K_p=0.995$	并联路数 $a=4$
绕组系数 $K_{dp}=0.952$	出线根数 $c=6$

(2) 绕组布接线特点及应用举例

本例是显极式布线，绕组由 $q=5$、$y=14$ 的双层叠绕组演变而来，每组由2大1小线圈组成；每相4组按相邻反极性并接成四路。绕组应用实例有 JO2L-94-4 铝线电动机。

(3) 绕组嵌线方法

本例绕组采用交叠嵌线，吊边数为6。嵌线顺序见表2-13。

表2-13 交叠法

嵌绕次序		1	2	3	4	5	6	7	8	9	10	11	12	13	14	15	16	17	18	19	20	21	22	23	24
双层槽号	下层	3			58			53						48						43					
	上层							3						58						53					
单层槽号	沉边		2	1		57	56			52		51				47		46				42		41	
	浮边										4		5				59		60				54		55

嵌绕次序		25	26	27	28	29	30	31	32	33	34	35	36	37	38	39	40	41	42	43	44	45	46	47	48
双层槽号	下层	38						33						28						23					
	上层		48						43						38						33				
单层槽号	沉边			37		36				32		31				27		26				22		21	
	浮边				49		50				44		45				39		40				34		35

嵌绕次序		49	50	51	52	53	54	55	56	57	58	59	60	61	62	63	64	65	66	67	68	69	70	71	72
双层槽号	下层	18						13						8											
	上层		28						23						18						13				8
单层槽号	沉边			17		16				12		11				7		6							
	浮边				29		30				24		25				19		20	15	14			10	9

(4）绕组端面布接线

如图 2-13 所示。

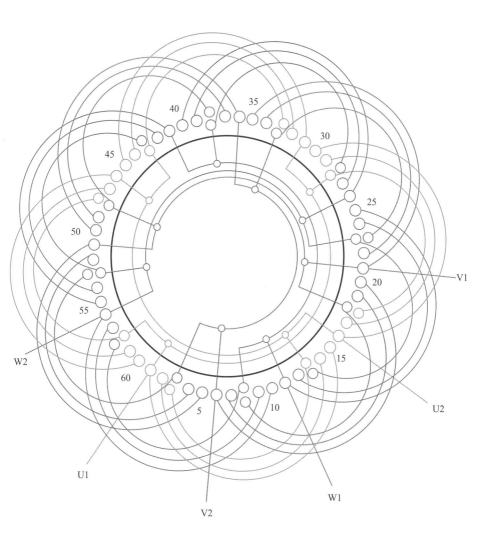

图 2-13　60 槽 4 极（$y_d = 14$、$a = 4$）三相电动机绕组单双层（B 类）布线

2.2　42~54 槽三相电动机单双层混合式绕组端面布接线图

本节是 54、48、45 及 42 槽四种铁芯槽数的单双层绕组端面布接线图。共计有绕组图 21 例，其中 54 槽 4 例、48 槽 12 例、45 槽 2 例、42 槽 3 例。

2.2.1　54 槽 6 极($y_d=8$、$a=1$)三相电动机绕组单双层(B 类)布线

(1) 绕组结构参数

定子槽数	$Z=54$	电机极数	$2p=6$
总线圈数	$Q=36$	极相槽数	$q=3$
线圈组数	$u=18$	每组圈数	$S=2$
线圈节距	$y=8、6$	每槽电角	$\alpha=20°$
分布系数	$K_d=0.96$	绕组极距	$\tau=9$
节距系数	$K_p=0.985$	并联路数	$a=1$
绕组系数	$K_{dp}=0.946$	出线根数	$c=6$

(2) 绕组布接线特点及应用举例

本例绕组由同心双圈组构成，但每组有一单层线圈和一双层线圈顺串而成；每相 6 组，按同相相邻反极性串联成单回路。三相接线完全相同。此绕组在国标系列产品中没有应用，主要用于改绕，如 YR250S-6 的绕线式电动机的转子绕组等。

(3) 绕组嵌线方法

本例绕组嵌线采用交叠法，嵌线基本规律是：先嵌 2 槽，空出 1 槽，再嵌 2 槽，依此嵌入直至下层边嵌完，再把原来 4 个吊边嵌入相应槽的上层。嵌线顺序见表 2-14。

表 2-14　交叠法

嵌绕次序		1	2	3	4	5	6	7	8	9	10	11	12	13	14	15	16	17	18
槽号	下层	2	1	53	52	50		49		47		46		44		43		41	
	上层						2		3		53		54		50		51		47
嵌绕次序		19	20	21	22	23	24	25	26	……	47	48	49	50	51	52	53	54
槽号	下层	40		38		37		35		……	19		17		16		14	
	上层		48		44		45		41	……		27		23		24		20
嵌绕次序		55	56	57	58	59	60	61	62	63	64	65	66	67	68	69	70	71	72
槽号	下层	13		11		10		8		7		5		4					
	上层		21		17		18		14		15		11		12	8	9	5	6

（4）绕组端面布接线

如图 2-14 所示。

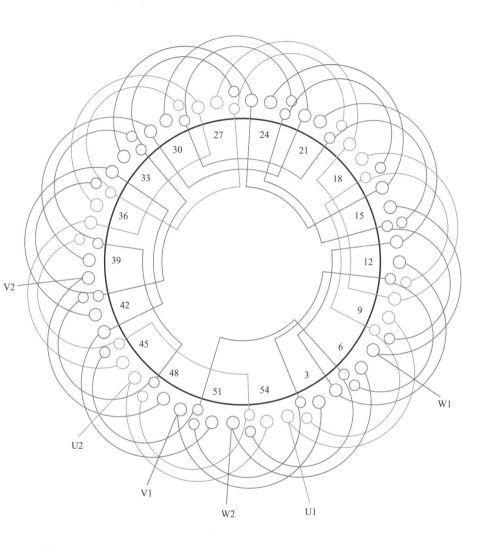

图 2-14　54 槽 6 极（$y_d=8$、$a=1$）三相电动机绕组单双层（B类）布线

2.2.2　54槽6极（$y_d=8$、$a=2$）三相电动机绕组单双层（B类）布线

（1）绕组结构参数

定子槽数　$Z=54$　　　　电机极数　$2p=6$

总线圈数　$Q=36$　　　　极相槽数　$q=3$

线圈组数　$u=18$　　　　每组圈数　$S=2$

线圈节距　$y=8$、6　　　每槽电角　$\alpha=20°$

分布系数　$K_d=0.96$　　绕组极距　$\tau=9$

节距系数　$K_p=0.985$　　并联路数　$a=2$

绕组系数　$K_{dp}=0.946$　出线根数　$c=6$

（2）绕组布接线特点及应用举例

本绕组与上例基本相同，即全部线圈组由同心双联组成，每相有6个双联线圈组，并分两个支路接线，每一支路有3组线圈，按相邻反极性串联接线，然后把两支路并联。此绕组可用于定子，但实用不多，实际应用见于MTKM311-6型电动机。

（3）绕组嵌线方法

本例绕组采用交叠法嵌线，吊边数为4，嵌线先嵌2槽下层边，往后退空1槽，再嵌2槽，余类推。嵌线顺序见表2-15。

表2-15　交叠法

嵌绕次序		1	2	3	4	5	6	7	8	9	10	11	12	13	14	15	16	17	18
槽号	下层	2	1	53	52	50		49		47		46		44		43		41	
	上层						2		3		53		54		50		51		47

嵌绕次序		19	20	21	22	23	24	25	26	27	28	29	30	31	32	33	34	35	36
槽号	下层	40		38		37		35		34		32		31		29		28	
	上层		48		44		45		41		42		38		39		35		36

嵌绕次序		37	38	39	40	41	42	43	44	45	46	47	48	49	50	51	52	53	54
槽号	下层	26		25		23		22		20		19		17		16		14	
	上层		32		33		29		30		26		27		23		24		20

嵌绕次序		55	56	57	58	59	60	61	62	63	64	65	66	67	68	69	70	71	72
槽号	下层	13		11		10		8		7		5		4					
	上层		21		17		18		14		15		11		12	8	9	5	6

(4) 绕组端面布接线

如图 2-15 所示。

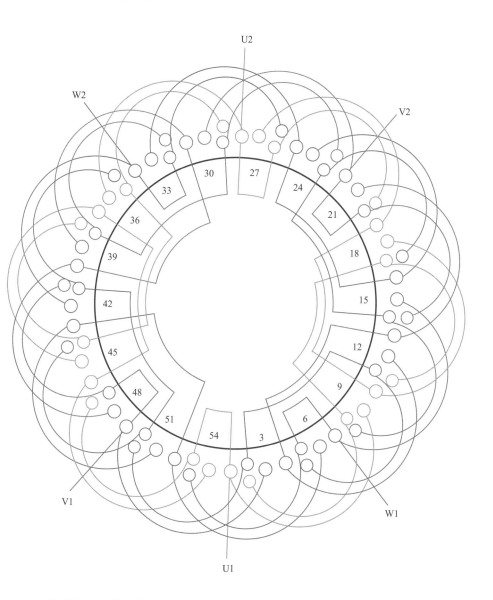

图 2-15　54 槽 6 极（$y_d=8$、$a=2$）三相电动机绕组单双层（B 类）布线

2.2.3 54槽6极（$y_d=8$、$a=3$）三相电动机绕组单双层（B类）布线

(1) 绕组结构参数

定子槽数　$Z=54$　　　　　电机极数　$2p=6$

总线圈数　$Q=36$　　　　　极相槽数　$q=3$

线圈组数　$u=18$　　　　　每组圈数　$S=2$

线圈节距　$y=8、6$　　　　每槽电角　$\alpha=20°$

分布系数　$K_d=0.96$　　　绕组极距　$\tau=9$

节距系数　$K_p=0.985$　　　并联路数　$a=3$

绕组系数　$K_{dp}=0.946$　　出线根数　$c=6$

(2) 绕组布接线特点及应用举例

绕组是从节距 $y=8$、$a=3$ 的双层叠式绕组演变而来，每组由单层和双层线圈各 1 只组成同心线圈组；因最大节距为单层布线，其节距小于极距，故属 B 类安排的布线。绕组为三路并联，故每相有 3 个支路，每支路由相邻两组线圈反极性串联，最后将 3 个支路并接。三相接线相同。此绕组曾见用于某厂家产品，主要实例如 YZR250M1-6 个别产品。

(3) 绕组嵌线方法

本例嵌线采用交叠法，吊边数为 4。嵌线顺序可参考表 2-16。

表 2-16　交叠法

嵌绕次序		1	2	3	4	5	6	7	8	9	10	11	12	13	14	15	16	17	18
槽号	下层	2	1	53	52	50		49		47		46		44		43		41	
	上层						2		3		53		54		50		51		47
嵌绕次序		19	20	21	22	23	……	44	45	46	47	48	49	50	51	52	53	54	
槽号	下层	40		38		37	……		20		19		17		16		14		
	上层		48		44		……	30		26		27		23		24		20	
嵌绕次序		55	56	57	58	59	60	61	62	63	64	65	66	67	68	69	70	71	72
槽号	下层	13		11		10			7			4							
	上层		21		17		18		14		15		11		12	8	9	5	6

（4）绕组端面布接线

如图 2-16 所示。

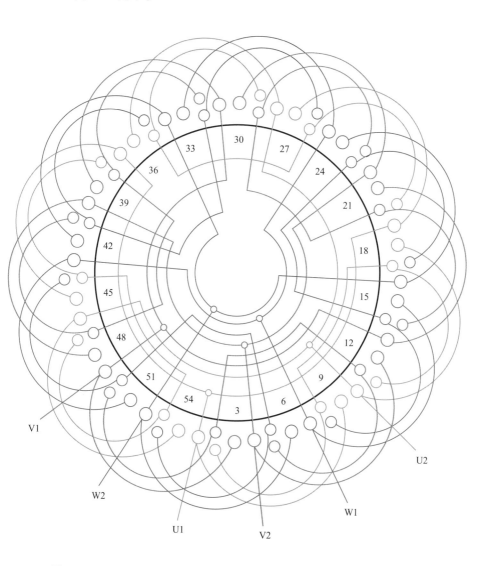

图 2-16　54 槽 6 极（$y_d = 8$、$a = 3$）三相电动机绕组单双层（B 类）布线

2.2.4 54槽6极（$y_d = 8$、$a = 6$）三相电动机绕组单双层（B类）布线

（1）绕组结构参数

定子槽数	$Z = 54$	电机极数	$2p = 6$
总线圈数	$Q = 36$	极相槽数	$q = 3$
线圈组数	$u = 18$	每组圈数	$S = 2$
线圈节距	$y = 8$、6	每槽电角	$\alpha = 20°$
分布系数	$K_d = 0.96$	绕组极距	$\tau = 9$
节距系数	$K_p = 0.985$	并联路数	$a = 6$
绕组系数	$K_{dp} = 0.946$	出线根数	$c = 6$

（2）绕组布接线特点及应用举例

本绕组结构与上例相同，即由同心双圈组成，每相6组线圈，采用6路并联，每一支路仅有一组同心双圈，并按同相相邻反极性并联而成。三相接线相同。此绕组在系列产品中也不见实例，可用于电动机改绕，如用于 YZR280S-6 的转子绕组。

（3）绕组嵌线方法

本绕组可用交叠法嵌线，吊边数为4。嵌线顺序见表2-17。

表 2-17 交叠法

嵌绕次序		1	2	3	4	5	6	7	8	9	10	11	12	13	14	15	16	17	18
槽号	下层	2	1	53	52	50		49		47		46		44		43		41	
	上层						2		3		53		54		50		51		47
嵌绕次序		19	20	21	22	23	24	25	26	27	28	29	30	31	32	33	34	35	36
槽号	下层	40		38		37		35		34		32		31		29		28	
	上层		48		44		45		41		42		38		39		35		36
嵌绕次序		37	38	39	40	41	42	43	44	45	46	47	48	49	50	51	52	53	54
槽号	下层	26		25		23		22		20		19		17		16		14	
	上层		32		33		29		30		26		27		23		24		20
嵌绕次序		55	56	57	58	59	60	61	62	63	64	65	66	67	68	69	70	71	72
槽号	下层	13		11		10		8		7		5		4					
	上层		21		17		18		14		15		11		12	8	9	5	6

（4）绕组端面布接线

如图 2-17 所示。

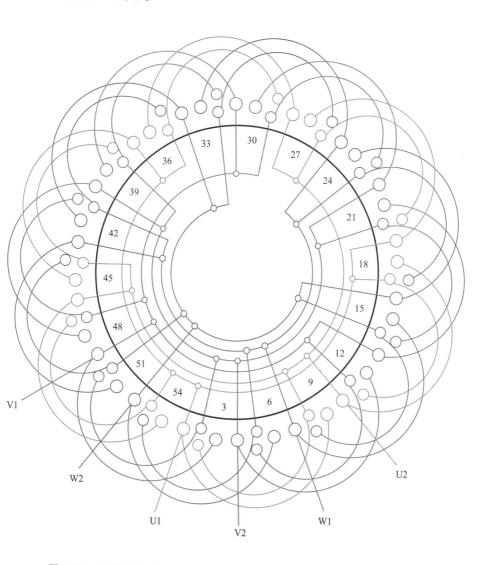

图 2-17　54 槽 6 极（$y_d = 8$、$a = 1$）三相电动机绕组单双层（B 类）布线

2.2.5 48槽2极（$y_d=22$、$a=2$）三相电动机绕组单双层（B类）布线

（1）绕组结构参数

定子槽数 $Z=48$　　　　　　　　　电机极数 $2p=2$

总线圈数 $Q=30$　　　　　　　　　极相槽数 $q=8$

线圈组数 $u=6$　　　　　　　　　　每组圈数 $S=5$

线圈节距 $y=23$、21、19、17、15　　绕组极距 $\tau=24$

分布系数 $K_d=0.955$　　　　　　　并联路数 $a=2$

节距系数 $K_p=0.991$　　　　　　　每槽电角 $\alpha=7.5°$

绕组系数 $K_{dp}=0.946$　　　　　　出线根数 $c=6$

（2）绕组布接线特点及应用举例

本例由 $q=8$、$y=22$ 的双层叠绕组演变而来，每组由3只大线圈和2只小线圈组成。每相两组线圈反极性并联成二路。应用实例有JO2L-93-2。

（3）绕组嵌线方法

本例绕组采用交叠法嵌线，吊边数为10。嵌线顺序见表2-18。

表2-18　交叠法

嵌绕次序	1	2	3	4	5	6	7	8	9	10	11	12	13	14	15	16	17	18	19	20
双层槽号 下层	5	4				45	44				37		36							
双层槽号 上层												4		5						
单层槽号 沉边			3	2	1			43	42	41					35		34		33	
单层槽号 浮边																6		7		8

嵌绕次序	21	22	23	24	25	26	27	28	29	30	31	32	33	34	35	36	37	38	39	40
双层槽号 下层	29		28								21		20							
双层槽号 上层		44		45								36		37						
单层槽号 沉边					27		26		25						19		18		17	
单层槽号 浮边						46		47		48						38		39		40

嵌绕次序	41	42	43	44	45	46	47	48	49	50	51	52	53	54	55	56	57	58	59	60
双层槽号 下层	13		12																	
双层槽号 上层		28		29										21	20				13	12
单层槽号 沉边					11		10		9											
单层槽号 浮边						30		31		32	24	23	22			16	15	14		

（4）绕组端面布接线

如图 2-18 所示。

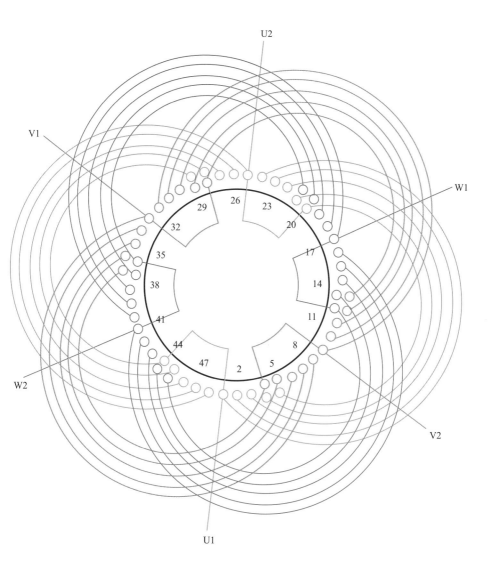

图 2-18　48 槽 2 极（$y_d = 22$、$a = 2$）三相电动机绕组单双层（B 类）布线

2.2.6　48槽2极（$y_d=23$、$a=2$）三相电动机绕组单双层（A类）布线

（1）绕组结构参数

定子槽数	$Z=48$	电机极数	$2p=2$
总线圈数	$Q=30$	极相槽数	$q=8$
线圈组数	$u=6$	每组圈数	$S=5$
线圈节距	$y=24$、22、20、18、16	绕组极距	$\tau=24$
分布系数	$K_d=0.956$	并联路数	$a=2$
节距系数	$K_p=0.998$	每槽电角	$\alpha=7.5°$
绕组系数	$K_{dp}=0.954$	出线根数	$c=6$

（2）绕组布接线特点及应用举例

本例绕组由 $y=23$、$a=2$ 的双层叠绕组演变而来，是本规格中绕组结构最简练的绕组，每组有3只单层线圈，使总线圈数缩减超过双叠绕组的三分之一，而且绕组系数较高。适合此规格定子选用绕制单双层绕组。

（3）绕组嵌线方法

本例嵌线采用交叠法，吊边数为11，即嵌完第2组线圈的下层边后开始整嵌。嵌线顺序见表2-19。

表2-19　交叠法

嵌绕次序		1	2	3	4	5	6	7	8	9	10	11	12	13	14	15	16	17	18
槽号	下层	5	4	3	2	1	45	44	43	42	41	37		36		35		34	
	上层												5		6		7		8

嵌绕次序		19	20	21	22	23	24	25	26	……	35	36	37	38	39	40	41	42
槽号	下层	33	29		28		27		26	……		18		17		13		12
	上层			45		46		47		……	39		40		41		29	

嵌绕次序		43	44	45	46	47	48	49	50	51	52	53	54	55	56	57	58	59	60
槽号	下层		11		10		9												
	上层	30		31		32		33	9	21	22	23	24	25	13	14	15	16	17

（4）绕组端面布接线

如图 2-19 所示。

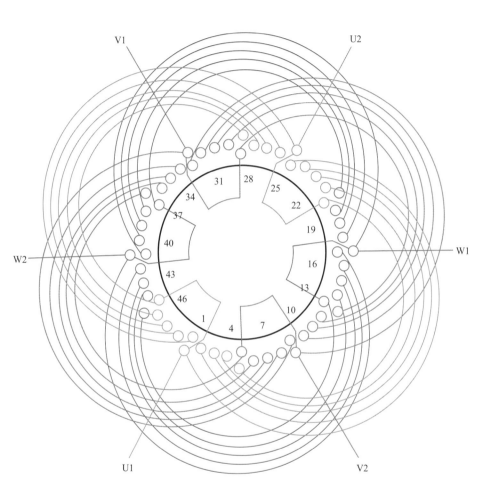

图 2-19　48 槽 2 极（$y_d = 23$、$a = 2$）三相电动机绕组单双层（A 类）布线

2.2.7 48槽4极（$y_d=10$、$a=1$）三相电动机绕组单双层（B类）布线

(1) 绕组结构参数

定子槽数	$Z=48$	电机极数	$2p=4$
总线圈数	$Q=36$	极相槽数	$q=4$
线圈组数	$u=12$	每组圈数	$S=3$
线圈节距	$y=11、9、7$	每槽电角	$\alpha=15°$
分布系数	$K_d=0.958$	绕组极距	$\tau=12$
节距系数	$K_p=0.966$	并联路数	$a=1$
绕组系数	$K_{dp}=0.92$	出线根数	$c=6$

(2) 绕组布接线特点及应用举例

本例绕组全部由三联同心线圈构成，每相4组线圈，按照同相相邻反极性串联成一路。三相结构相同，但在空间相位上互差120°电角。此绕组较双叠绕组的线圈数减少1/3，吊边数也减少4边，嵌线都比较方便。主要应用于某厂家的YLB160-2-4电动机。

(3) 绕组嵌线方法

本例嵌线采用交叠法，先嵌入3个线圈边，另边吊起，退空1槽后再嵌3个线圈边，另边仍吊起，退空1槽后即可整嵌其余线圈。嵌线顺序见表2-20。

表2-20　交叠法

嵌绕次序		1	2	3	4	5	6	7	8	9	10	11	12	13	14	15	16	17	18
槽号	下层	3	2	1	47	46	45	43		42		41		39		38		37	
	上层								2		3		4		46		47		48

嵌绕次序		19	20	21	22	23	……	45	46	47	48	49	50	51	52	53	54
槽号	下层	35		34		33	……	18		15		14		13			
	上层		42		43				27		28		22		23		24

嵌绕次序		55	56	57	58	59	60	61	62	63	64	65	66	67	68	69	70	71	72
槽号	下层	11		10		9		7		6		5							
	上层		18		19		20		14		15		16	10	11	12	6	7	8

（4）绕组端面布接线
如图 2-20 所示。

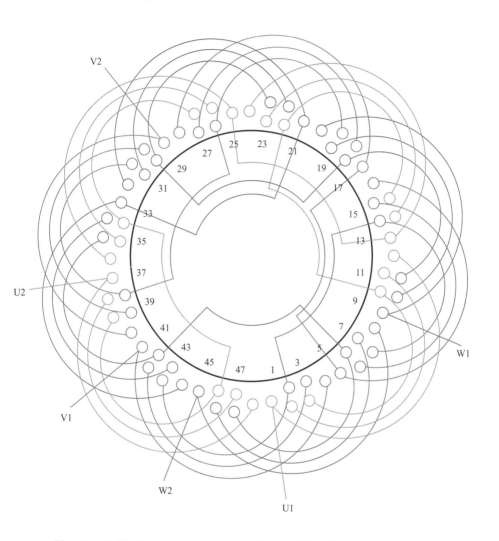

图 2-20　48 槽 4 极（$y_d = 10$、$a = 1$）三相电动机绕组单双层（B 类）布线

2.2.8　48槽4极（$y_d=10$、$a=2$）三相电动机绕组单双层（B类）布线

(1) 绕组结构参数

定子槽数	$Z=48$	电机极数	$2p=4$
总线圈数	$Q=36$	极相槽数	$q=4$
线圈组数	$u=12$	每组圈数	$S=3$
线圈节距	$y=11、9、7$	每槽电角	$\alpha=15°$
分布系数	$K_d=0.958$	绕组极距	$\tau=12$
节距系数	$K_p=0.966$	并联路数	$a=2$
绕组系数	$K_{dp}=0.92$	出线根数	$c=6$

(2) 绕组布接线特点及应用举例

本例全部由同心三圈组构成。每相4组线圈，若设一侧大线圈为头，另一侧小线圈为尾，则第1组头端进线后分左右方向走线，然后分别使相邻两组反极性串联，最后将尾端并接后引出相尾，从而构成二路并联。三相接线相同。应用实例有JLB2-75-4等。

(3) 绕组嵌线方法

本例绕组嵌线采用交叠法，需吊边数为6。嵌至第7只线圈时，可将此线圈两边相继嵌入相应槽的上下层（即整嵌），以后逐个整嵌，当下层边（包括沉边）全部嵌入后，再把原来吊起的线圈边依次嵌入相应槽的上层。具体嵌线顺序见表2-21。

表2-21　交叠法

嵌绕次序		1	2	3	4	5	6	7	8	9	10	11	12	13	14	15	16	17	18
槽号	下层	3	2	1	47	46	45	43		42		41		39		38		37	
	上层								2		3		4		46		47		48

嵌绕次序		19	20	21	22	23	……	45	46	47	48	49	50	51	52	53	54
槽号	下层	35		34		33	……		18		17		15		14		13
	上层		42		43		……	27		28		22		23			24

嵌绕次序		55	56	57	58	59	60	61	62	63	64	65	66	67	68	69	70	71	72
槽号	下层	11		10		9		7		6									
	上层		18		19		20		14		15		16	10	11	12	6	7	8

（4）绕组端面布接线

如图 2-21 所示。

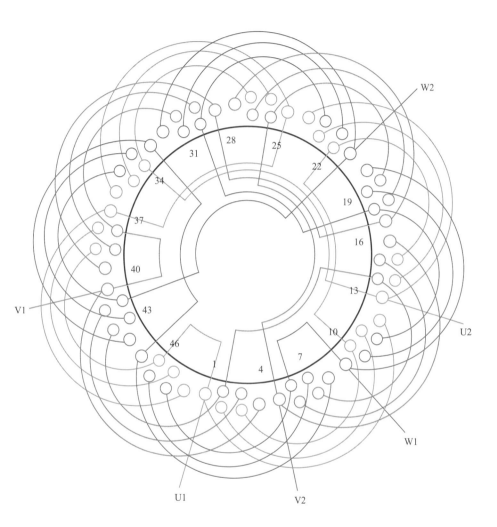

图 2-21　48 槽 4 极（$y_d = 10$、$a = 2$）三相电动机绕组单双层（B 类）布线

2.2.9 48槽4极（$y_d=10$、$a=4$）三相电动机绕组单双层（B类）布线

(1) 绕组结构参数

定子槽数　$Z=48$　　　　　　电机极数　$2p=4$

总线圈数　$Q=36$　　　　　　极相槽数　$q=4$

线圈组数　$u=12$　　　　　　每组圈数　$S=3$

线圈节距　$y=11$、9、7　　　每槽电角　$\alpha=15°$

分布系数　$K_d=0.958$　　　　绕组极距　$\tau=12$

节距系数　$K_p=0.966$　　　　并联路数　$a=4$

绕组系数　$K_{dp}=0.92$　　　　出线根数　$c=6$

(2) 绕组布接线特点及应用举例

本例绕组全部由同心三圈组成。每相4组线圈，若设一侧大线圈为头，另一侧小线圈为尾，则每相第1组头端进线与第2组尾端、第3组头端、每4组尾端并接在一起；同相其余线圈组出线也并接一起作该相尾端出线。三相接线相同。应用实例有JLB2-75-4等某厂家产品。

(3) 绕组嵌线方法

本例绕组嵌线采用交叠法、吊边数为6。嵌至第7只线圈时，可将此线圈两边相继嵌入相应槽的上下层（即整嵌），以后逐个整嵌，当下层边（包括沉边）嵌完后，再把原来吊边依次嵌入相应槽内。嵌线顺序见表2-22。

表2-22　交叠法

嵌绕次序		1	2	3	4	5	6	7	8	9	10	11	12	13	14	15	16	17	18
槽号	下层	3	2	1	47	46	45	43		42		41		39		38		37	
	上层								2		3		4		46		47		48

嵌绕次序		19	20	21	22	23	24	25	26	……	47	48	49	50	51	52	53	54
槽号	下层	35		34		33		31		……	17		15		14		13	
	上层		42		43		44		38	……		28		22		23		24

嵌绕次序		55	56	57	58	59	60	61	62	63	64	65	66	67	68	69	70	71	72
槽号	下层	11		10		9		7		5									
	上层		18		19		20		14		15		16	10	11	12	6	7	8

(4) 绕组端面布接线

如图 2-22 所示。

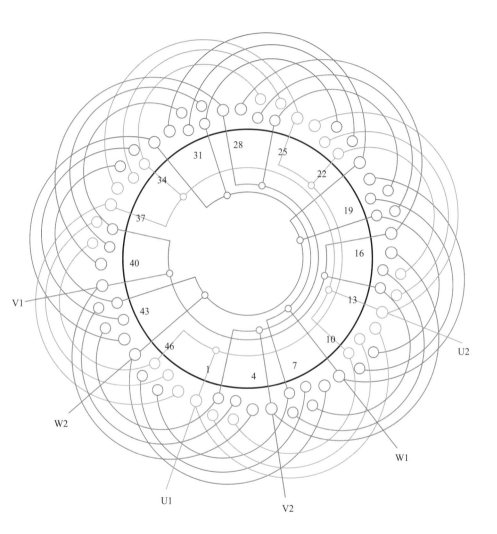

图 2-22　48 槽 4 极（$y_d = 10$、$a = 4$）三相电动机绕组单双层（B 类）布线

2.2.10 48槽4极（$y_d=11$、$a=1$）三相电动机绕组单双层（同心交叉）布线

（1）绕组结构参数

定子槽数	$Z=48$	电机极数	$2p=4$
总线圈数	$Q=30$	极相槽数	$q=4$
线圈组数	$u=12$	每组圈数	$S=3、2$
线圈节距	$y=12、10、8$	每槽电角	$\alpha=15°$
分布系数	$K_d=0.958$	绕组极距	$\tau=12$
节距系数	$K_p=0.991$	并联路数	$a=1$
绕组系数	$K_{dp}=0.949$	出线根数	$c=6$

（2）绕组布接线特点及应用举例

本例绕组等效节距 y_d 较上例增长 1 槽，使每极绕组的单层增加 1 槽，则使每组线圈数为分数，即同相相邻线圈组的线圈数为 3 圈和双圈交替，就是所为的"交叉"型式。接线时是同相相邻反极性。此绕组总线圈数是 30 只，较上例减少 6 只，所以有利于嵌线操作。此绕组应用于某厂家的 YR250M2-4 电动机转子绕组。

（3）绕组嵌线方法

本例采用交叠法，嵌线吊边数为 5。嵌线顺序见表 2-23。

表 2-23 交叠法

嵌绕次序		1	2	3	4	5	6	7	8	9	10	11	12	13	14	15	16	17	18
槽号	下层	3	2	1	47	46	43		42		41		39		38		35		34
	上层							3		4		5		47		48		43	

嵌绕次序		19	20	21	22	23	……	33	34	35	36	37	38	39	40	41	42	43
槽号	下层		33		31		……		23		22		18		17		15		
	上层	44		45		39	……	37		31		32		28		29		23

嵌绕次序		44	45	46	47	48	49	50	51	52	53	54	55	56	57	58	59	60
槽号	下层	14		11		10		9										
	上层		24		19		20		21		15		16	11	12	13	8	7

（4）绕组端面布接线

如图 2-23 所示。

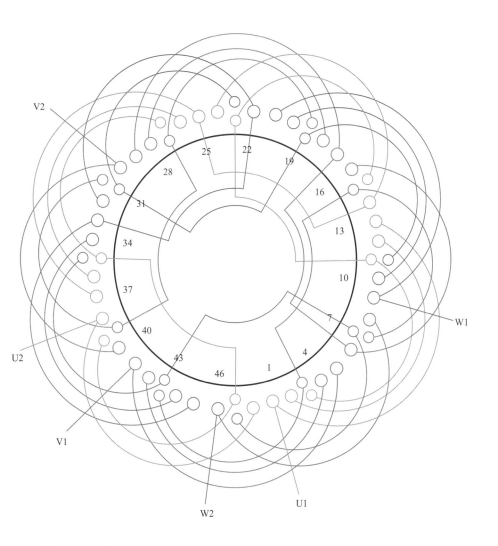

图 2-23　48 槽 4 极（$y_d = 11$、$a = 1$）三相电动机绕组单双层（同心交叉）布线

2.2.11 48 槽 4 极（$y_d = 11$、$a = 2$）三相电动机绕组单双层（同心交叉）布线

(1) 绕组结构参数

定子槽数	$Z = 48$	电机极数	$2p = 4$
总线圈数	$Q = 30$	极相槽数	$q = 4$
线圈组数	$u = 12$	每组圈数	$S = 3、2$
线圈节距	$y = 12、10、8$	每槽电角	$\alpha = 15°$
分布系数	$K_d = 0.958$	绕组极距	$\tau = 12$
节距系数	$K_p = 0.991$	并联路数	$a = 2$
绕组系数	$K_{dp} = 0.949$	出线根数	$c = 6$

(2) 绕组布接线特点及应用举例

本绕组与上例基本相同，但改接 2 路并联。接线时在进线后分左右两方向走线，即每支路由一个 3 圈组和一个双圈组反向串联而成。本绕组适用于定子绕组改绕，主要应用有 YR250M2-4、YR280S-4 等电动机的转子绕组。

(3) 绕组嵌线方法

本例绕组采用交叠法嵌线，吊边数为 5。嵌线顺序见表 2-24。

表 2-24 交叠法

嵌绕次序		1	2	3	4	5	6	7	8	9	10	11	12	13	14	15	16	17	18
槽号	下层	3	2	1	47	46	43		42		41		39		38		35		34
	上层							3		4		5		47		48		43	
嵌绕次序		19	20	21	22	23	24	25	26	……	35	36	37	38	39	40	41	42
槽号	下层		33		31		30		27	……		22		18		17		15
	上层	44		45		39		40		……	31		32		28		29	
嵌绕次序		43	44	45	46	47	48	49	50	51	52	53	54	55	56	57	58	59	60
槽号	下层		14		11		10		9		7		6						
	上层	23		24		19		20		21		15		16	11	12	13	8	7

(4) 绕组端面布接线

如图 2-24 所示。

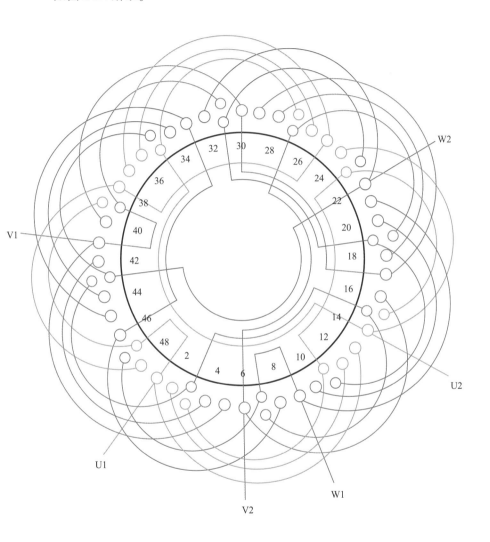

图 2-24　48 槽 4 极（$y_d=11$、$a=2$）三相电动机绕组单双层（同心交叉）布线

2.2.12 48槽4极（$y_d=11$、$a=2$）三相电动机绕组单双层（A类）布线

(1) 绕组结构参数

定子槽数	$Z=48$	电机极数	$2p=4$
总线圈数	$Q=36$	极相槽数	$q=4$
线圈组数	$u=12$	每组圈数	$S=3$
线圈节距	$y=12、10、8$	每槽电角	$\alpha=15°$
分布系数	$K_d=0.958$	绕组极距	$\tau=12$
节距系数	$K_p=0.991$	并联路数	$a=2$
绕组系数	$K_{dp}=0.949$	出线根数	$c=6$

(2) 绕组布接线特点及应用举例

本绕组是由线圈节距 $y=11$ 的双叠绕组演变而来，每相4组分两支路接线，每一支路由一正一反两组线圈串联而成，而每组线圈由一单层和2个双层线圈串接而成，且最大节距线圈为双层布线、其节距等于极距，故属A类布线。此绕组的绕组系数较高，但在标准系列无应用，可用于电动机改绕。

(3) 绕组嵌线方法

本例采用交叠法嵌线，吊边数为7。嵌线顺序见表2-25。

表2-25 交叠法

嵌绕次序		1	2	3	4	5	6	7	8	9	10	11	12	13	14	15	16	17	18
槽号	下层	7	6	5	3	2	1	47		46		45	43		42		41		39
	上层							7		8			3		4		5		

嵌绕次序		19	20	21	22	23	......	44	45	46	47	48	49	50	51	52	53	54
槽号	下层		38		37		......	22		21		19		18		17		15
	上层	47		48		1	......		32		33		27		28		29	

嵌绕次序		55	56	57	58	59	60	61	62	63	64	65	66	67	68	69	70	71	72
槽号	下层		14		13		11		10		9								
	上层	23		24		25		19		20		21	9	15	16	17	11	12	13

(4) 绕组端面布接线

如图 2-25 所示。

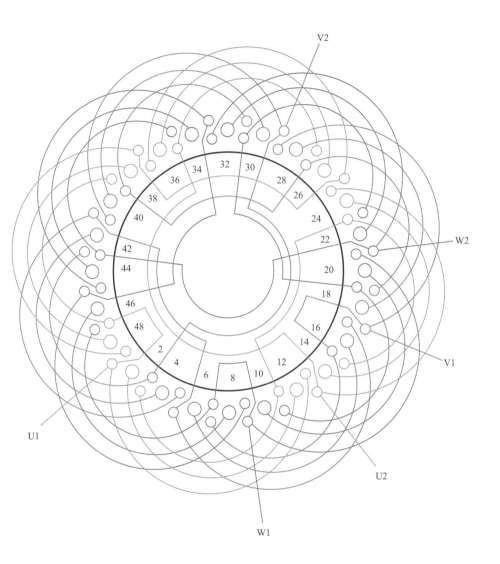

图 2-25　48 槽 4 极（$y_d=11$、$a=2$）三相电动机绕组单双层（A 类）布线

2.2.13　48 槽 4 极（$y_d = 11$、$a = 4$）三相电动机绕组单双层（A 类）布线

（1）绕组结构参数

定子槽数	$Z = 48$	电机极数	$2p = 4$
总线圈数	$Q = 36$	极相槽数	$q = 4$
线圈组数	$u = 12$	每组圈数	$S = 3$
线圈节距	$y = 12、10、8$	每槽电角	$\alpha = 15°$
分布系数	$K_d = 0.958$	绕组极距	$\tau = 12$
节距系数	$K_p = 0.991$	并联路数	$a = 4$
绕组系数	$K_{dp} = 0.949$	出线根数	$c = 6$

（2）绕组布接线特点及应用举例

本例绕组结构与上例基本相同，但采用 4 路并联接线，即每相绕组分 4 个支路，每一支路仅 1 组线圈，因此，应将同相相邻的线圈组反极性并联。此绕组可用于 Y-225S-4 等电动机改绕单双层。

（3）绕组嵌线方法

本例绕组嵌线采用交叠法，吊边数为 7。嵌线顺序见表 2-26。

表 2-26　交叠法

嵌绕次序		1	2	3	4	5	6	7	8	9	10	11	12	13	14	15	16	17	18
槽号	下层	7	6	5	3	2	1	47		46		45	43		42		41		39
	上层							7		8			3		4		5		

嵌绕次序		19	20	21	22	23	24	25	26	……	47	48	49	50	51	52	53	54
槽号	下层		38		37		35		34	……		19		18		17		15
	上层	47		48		1		43		……	33		27		28		29	

嵌绕次序		55	56	57	58	59	60	61	62	63	64	65	66	67	68	69	70	71	72
槽号	下层		14		13		11		10		9								
	上层	23		24		25		19		20		21	9	15	16	17	11	12	13

(4) 绕组端面布接线

如图 2-26 所示。

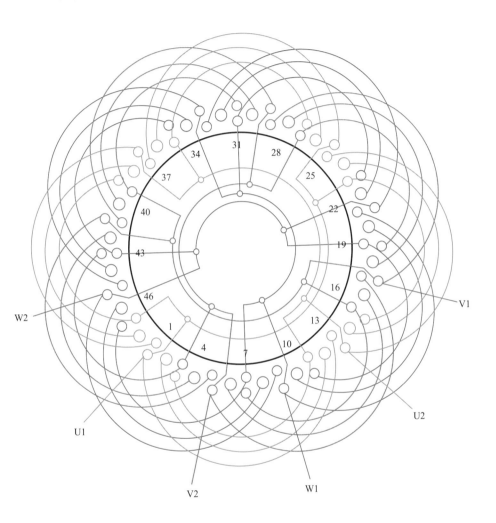

图 2-26 48 槽 4 极（$y_d = 11$、$a = 4$）三相电动机绕组单双层（A 类）布线

2.2.14　48槽8极（$y_d = 5$、$a = 1$）三相电动机绕组单双层（同心交叉）布线

（1）绕组结构参数

定子槽数　$Z = 48$		电机极数　$2p = 8$	
总线圈数　$Q = 36$		极相槽数　$q = 2$	
线圈组数　$u = 24$		每组圈数　$S = 2$、1	
线圈节距　$y = 6$、4		每槽电角　$\alpha = 30°$	
分布系数　$K_d = 0.966$		绕组极距　$\tau = 6$	
节距系数　$K_p = 0.966$		并联路数　$a = 1$	
绕组系数　$K_{dp} = 0.933$		出线根数　$c = 6$	

（2）绕组布接线特点及应用举例

本例是采用单双圈的同心交叉式布线的单双层绕组，大线圈是 $y = 6$、小线圈 $y = 4$，单圈与小线圈节距相同。绕组是单、双圈交替安排，一相8组线圈按反极性串联而成。本绕组在定子中采用较少，主要用于绕线式转子，如YR250S-8等。

（3）绕组嵌线方法

本例绕组采用交叠法嵌线，吊边数为3。嵌线基本规律是嵌3槽，退空1槽，再嵌3槽。余类推。嵌线顺序见表2-27。

表 2-27　交叠法

嵌绕次序		1	2	3	4	5	6	7	8	9	10	11	12	13	14	15	16	17	18
槽号	下层	2	1	48	46		45		44		42		41		40		38		37
	上层				2		3		48		46		47		44		42		
嵌绕次序		19	20	21	22	……		44	45	46	47	48	49	50	51	52	53	54
---	---	---	---	---	---	---	---	---	---	---	---	---	---	---	---	---	---	---
槽号	下层		36		34	……		20		18		17		16		14		13
	上层	43		40		……		24		22		23		20		18		
嵌绕次序		55	56	57	58	59	60	61	62	63	64	65	66	67	68	69	70	71	72
槽号	下层		12		10		8			5		4						
	上层	19		16		14		15		12		10		11		8	6	7	4

（4）绕组端面布接线
如图 2-27 所示。

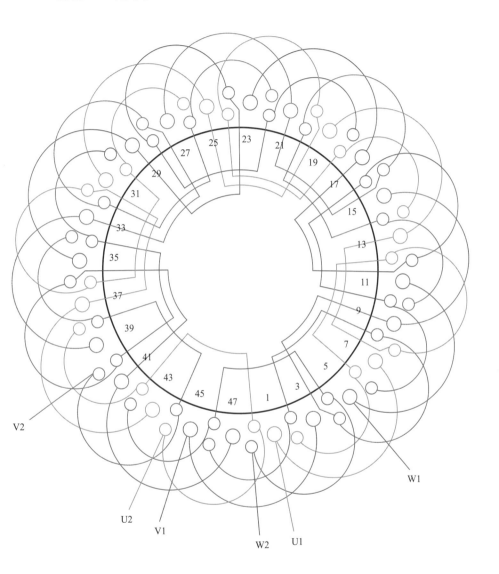

图 2-27　48 槽 8 极（$y_d = 5$、$a = 1$）三相电动机绕组单双层（同心交叉）布线

2.2.15　48 槽 8 极（$y_d=5$、$a=2$）三相电动机绕组 单双层（同心交叉）布线

（1）绕组结构参数

定子槽数	$Z=48$	电机极数	$2p=8$
总线圈数	$Q=36$	极相槽数	$q=2$
线圈组数	$u=24$	每组圈数	$S=2$、1
线圈节距	$y=6$、4	每槽电角	$\alpha=30°$
分布系数	$K_d=0.966$	绕组极距	$\tau=6$
节距系数	$K_p=0.966$	并联路数	$a=2$
绕组系数	$K_{dp}=0.933$	出线根数	$c=6$

（2）绕组布接线特点及应用举例

本绕组结构与上例基本相同，但绕组采用二路并联，每支路由 2 组双圈和 2 组单圈按相邻极性相反串接，然后将两支路并联。此绕组主要用于绕线式电动机的转子绕组。主要应用实例有某些厂家的 YR160M-8、YR225M-8 等。

（3）绕组嵌线方法

本例绕组采用交叠法嵌线，先嵌入双圈 2 个下层边及单圈下层边，往后退空一槽，吊起 3 个上层边后即可整嵌。具体嵌线顺序见表 2-28。

表 2-28　交叠法

嵌绕次序		1	2	3	4	5	6	7	8	9	10	11	12	13	14	15	16	17	18
槽号	下层	2	1	48	46		45		44		42		41		40		38		37
	上层					2		3		48		46		47		44		42	
嵌绕次序		19	20	21	22	23	24	25	26	27	……	49	50	51	52	53	54
槽号	下层		36		34		33		32		……		16		14		13
	上层	43		40		38		39		36	……	23		20		18	
嵌绕次序		55	56	57	58	59	60	61	62	63	64	65	66	67	68	69	70	71	72
槽号	下层		12		10		9		8		6		5		4				
	上层	19		16		14		15		12		10		11		8	6	7	4

（4）绕组端面布接线

如图 2-28 所示。

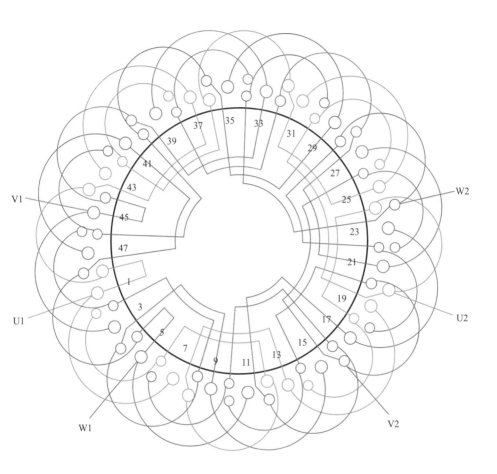

图 2-28　48 槽 8 极（$y_d = 5$、$a = 2$）三相电动机绕组单双层（同心交叉）布线

2.2.16　48 槽 8 极（$y_d=5$、$a=4$）三相电动机绕组单双层（同心交叉）布线

(1) 绕组结构参数

定子槽数	$Z=48$	电机极数	$2p=8$
总线圈数	$Q=36$	极相槽数	$q=2$
线圈组数	$u=24$	每组圈数	$S=1$、2
线圈节距	$y=6$、4	每槽电角	$\alpha=30°$
分布系数	$K_d=0.966$	绕组极距	$\tau=6$
节距系数	$K_p=0.966$	并联路数	$a=4$
绕组系数	$K_{dp}=0.933$	出线根数	$c=6$

(2) 绕组布接线特点及应用举例

本绕组与前面几例结构基本相同，但采用 4 路并联，每一支路由单圈组和双圈组反极性串联，然后再把 4 个支路并接构成一相绕组。三相接线相同。此绕组主要用于某厂家的绕线式电动机转子绕组，主要应用如 YR250M1-8 等。

(3) 绕组嵌线方法

本例绕组嵌线采用交叠法，嵌线的基本规律是：嵌 3 槽，退空 1 槽，再嵌 3 槽……，余类推。嵌线吊边数为 3，嵌线顺序见表 2-29。

表 2-29　交叠法

嵌绕次序		1	2	3	4	5	6	7	8	9	10	11	12	13	14	15	16	17	18
槽号	下层	2	1	48	46		45		44		42		41		40		38		37
	上层					2		3		48		46		47		44		42	

嵌绕次序		19	20	21	22	23	24	25	26	……	47	48	49	50	51	52	53	54
槽号	下层		36		34		33		32	……	17		16		14		13		
	上层	43		40		38		39		……	22		23		20		18	

嵌绕次序		55	56	57	58	59	60	61	62	63	64	65	66	67	68	69	70	71	72
槽号	下层		12		10		9		8		6		5						
	上层	19		16		14		15		12		10		11		8	6	7	4

(4) 绕组端面布接线

如图 2-29 所示。

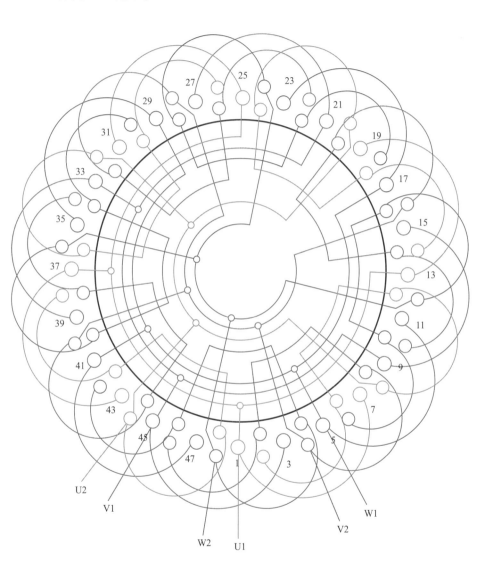

图 2-29　48 槽 8 极（$y_d = 5$、$a = 4$）三相电动机绕组单双层（同心交叉）布线

2.2.17　45槽6极（$y_d=7$、$a=1$）三相电动机绕组单双层（同心交叉）布线

(1) 绕组结构参数

定子槽数	$Z=45$	电机极数	$2p=6$
总线圈数	$Q=27$	极相槽数	$q=2\frac{1}{2}$
线圈组数	$u=18$	每组圈数	$S=2$、1
线圈节距	$y=7$、6、5	每槽电角	$\alpha=24°$
分布系数	$K_d=0.957$	绕组极距	$\tau=7\frac{1}{2}$
节距系数	$K_p=0.995$	并联路数	$a=1$
绕组系数	$K_{dp}=0.952$	出线根数	$c=6$

(2) 绕组布接线特点及应用举例

本例是分数槽绕组，其极距也是分数，故三相进线只能安排接近于120°电角，对绕组影响不大。绕组由同心双圈和单圈构成，每相有6组线圈，双圈和单圈轮换布线，并使同相相邻线圈组的极性相反。此绕组在定子中应用较少，主要见于某厂家的JZR2-12-6电动机的转子绕组。

(3) 绕组嵌线方法

本例宜用交叠法嵌线，吊边数为3。嵌线从同心双圈组的小线圈开始，嵌入2槽后退空一槽嵌一槽，再退空一槽嵌2槽，余类推。嵌线顺序见表2-30。

表 2-30　交叠法

嵌绕次序		1	2	3	4	5	6	7	8	9	10	11	12	13	14	15	16	17	18
槽号	下层	2	1	44	42		41		39		37		36		34		32		31
	上层					2		3		45		42		43		40		37	

嵌绕次序		19	20	21	22	23	24	25	26	27	28	29	30	31	32	33	34	35	36
槽号	下层		29		27		26		24		22		21		19		17		16
	上层	38		35		32		30		27		28		25		22			

嵌绕次序		37	38	39	40	41	42	43	44	45	46	47	48	49	50	51	52	53	54
槽号	下层		14		12		11		9		7		6		4				
	上层	23		20		17		18		15		12		13		10	7	8	5

（4）绕组端面布接线

如图 2-30 所示。

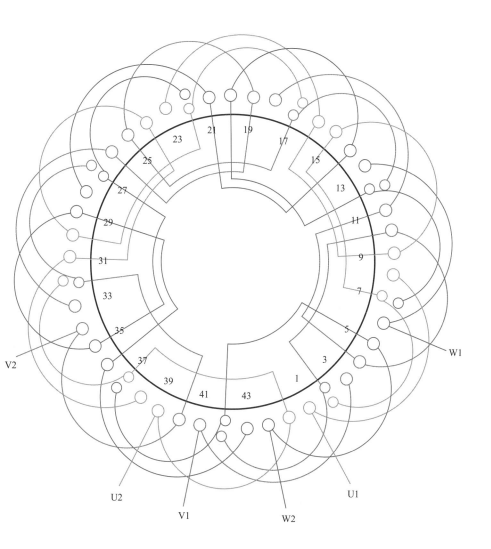

图 2-30　45 槽 6 极（$y_d = 7$、$a = 1$）三相电动机绕组单双层（同心交叉）布线

2.2.18　45槽6极（$y_d=7$、$a=3$）三相电动机绕组单双层（同心交叉）布线

（1）绕组结构参数

定子槽数	$Z=45$	电机极数	$2p=6$
总线圈数	$Q=27$	极相槽数	$q=2\frac{1}{2}$
线圈组数	$u=18$	每组圈数	$S=2$、1
线圈节距	$y=7$、6、5	每槽电角	$\alpha=24°$
分布系数	$K_d=0.957$	绕组极距	$\tau=7\frac{1}{2}$
节距系数	$K_p=0.995$	并联路数	$a=3$
绕组系数	$K_{dp}=0.952$	出线根数	$c=6$

（2）绕组布接线特点及应用举例

本例绕组结构与上例基本相同，但采用3路并联接线，每一支路由一组双圈和一组单圈反向串联而成。此绕组较双叠式线圈数少8只且吊边数少3边，但有3种节距的线圈，故在工艺上未必有很多优越性，选用时应予考虑。主要见于JZR2-22-6电动机转子绕组。

（3）绕组嵌线方法

本例绕组是单双层的同心交叉式结构，嵌线采用交叠法时，吊边数为3。先嵌入双圈的小线圈的下层边和大圈沉边（嵌线表拟作下层边），退空1槽后再嵌2槽，余类推。嵌线顺序见表2-31。

表2-31　交叠法

嵌绕次序		1	2	3	4	5	6	7	8	9	10	11	12	13	14	15	16	17	18
槽号	下层	2	1	44	42		41		39		37		36		34		32		31
	上层					2		3		45		42		43		40		37	
嵌绕次序		19	20	21	22	23	24	25	26	27	28	29	30	31	32	33	34	35	36
槽号	下层		29		27		26		24		22		21		19		17		16
	上层	38		35		32		33		30		27		28		25		22	
嵌绕次序		37	38	39	40	41	42	43	44	45	46	47	48	49	50	51	52	53	54
槽号	下层		14		12		11		9		7		6		4				
	上层	23		20		17		18		15		12		13		10	7	8	5

（4）绕组端面布接线

如图 2-31 所示。

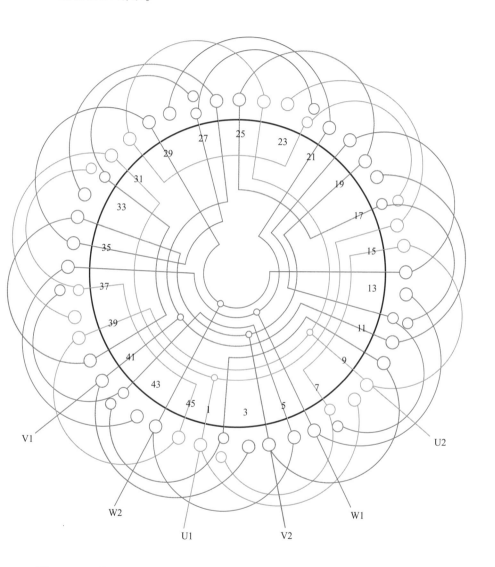

图 2-31　45 槽 6 极（$y_d = 7$、$a = 3$）三相电动机绕组单双层（同心交叉）布线

2.2.19　42槽2极（$y_d=18$、$a=2$）三相电动机绕组单双层（B类）布线

(1) 绕组结构参数

定子槽数　$Z=42$	电机极数　$2p=2$
总线圈数　$Q=30$	极相槽数　$q=7$
线圈组数　$u=6$	每组圈数　$S=5$
线圈节距　$y=20$、18、16、14、12	绕组极距　$\tau=21$
分布系数　$K_d=0.955$	并联路数　$a=2$
节距系数　$K_p=0.977$	每槽电角　$\alpha=8.57°$
绕组系数　$K_{dp}=0.93$	出线根数　$c=6$

(2) 绕组布接线特点及应用举例

本例由 $q=7$、$y=18$ 的双层叠绕组演变而来，每组由2只大线圈和3只小线圈组成。绕组采用显极布线，二路并联，同相两组线圈极性相反。应用实例见于 JO2L-93-8 型异步电动机。

(3) 绕组嵌线方法

本例绕组采用交叠法嵌线，吊边数为10。嵌线顺序见表2-32。

表2-32　交叠法

嵌绕次序		1	2	3	4	5	6	7	8	9	10	11	12	13	14	15	16	17	18	19	20
双层槽号	下层	5	4	3			40	39	38			33		32		31					
	上层												3		4		5				
单层槽号	沉边				2	1				37	36							30		29	
	浮边																		6		7
嵌绕次序		21	22	23	24	25	26	27	28	29	30	31	32	33	34	35	36	37	38	39	40
双层槽号	下层	26		25		24						19		18		17					
	上层		38		39		40						31		32		33				
单层槽号	沉边							23		22								16		15	
	浮边								41		42								34		35
嵌绕次序		41	42	43	44	45	46	47	48	49	50	51	52	53	54	55	56	57	58	59	60
双层槽号	下层	12		11		10															
	上层		24		25		26							19	18	17			12	11	10
单层槽号	沉边							9		8											
	浮边								27		28	21	20				14	13			

（4）绕组端面布接线

如图 2-32 所示。

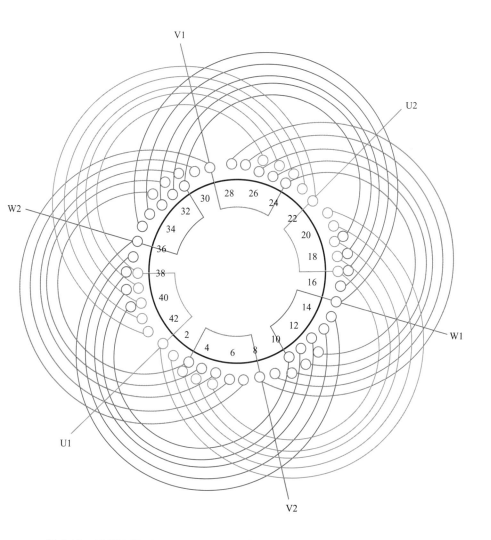

图 2-32 42 槽 2 极（$y_d = 18$、$a = 2$）三相电动机绕组单双层（B 类）布线

2.2.20　42槽2极（$y_d=19$、$a=2$）三相电动机绕组单双层（A类）布线

（1）绕组结构参数

定子槽数　$Z=42$　　　　　　电机极数　$2p=2$

总线圈数　$Q=30$　　　　　　极相槽数　$q=7$

线圈组数　$u=6$　　　　　　　每组圈数　$S=5$

线圈节距　$y=21$、19、17、15、13　　绕组极距　$\tau=21$

分布系数　$K_d=0.956$　　　　并联路数　$a=2$

节距系数　$K_p=0.989$　　　　每槽电角　$\alpha=8.57°$

绕组系数　$K_{dp}=0.945$　　　出线根数　$c=6$

（2）绕组布接线特点及应用举例

本例是由 $y=19$ 的双层叠式绕组演变而来，每组由2只单层线圈和3只双层线圈组成，是42槽2极单双层A类绕组中结构最简且性能较好的方案。此绕组适用于相应规格的绕组改绕单双层。

（3）绕组嵌线方法

本例绕组采用交叠法嵌线，吊边数为10。嵌线顺序见表2-33。

表2-33　交叠法

嵌绕次序		1	2	3	4	5	6	7	8	9	10	11	12	13	14	15	16	17	18
槽号	下层	5	4	3	2	1	40	39	38	37	36	33		32		31		30	
	上层												4		5		6		7

嵌绕次序		19	20	21	22	23	24	25	26	27	28	……	37	38	39	40	41	42
槽号	下层	29	26		25		24		23		22	……	15		12		11	
	上层			39		40		41		42		……		35		36		25

嵌绕次序		43	44	45	46	47	48	49	50	51	52	53	54	55	56	57	58	59	60
槽号	下层		10		9		8												
	上层	26		27		28		29	8	11	12	13	14	15	18	19	20	21	22

（4）绕组端面布接线
如图 2-33 所示。

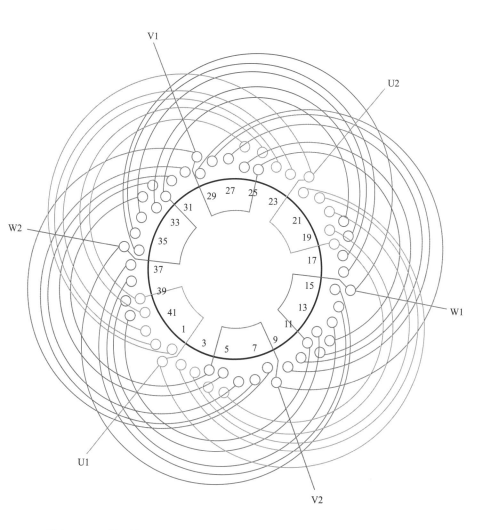

图 2-33　42 槽 2 极（$y_d=19$、$a=2$）三相电动机绕组单双层（A 类）布线

2.2.21　42槽2极（$y_d=20$、$a=2$）三相电动机绕组单双层（B类）布线

(1) 绕组结构参数

定子槽数　$Z=42$	电机极数　$2p=2$
总线圈数　$Q=24$	极相槽数　$q=7$
线圈组数　$u=6$	每组圈数　$S=4$
线圈节距　$y=20$、18、16、14	绕组极距　$\tau=21$
分布系数　$K_d=0.956$	并联路数　$a=2$
节距系数　$K_p=0.997$	每槽电角　$\alpha=8.57°$
绕组系数　$K_{dp}=0.953$	出线根数　$c=6$

(2) 绕组布接线特点及应用举例

本例是由 $y=20$ 的双层叠绕组演变而来，每组由4只线圈组成，其中3只是单层线圈，1只是双层线圈；总线圈数较双层减少18只，减少量超过原双层的三分之一。是属于绕组结构最简，绕组系数最高的绕组型式。本绕组适用于相应规格电动机改绕单双层。

(3) 绕组嵌线方法

本例绕组采用交叠法嵌线，吊边数为8。嵌线顺序见表2-34。

表2-34　交叠法

嵌绕次序		1	2	3	4	5	6	7	8	9	10	11	12	13	14	15	16	17	18
槽号	下层	4	3	2	1	39	38	37	36	32		31		30		29		25	
	上层										4		5		6		7		39
嵌绕次序		19	20	21	22	23	24	25	26	27	28	29	30	31	32	33	34	35	36
槽号	下层	24		23		22		18		17		16		15		11		10	
	上层		40		41		42		32		33		34		35		25		26
嵌绕次序		37	38	39	40	41	42	43	44	45	46	47	48						
槽号	下层	9		8															
	上层		27		28	18	19	20	21	11	12	13	14						

（4）绕组端面布接线

如图 2-34 所示。

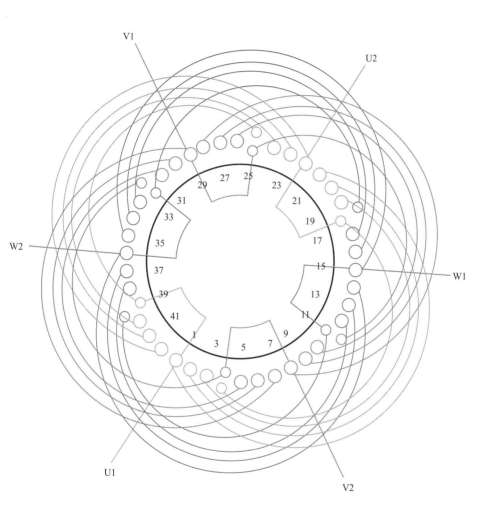

图 2-34　42 槽 2 极（$y_d = 20$、$a = 2$）三相电动机绕组单双层（B 类）布线

2.3 36及以下槽数三相电动机单双层混合式绕组端面布接线图

本节是功率较小的电动机单双层绕组，主要内容是36槽绕组，计有12例，还有30槽5例，24槽、18槽各2例，即共收入绕组端面布接线图21例。

2.3.1 36槽2极（$y_d=15$、$a=1$）三相电动机绕组单双层（A类）布线

(1) 绕组结构参数

定子槽数	$Z=36$	电机极数	$2p=2$
总线圈数	$Q=30$	极相槽数	$q=6$
线圈组数	$u=6$	每组圈数	$S=5$
线圈节距	$y=18$、16、14、12、10		
分布系数	$K_d=0.956$	绕组极距	$\tau=18$
节距系数	$K_p=0.966$	并联路数	$a=1$
绕组系数	$K_{dp}=0.923$	每槽电角	$\alpha=10°$
出线根数	$c=6$		

(2) 绕组布接线特点及应用举例

本例绕组由五联线圈组构成，每相有两组线圈，按同相相邻反向串联而成。此绕组单层线圈不多，全绕组仅缩减6只线圈；是根据$y=15$的2极双层叠式绕组演变而来，故适合于这种规格的双叠绕组改绕单双层。

(3) 绕组嵌线方法

本例采用交叠法嵌线，吊边数为10。嵌线顺序见表2-35。

表2-35 交叠法

嵌绕次序	1	2	3	4	5	6	7	8	9	10	11	12	13	14	15	16	17	18
槽号 下层	5	4	3	2	1	35	34	33	32	31	29		28		27		26	
上层												3		4		5		6
嵌绕次序	19	20	21	22	23	24	25	26	27	28	……	37	38	39	40	41	42	
槽号 下层	25	23		22		20		19			……		13		11		10	
上层			33		34		35		36		……	30		31		21		
嵌绕次序	43	44	45	46	47	48	49	50	51	52	53	54	55	56	57	58	59	60
槽号 下层		9		8		7												
上层	22		23		24		25	7	9	10	11	12	13	15	16	17	18	19

(4) 绕组端面布接线

如图 2-35 所示。

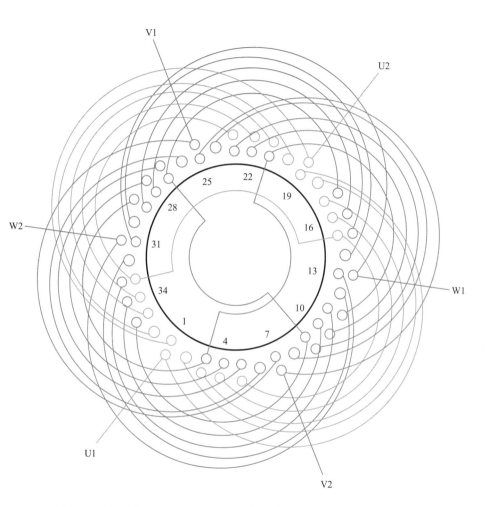

图 2-35　36 槽 2 极（$y_d = 15$、$a = 1$）三相电动机绕组单双层（A 类）布线

2.3.2　36 槽 2 极（$y_d=15$、$a=2$）三相电动机绕组单双层（A 类）布线

(1) 绕组结构参数

定子槽数　$Z=36$　　　　电机极数　$2p=2$

总线圈数　$Q=30$　　　　极相槽数　$q=6$

线圈组数　$u=6$　　　　　每组圈数　$S=5$

线圈节距　$y=18$、16、14、12、10

分布系数　$K_d=0.956$　　绕组极距　$\tau=18$

节距系数　$K_p=0.966$　　并联路数　$a=2$

绕组系数　$K_{dp}=0.923$　每槽电角　$\alpha=10°$

出线根数　$c=6$

(2) 绕组布接线特点及应用举例

本例由 $y=15$、$a=2$ 的双叠绕组演变而来，由于原绕组节距较短，故每组只有 1 只单层线圈，且绕组系数较低。绕组采用二路并联，因此每相两组线圈为反极性并联。此绕组适用于相同规格的双叠绕组改绕单双层。

(3) 绕组嵌线方法

本例绕组采用交叠法嵌线，吊边数为 10。嵌线顺序见表 2-36。

表 2-36　交叠法

嵌绕次序		1	2	3	4	5	6	7	8	9	10	11	12	13	14	15	16	17	18
槽号	下层	5	4	3	2	1	35	34	33	32	31	29		28		27		26	
	上层												3		4		5		6

嵌绕次序		19	20	21	22	23	24	25	26	27	28	……	37	38	39	40	41	42
槽号	下层	25	23		22		21		20		19	……	13		11		10	
	上层			33		34		35		36		……		30		31		21

嵌绕次序		43	44	45	46	47	48	49	50	51	52	53	54	55	56	57	58	59	60
槽号	下层		9		8		7												
	上层	22		23		24		25	7	9	10	11	12	13	15	16	17	18	19

（4）绕组端面布接线

如图 2-36 所示。

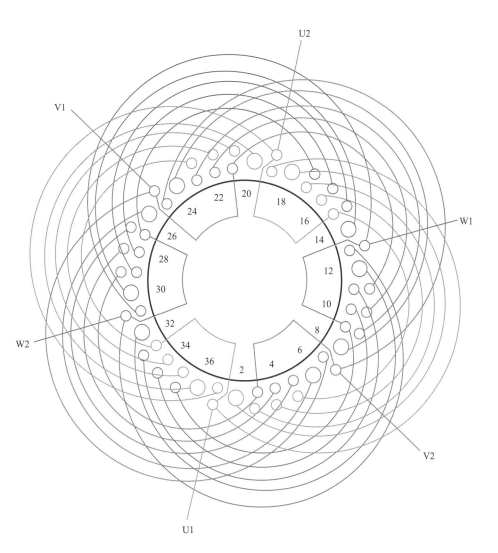

图 2-36　36 槽 2 极（$y_d = 15$、$a = 2$）三相电动机绕组单双层（A 类）布线

2.3.3 36槽2极（$y_d = 16$、$a = 1$）三相电动机绕组单双层（B类）布线

(1) 绕组结构参数

定子槽数	$Z = 36$	电机极数	$2p = 2$
总线圈数	$Q = 24$	极相槽数	$q = 6$
线圈组数	$u = 6$	每组圈数	$S = 4$
线圈节距	$y = 17$、15、13、11		
分布系数	$K_d = 0.956$	绕组极距	$\tau = 18$
节距系数	$K_p = 0.985$	并联路数	$a = 1$
绕组系数	$K_{dp} = 0.942$	每槽电角	$\alpha = 10°$
出线根数	$c = 6$		

(2) 绕组布接线特点及应用举例

本例是由 $y = 16$ 的双层叠绕组演变而来的单双层绕组，因 $y < \tau$，构成绕组的大线圈为单层，属 B 类。绕组采用显极布线，每组由两个单层圈和两个双层圈组成，两组反极性线圈构成一相绕组。此绕组具有短距绕组的优点，而嵌线吊边数可比双叠减少8边，故具有吊边数少，而使嵌线方便。主要应用实例有 JO2L-72-2 电动机。

(3) 绕组嵌线方法

本例绕组采用交叠法嵌线，吊边数为8。嵌线顺序见表2-37。

表2-37 交叠法

嵌绕次序		1	2	3	4	5	6	7	8	9	10	11	12	13	14	15	16	17	18
槽号	下层	4	3	2	1	34	33	32	31	28		27		26		25		22	
	上层										3		4		5		6		33
嵌绕次序		19	20	21	22	23	24	25	26	27	28	29	30	31	32	33	34	35	36
槽号	下层	21		20		19		16		15		14		13		10		9	
	上层		34		35		36		27		28		29		30		21		22
嵌绕次序		37	38	39	40	41	42	43	44	45	46	47	48						
槽号	下层	8		7															
	上层		23		24	18	17	16	15	12	11	10	9						

（4）绕组端面布接线

如图 2-37 所示。

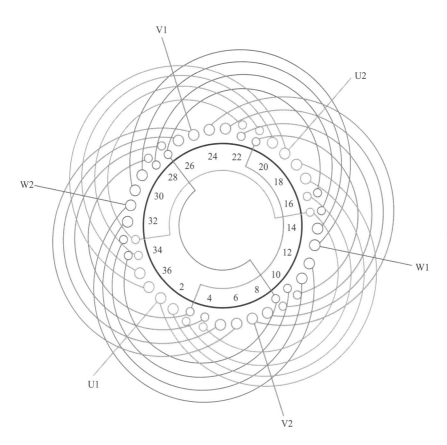

图 2-37　36 槽 2 极（$y_d = 16$、$a = 1$）三相电动机绕组单双层（B 类）布线

2.3.4　36槽2极（$y_d=16$、$a=2$）三相电动机绕组单双层（B类）布线

（1）绕组结构参数

定子槽数　$Z=36$		电机极数　$2p=2$	
总线圈数　$Q=24$		极相槽数　$q=6$	
线圈组数　$u=6$		每组圈数　$S=4$	
线圈节距　$y=17$、15、13、11			
分布系数　$K_d=0.956$		绕组极距　$\tau=18$	
节距系数　$K_p=0.985$		并联路数　$a=2$	
绕组系数　$K_{dp}=0.942$		每槽电角　$\alpha=10°$	
出线根数　$c=6$			

（2）绕组布接线特点及应用举例

本例为二路并联，显极式布线，是由 $q=6$、$y=16$ 的双叠式绕组演变而来，每组由2大、2小线圈组成，每相两组线圈反向并联，使两组电流方向相反。绕组除具有相应短距叠绕的优点外，嵌线吊边数也较之减少8边，嵌线也比双叠绕组方便。主要应用实例有JO2L-71-2电动机。

（3）绕组嵌线方法

本例采用交叠嵌线，嵌线是先嵌2小、2大线圈边，退空2槽后再嵌2小、2大边，余类推。吊边数为8。嵌线顺序见表2-38。

表2-38　交叠法

嵌绕次序		1	2	3	4	5	6	7	8	9	10	11	12	13	14	15	16	17	18	19	20	21	22	23	24
双层槽号	下层	4	3			34	33			28		27						22		21					
	上层										3		4						33		34				
单层槽号	沉边			2	1			32	31					26		25						20		19	
	浮边														5		6						35		36

嵌绕次序		25	26	27	28	29	30	31	32	33	34	35	36	37	38	39	40	41	42	43	44	45	46	47	48
双层槽号	下层	16		15						10		9													
	上层		27		28						21		22							16	15			10	9
单层槽号	沉边					14		13						8		7									
	浮边						29		30						23		24	18	17			12	11		

(4) 绕组端面布接线

如图 2-38 所示。

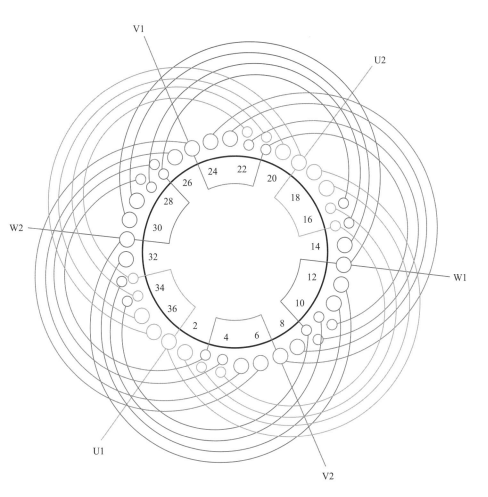

图 2-38　36 槽 2 极（y_d＝16、a＝2）三相电动机绕组单双层（B 类）布线

2.3.5　36槽2极（$y_d = 17$、$a = 1$）三相电动机绕组单双层（A类）布线

(1) 绕组结构参数

定子槽数	$Z = 36$	电机极数	$2p = 2$
总线圈数	$Q = 24$	极相槽数	$q = 6$
线圈组数	$u = 6$	每组圈数	$S = 4$
线圈节距	$y = 18、16、14、12$		
分布系数	$K_d = 0.956$	绕组极距	$\tau = 18$
节距系数	$K_p = 0.996$	并联路数	$a = 1$
绕组系数	$K_{dp} = 0.952$	每槽电角	$\alpha = 10°$
出线根数	$c = 6$		

(2) 绕组布接线特点及应用举例

本例由 $y = 17$ 的双叠绕组演变而来，线圈总数较双叠绕组缩减去三分之一，是36槽2极电动机绕组结构及性能都比较好的型式之一。每组由4只线圈串成，其中两只为单层大线圈，其余两只是半槽（双层）线圈。绕组适用于相应规格电动机改绕选用。

(3) 绕组嵌线方法

本例绕组采用交叠嵌线法，需吊边数为8，但整嵌3只线圈后再留一个附加吊边，以后整嵌。嵌线顺序见表2-39。

表 2-39　交叠法

嵌绕次序		1	2	3	4	5	6	7	8	9	10	11	12	13	14	15	16	17	18
槽号	下层	4	3	2	1	34	33	32	31	28		27		26		25	22		21
	上层										4		5		6			34	
嵌绕次序		19	20	21	22	23	24	25	26	27	28	29	30	31	32	33	34	35	36
槽号	下层		20		19		16		15		14		13		10		9		8
	上层	35		36		1		28		29		30		31		22		23	
嵌绕次序		37	38	39	40	41	42	43	44	45	46	47	48						
槽号	下层		7																
	上层	24		25	7	16	17	18	19	10	11	12	13						

(4) 绕组端面布接线

如图 2-39 所示。

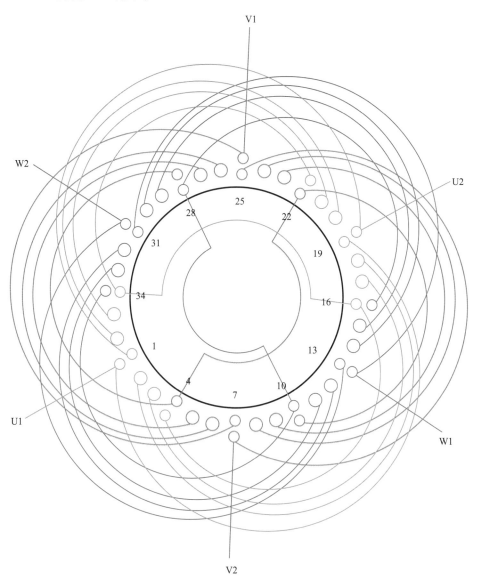

图 2-39　36 槽 2 极（$y_d = 17$、$a = 1$）三相电动机绕组单双层（A 类）布线

2.3.6 36 槽 2 极（$y_d = 17$、$a = 2$）三相电动机绕组单双层（A 类）布线

（1）绕组结构参数

定子槽数 $Z = 36$ 电机极数 $2p = 2$

总线圈数 $Q = 24$ 极相槽数 $q = 6$

线圈组数 $u = 6$ 每组圈数 $S = 4$

线圈节距 $y = 18$、16、14、12

分布系数 $K_d = 0.956$ 绕组极距 $\tau = 18$

节距系数 $K_p = 0.996$ 并联路数 $a = 2$

绕组系数 $K_{dp} = 0.952$ 每槽电角 $\alpha = 10°$

出线根数 $c = 6$

（2）绕组布接线特点及应用举例

本例绕组由单双层线圈构成，每相有两组线圈，每组由两只单层和两只双层线圈顺串而成。因是二路接法，故每相两组线圈接成反向并联；其余可参看上例。

（3）绕组嵌线方法

本例采用交叠法嵌线，吊边数为 8。嵌线顺序见表 2-40。

表 2-40 交叠法

嵌绕次序		1	2	3	4	5	6	7	8	9	10	11	12	13	14	15	16	17	18
槽号	下层	4	3	2	1	34	33	32	31	28		27		26		25	22		21
	上层										4		5		6		34		

嵌绕次序		19	20	21	22	23	24	25	26	27	28	29	30	31	32	33	34	35	36
槽号	下层		20		19		16		15		14		13		10		9		8
	上层	35		36		1		28		29		30		31		22		23

嵌绕次序		37	38	39	40	41	42	43	44	45	46	47	48
槽号	下层		7										
	上层	24		25	7	16	17	18	19	10	11	12	13

(4) 绕组端面布接线

如图 2-40 所示。

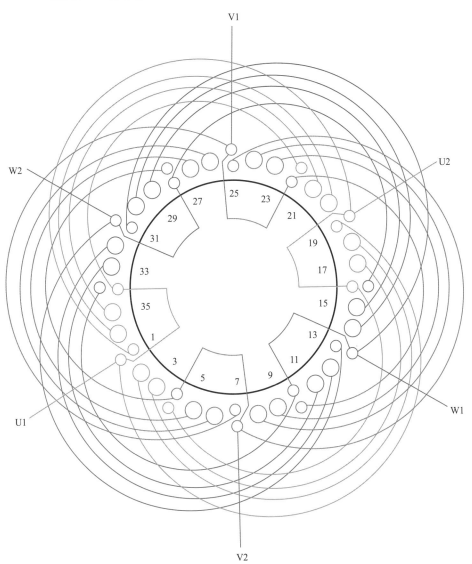

图 2-40　36 槽 2 极（$y_d = 17$、$a = 2$）三相电动机绕组单双层（A 类）布线

2.3.7　36槽4极（$y_d=8$、$a=1$）三相电动机绕组单双层（B类）布线

(1) 绕组结构参数

定子槽数	$Z=36$	电机极数	$2p=4$
总线圈数	$Q=24$	极相槽数	$q=3$
线圈组数	$u=12$	每组圈数	$S=2$
线圈节距	$y=8$、6	每槽电角	$\alpha=20°$
分布系数	$K_d=0.96$	绕组极距	$\tau=9$
节距系数	$K_p=0.985$	并联路数	$a=1$
绕组系数	$K_{dp}=0.951$	出线根数	$c=6$

(2) 绕组布接线特点及应用举例

本例绕组是显极布线，是由 $q=3$、$y=8$ 的双层叠式绕组演变而来，每组由大、小各1圈组成，每相4线圈组按正、反、正、反方向串联，即使同相相邻组极性相反。绕组嵌线方便，吊边数减少到双层叠式相应绕组的一半。主要应用实例有 JO3-160S-4、JO2-41-4 部分厂家产品。

(3) 绕组嵌线方法

本例采用交叠法嵌线，吊边数为4，嵌线时嵌2（一小、一大）槽，退空1槽再嵌2槽。嵌线顺序见表2-41。

表 2-41　交叠法

嵌绕次序		1	2	3	4	5	6	7	8	9	10	11	12	13	14	15	16	17	18	19	20	21	22	23	24
双层槽号	下层	2		35		32				29				26				23				20			
	上层								2				35				32				29				26
单层槽号	沉边		1		34		31				28				25				22				19		
	浮边							3				36				33				30				27	

嵌绕次序		25	26	27	28	29	30	31	32	33	34	35	36	37	38	39	40	41	42	43	44	45	46	47	48
双层槽号	下层	17				14				11				8				5							
	上层				23				20				17				14				11		8		5
单层槽号	沉边		16				13				10				7				4						
	浮边			24				21				18				15				12		9		6	

（4）绕组端面布接线
如图 2-41 所示。

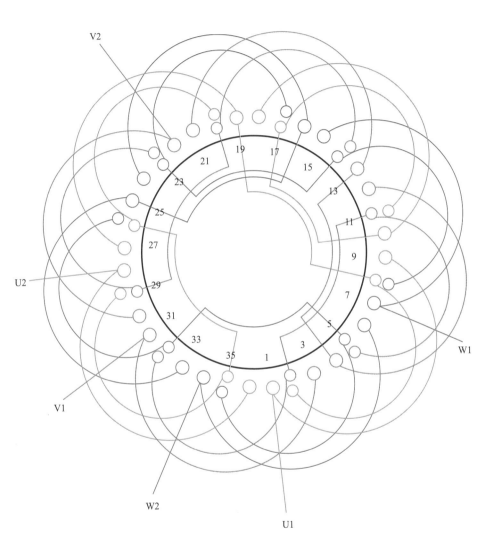

图 2-41　36 槽 4 极（$y_d = 8$、$a = 1$）三相电动机绕组单双层（B 类）布线

2.3.8　36 槽 4 极（$y_d = 8$、$a = 2$）三相电动机绕组单双层（B 类）布线

(1) 绕组结构参数

定子槽数　$Z = 36$　　　　电机极数　$2p = 4$

总线圈数　$Q = 24$　　　　极相槽数　$q = 3$

线圈组数　$u = 12$　　　　每组圈数　$S = 2$

线圈节距　$y = 8$、6　　　每槽电角　$\alpha = 20°$

分布系数　$K_d = 0.96$　　绕组极距　$\tau = 9$

节距系数　$K_p = 0.985$　　并联路数　$a = 2$

绕组系数　$K_{dp} = 0.945$　出线根数　$c = 6$

(2) 绕组布接线特点及应用举例

本例绕组采用显极布线，是由 $y = 8$、$q = 3$ 的双层叠式绕组演变而来，每组由同心双圈组成，每相有 4 组线圈，绕组每相分二路，并在进线后按相反方向走线，每一支路由正、反各一组线圈串联而成，使同相相邻线圈组的极性相反。此绕组嵌线也较方便，吊边数要比双层叠式绕组减少一半。本绕组主要用于绕线式转子，如 YR225M1-4 就有厂家采用这种型式绕组。

(3) 绕组嵌线方法

本例采用交叠嵌法，嵌线吊边数为 4。嵌线规律是嵌 2 槽后退空 1 槽，再嵌 2 槽，余类推。嵌线顺序见表 2-42。

表 2-42　交叠法

嵌绕次序		1	2	3	4	5	6	7	8	9	10	11	12	13	14	15	16	17	18
槽号	下层	2	1	35	34	32		31		29		28		26		25		23	
	上层						2		3		35		36		32		33		29
嵌绕次序		19	20	21	22	23	24	25	26	27	28	29	30	31	32	33	34	35	36
槽号	下层	22		20		19		17		16		14		13		11		10	
	上层		30		26		27		23		24		20		21		17		18
嵌绕次序		37	38	39	40	41	42	43	44	45	46	47	48						
槽号	下层	8		7		5		4											
	上层		14		15		11		12	9	8	6							

(4) 绕组端面布接线

如图 2-42 所示。

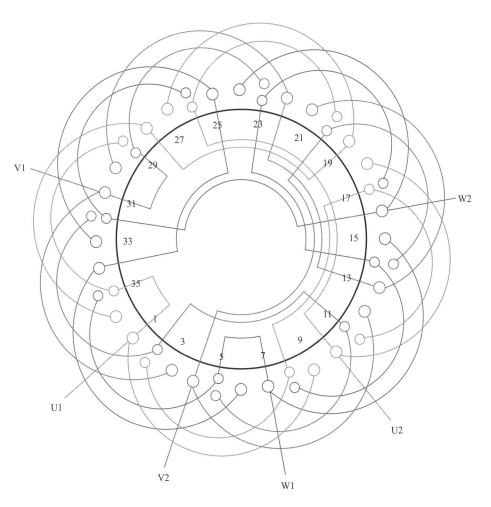

图 2-42　36 槽 4 极 ($y_d=8$、$a=2$) 三相电动机绕组单双层 (B 类) 布线

2.3.9　36 槽 4 极（$y_d = 8$、$a = 4$）三相电动机绕组单双层（B 类）布线

（1）绕组结构参数

定子槽数	$Z = 36$	电机极数	$2p = 4$
总线圈数	$Q = 24$	极相槽数	$q = 3$
线圈组数	$u = 12$	每组圈数	$S = 2$
线圈节距	$y = 8、6$	每槽电角	$\alpha = 20°$
分布系数	$K_d = 0.96$	绕组极距	$\tau = 9$
节距系数	$K_p = 0.985$	并联路数	$a = 4$
绕组系数	$K_{dp} = 0.945$	出线根数	$c = 6$

（2）绕组布接线特点及应用举例

本绕组与上例相同，但采用 4 路并联接线，即绕组由同心双圈组构成，每一组线圈为一支路，每相相邻线圈组反方向并联，使之极性相反。此绕组是从 $y = 8$、$a = 4$ 的双层叠式演变而成，它的总线圈数比原来减少 1/3；采用交叠法嵌线时，吊边数减少一半，故嵌线相对较方便。此绕组主要用于改绕，在某些厂家在 YR225M2-4 的转子中采用这种型式。

（3）绕组嵌线方法

本例采用交叠法嵌线，其基本规律是嵌入 2 槽，后退空出 1 槽，然后再嵌 2 槽，如此循环，直至完成。为简化制表本例把单层线圈的沉边拟称"下层"；浮边拟称"上层"。嵌线顺序见表 2-43。

表 2-43　交叠法

嵌绕次序		1	2	3	4	5	6	7	8	9	10	11	12	13	14	15	16	17	18
槽号	下层	2	1	35	34	32		31		29		28		26		25		23	
	上层						2		3		35		36		32		33		29
嵌绕次序		19	20	21	22	23	24	25	26	27	28	29	30	31	32	33	34	35	36
槽号	下层	22		20		19		17		16		14		13		11		10	
	上层		30		26		27		23		24		20		21		17		18
嵌绕次序		37	38	39	40	41	42	43	44	45	46	47	48						
槽号	下层	8		7		5		4											
	上层		14		15		11		12	9	5	6							

(4) 绕组端面布接线

如图 2-43 所示。

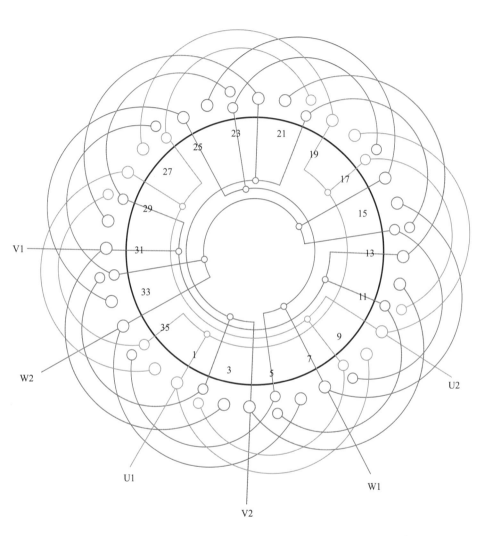

图 2-43　36 槽 4 极（$y_d = 8$、$a = 4$）三相电动机绕组单双层（B 类）布线

2.3.10　36槽6极（$y_d=5$、$a=1$）三相电动机绕组单双层（同心交叉）布线

（1）绕组结构参数

定子槽数　$Z=36$　　　　　电机极数　$2p=6$

总线圈数　$Q=27$　　　　　极相槽数　$q=2$

线圈组数　$u=18$　　　　　每组圈数　$S=2$、1

线圈节距　$y=6$、4　　　　每槽电角　$\alpha=30°$

分布系数　$K_d=0.966$　　　绕组极距　$\tau=6$

节距系数　$K_p=0.966$　　　并联路数　$a=1$

绕组系数　$K_{dp}=0.933$　　出线根数　$c=6$

（2）绕组布接线特点及应用举例

本例是由 $y=5$ 的双层叠式绕组演变而成，绕组由单圈和同心双圈构成，其中单圈及双圈的小线圈节距为4，大线圈节距为6。每相中的单、双圈交替分布，故称"同心交叉"布线。此绕组见用于某厂家生产的 YR132M1-6 电动机的转子绕组。

（3）绕组嵌线方法

本例绕组采用交叠嵌线法，吊边数为3。嵌入3槽下层边后（含单层的沉边），退空1槽再嵌3槽，余类推。嵌线顺序见表2-44。

表 2-44　交叠法

嵌绕次序		1	2	3	4	5	6	7	8	9	10	11	12	13	14	15	16	17	18
槽号	下层	2	1	36	34		33		32		30		29		28		26		25
	上层				2		3		36		34		35		32		30		
嵌绕次序		19	20	21	22	23	24	25	26	27	28	29	30	31	32	33	34	35	36
槽号	下层		24		22		21		20		18		17		16		14		13
	上层	31		28		26		27		24		22		23		20		18	
嵌绕次序		37	38	39	40	41	42	43	44	45	46	47	48	49	50	51	52	53	54
槽号	下层		12		10		9		8		6		4						
	上层	19		16		14		15		12		10		11		8	6	7	4

(4) 绕组端面布接线

如图 2-44 所示。

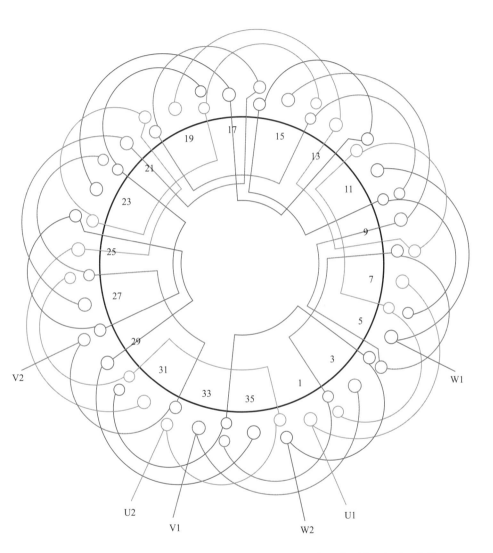

图 2-44 36 槽 6 极（$y_d = 5$、$a = 1$）三相电动机绕组单双层（同心交叉）布线

2.3.11　36槽6极（$y_d = 5$、$a = 3$）三相电动机绕组单双层（同心交叉）布线

（1）绕组结构参数

定子槽数	$Z = 36$	电机极数	$2p = 6$
总线圈数	$Q = 27$	极相槽数	$q = 2$
线圈组数	$u = 18$	每组圈数	$S = 1$、2
线圈节距	$y = 6$、4	每槽电角	$\alpha = 30°$
分布系数	$K_d = 0.966$	绕组极距	$\tau = 6$
节距系数	$K_p = 0.966$	并联路数	$a = 3$
绕组系数	$K_{dp} = 0.933$	出线根数	$c = 6$

（2）绕组布接线特点及应用举例

本绕组结构与上例相同，即每相由3组双圈和3组单圈轮换安排；但改为三路并联，因此，每一支路由一双圈组和一单圈组反串而成。另外，本绕组的全部大节距线圈用单层布线；全部小节距线圈为双层布线。总线圈数比双层叠绕组少9只，而且吊边数也少，有利于嵌线操作。此绕组应用于6极电动机改绕。

（3）绕组嵌线方法

本绕组采用交叠嵌线，吊边数为3。先嵌3个下层边，退空一槽再嵌3边，依此类推。嵌线顺序见表2-45。

表2-45　交叠法

嵌绕次序		1	2	3	4	5	6	7	8	9	10	11	12	13	14	15	16	17	18
槽号	下层	2	1	36	34		33		32		30		29		28		26		25
	上层					2		3		36		34		35		32		30	
嵌绕次序		19	20	21	22	23	24	25	26	27	28	29	30	31	32	33	34	35	36
槽号	下层		24		22		21		20		18		17		16		14		13
	上层	31		28		26		27		24		22		23		20		18	
嵌绕次序		37	38	39	40	41	42	43	44	45	46	47	48	49	50	51	52	53	54
槽号	下层		12		10		9		8		6		5		4				
	上层	19		16		14		15		12		10		11		8	6	7	4

(4) 绕组端面布接线

如图 2-45 所示。

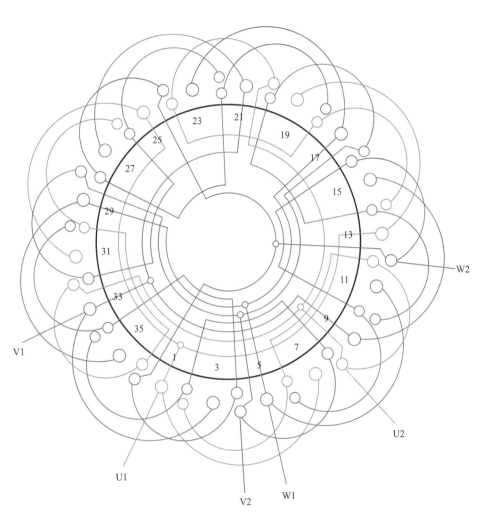

图 2-45　36 槽 6 极（$y_d = 5$、$a = 3$）三相电动机绕组单双层（同心交叉）布线

2.3.12　36槽8极（$y_d=4$、$a=1$）三相电动机绕组单双层（同心庶极）布线

(1) 绕组结构参数

定子槽数	$Z=36$	电机极数	$2p=8$
总线圈数	$Q=24$	极相槽数	$q=1\frac{1}{2}$
线圈组数	$u=12$	每组圈数	$S=2$
线圈节距	$y=5、3$	每槽电角	$\alpha=40°$
分布系数	$K_d=0.96$	绕组极距	$\tau=4\frac{1}{2}$
节距系数	$K_p=0.985$	并联路数	$a=1$
绕组系数	$K_{dp}=0.946$	出线根数	$c=6$

(2) 绕组布接线特点及应用举例

本例是由 $q=1\frac{1}{2}$、$y=1—5$ 双叠分数绕组演化而成的庶极式单双层绕组，每组由大小各1只线圈构成同心线圈组，8极绕组每相仅用4组线圈，按"头与尾"相接成相同极性，在工艺上具有线圈组数少、吊边数少等优点。此绕组应用实例不多，曾见用于 YZR160L-8 绕线式异步电动机转子。

(3) 绕组嵌线方法

本例是庶极布线，嵌线可用两种方法，若用整嵌则隔组嵌入，最后构成双平面绕组；如用交叠嵌法则要吊起2边，嵌线顺序见表2-46。

表2-46　交叠法

嵌绕次序		1	2	3	4	5	6	7	8	9	10	11	12	13	14	15	16	17	18	19	20	21	22	23	24
双层槽号	下层	2		35				32				29				26				23				20	
	上层					2				35				32				29				26			23
单层槽号	沉边		1				34				31				28				25				22		
	浮边								3				36				33				30				27

嵌绕次序		25	26	27	28	29	30	31	32	33	34	35	36	37	38	39	40	41	42	43	44	45	46	47	48
双层槽号	下层			17				14				11				8				5					
	上层					20				17				14				11				8			5
单层槽号	沉边	19				16				13				10				7				4			
	浮边		24				21				18				15				12				9	6	

(4) 绕组端面布接线

如图 2-46 所示。

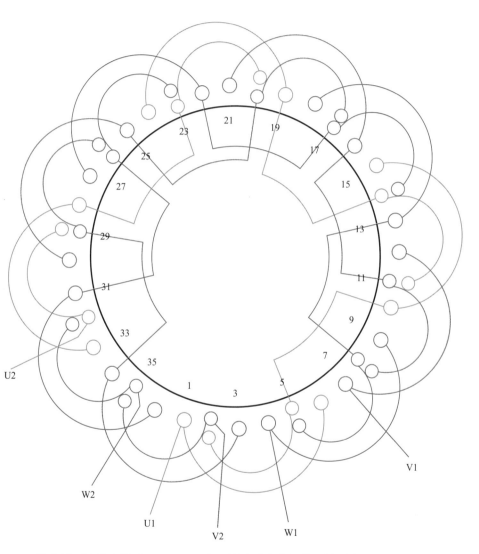

图 2-46　36 槽 8 极（$y_d = 4$、$a = 1$）三相电动机绕组单双层（同心庶极）布线

2.3.13　30槽2极（$y_d=12$、$a=1$）三相电动机绕组单双层（B类）布线

(1) 绕组结构参数

定子槽数	$Z=30$	电机极数	$2p=2$
总线圈数	$Q=24$	极相槽数	$q=5$
线圈组数	$u=6$	每组圈数	$S=4$
线圈节距	$y=14、12、10、8$		
分布系数	$K_d=0.975$	绕组极距	$\tau=15$
节距系数	$K_p=0.951$	并联路数	$a=1$
绕组系数	$K_{dp}=0.91$	每槽电角	$\alpha=12°$
出线根数	$c=6$		

(2) 绕组布接线特点及应用举例

本绕组是由节距 $y=12$ 的双层叠式绕组演变而来，因节距为偶数，故构成的单双层绕组为 B 类，即最大节距线圈为单层。每相有两组线圈，每组线圈由 4 只线圈连绕而成，其中最大线圈为单层，其余 3 只线圈是双层。本绕组无系列标准，见用于实修电动机。

(3) 绕组嵌线方法

采用交叠法嵌线，吊边数为 8。嵌线顺序见表 2-47。

表 2-47　交叠法

嵌绕次序		1	2	3	4	5	6	7	8	9	10	11	12	13	14	15	16	17	18
槽号	下层	4	3	2	1	29	28	27	26	24		23		22		21		19	
	上层										2		3		4		5		27
嵌绕次序		19	20	21	22	23	24	25	26	27	28	29	30	31	32	33	34	35	36
槽号	下层	18		17		16		14		13		12		11		9		8	
	上层		28		29		30		22		23		24		25		17		18
嵌绕次序		37	38	39	40	41	42	43	44	45	46	47	48						
槽号	下层	7		6															
	上层		19		20	12	13	14	15	7	8	9	10						

(4) 绕组端面布接线

如图 2-47 所示。

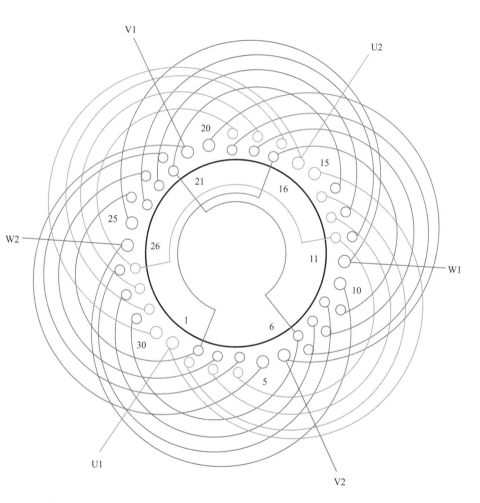

图 2-47　30 槽 2 极（$y_d = 12$、$a = 1$）三相电动机绕组单双层（B 类）布线

2.3.14　30 槽 2 极（$y_d = 12$、$a = 2$）三相电动机绕组单双层（B 类）布线

（1）绕组结构参数

定子槽数	$Z = 30$	电机极数	$2p = 2$
总线圈数	$Q = 24$	极相槽数	$q = 5$
线圈组数	$u = 6$	每组圈数	$S = 4$
线圈节距	$y = 14、12、10、8$		
分布系数	$K_d = 0.957$	绕组极距	$\tau = 15$
节距系数	$K_p = 0.951$	并联路数	$a = 2$
绕组系数	$K_{dp} = 0.91$	每槽电角	$\alpha = 12°$
出线根数	$c = 6$		

（2）绕组布接线特点及应用举例

本绕组与上例都是由 $y = 12$ 的双层叠式绕组演变而来，但本例采用二路并联，每相两组线圈极性相反，故使其接线非常简洁；此外，由于它属缩短节距的绕组，故具有消除高次谐波的功能，而且嵌线时吊边数仅 8 只，比双叠绕组减少近半，故工艺性也较优。标准系列电动机中无此绕组，本例是根据资料设计而成，以备修理或改绕选用。

（3）绕组嵌线方法

本例绕组嵌线采用交叠法，吊边数为 8。嵌线顺序见表 2-48。

表 2-48　交叠法

嵌绕次序		1	2	3	4	5	6	7	8	9	10	11	12	13	14	15	16	17	18
槽号	下层	4	3	2	1	29	28	27	26	24		23		22		21		19	
	上层										2		3		4		5		27
嵌绕次序		19	20	21	22	23	24	25	26	27	28	29	30	31	32	33	34	35	36
槽号	下层	18		17		16		14		13		12		11		9		8	
	上层		28		29		30		22		23		24		25		17		18
嵌绕次序		37	38	39	40	41	42	43	44	45	46	47	48						
槽号	下层	7		6															
	上层		19		20	12	13	14	15	7	8	9	10						

（4）绕组端面布接线

如图 2-48 所示。

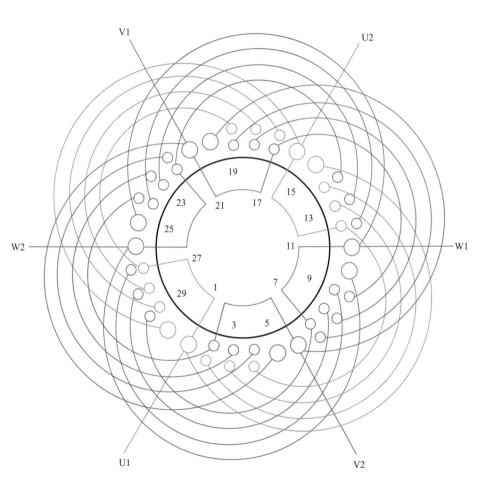

图 2-48　30 槽 2 极（$y_d = 12$、$a = 2$）三相电动机绕组单双层（B 类）布线

2.3.15　30槽2极（$y_d=13$、$a=1$）三相电动机绕组单双层（A类）布线

（1）绕组结构参数

定子槽数　$Z=30$	电机极数　$2p=2$
总线圈数　$Q=24$	极相槽数　$q=5$
线圈组数　$u=6$	每组圈数　$S=4$
线圈节距　$y=15$、13、11、9	
分布系数　$K_d=0.957$	绕组极距　$\tau=15$
节距系数　$K_p=0.978$	并联路数　$a=1$
绕组系数　$K_{dp}=0.936$	每槽电角　$\alpha=12°$
出线根数　$c=6$	

（2）绕组布接线特点及应用举例

本例是由 $y=13$ 的双叠绕组演变而来，由于节距为奇数，故其构成的单双层绕组的最大线圈为双层布线，故属 A 类。绕组为显极布线，每相由两组同心线圈组成，其中单层线圈为第 2 大节距，每组仅有一只大线圈，其匝数是双层线圈的 1 倍。此绕组具有短距绕组的优点，嵌线吊边数要比同节距双叠绕组少，故其工艺性优于双叠绕组。系列产品无此绕组，此例取自实修数据。

（3）绕组嵌线方法

本例绕组嵌线采用交叠法，吊边数为 8。嵌线顺序见表 2-49。

表 2-49　交叠法

嵌绕次序		1	2	3	4	5	6	7	8	9	10	11	12	13	14	15	16	17	18
槽号	下层	4	3	2	1	29	28	27	26	24		23		22		21	19		18
	上层										3		4		5		28		

嵌绕次序		19	20	21	22	23	24	25	26	27	28	29	30	31	32	33	34	35	36
槽号	下层		17		16		14		13		12		11		9		8		7
	上层	29		30		1		23		24		25		26		18		19	

嵌绕次序		37	38	39	40	41	42	43	44	45	46	47	48
槽号	下层		6										
	上层	20		21	13	14	15	16	8	9	10	11	6

（4）绕组端面布接线
如图 2-49 所示。

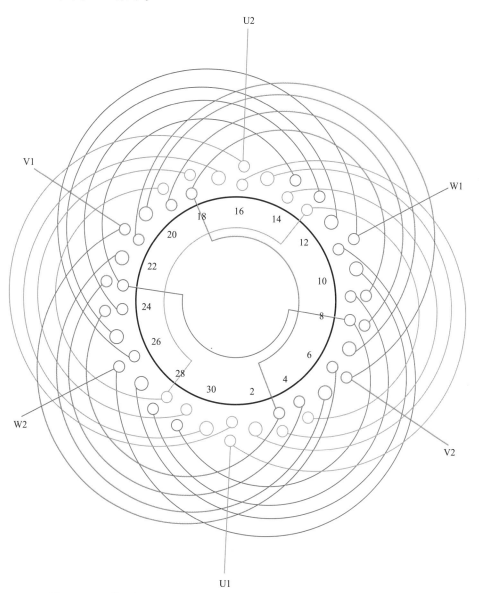

图 2-49　30 槽 2 极（$y_d = 13$、$a = 1$）三相电动机绕组单双层（A 类）布线

2.3.16 30槽2极（$y_d=13$、$a=2$）三相电动机绕组单双层（A类）布线

（1）绕组结构参数

定子槽数	$Z=30$	电机极数	$2p=2$
总线圈数	$Q=24$	极相槽数	$q=5$
线圈组数	$u=6$	每组圈数	$S=4$
线圈节距	$y=15、13、11、9$		
分布系数	$K_d=0.957$	绕组极距	$\tau=15$
节距系数	$K_p=0.978$	并联路数	$a=2$
绕组系数	$K_{dp}=0.936$	每槽电角	$\alpha=12°$
出线根数	$c=6$		

（2）绕组布接线特点及应用举例

本例是显极布线，绕组特点与上例相同，但采用二路并联。每相有两组同心线圈，每组由 3 只双层布线的半槽线圈和一只单层线圈构成，其中双层线圈的匝数为单层线圈的一半。因是 A 类安排，最大节距线圈是双层，而次大节距为单层。本绕组仍属短距绕组，其工艺性优于双层叠式。但标准系列中无此规格，见用于实修电动机。

（3）绕组嵌线方法

本例绕组采用交叠法嵌线，吊边数为9。嵌线顺序见表2-50。

表 2-50 交叠法

嵌绕次序		1	2	3	4	5	6	7	8	9	10	11	12	13	14	15	16	17	18
槽号	下层	4	3	2	1	29	28	27	26	24		23		22		21	19		18
	上层										3		4		5			28	
嵌绕次序		19	20	21	22	23	24	25	26	27	28	29	30	31	32	33	34	35	36
槽号	下层		17		16		14		13		12		11		9		8		7
	上层	29		30		1		23		24		25		26		18		19	
嵌绕次序		37	38	39	40	41	42	43	44	45	46	47	48						
槽号	下层			6															
	上层	20		21	13	14	15	16	8	9	10	11	6						

（4）绕组端面布接线

如图 2-50 所示。

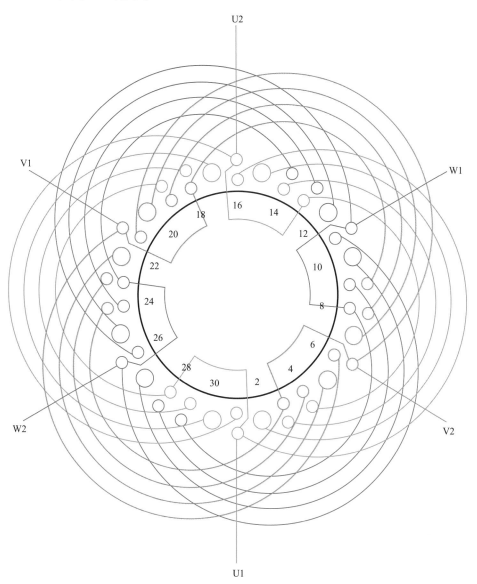

图 2-50　30 槽 2 极（$y_d=13$、$a=2$）三相电动机绕组单双层（A 类）布线

2.3.17 30槽4极（$y_d = 7$、$a = 1$）三相电动机绕组单双层（同心交叉）布线

(1) 绕组结构参数

定子槽数	$Z = 30$	电机极数	$2p = 4$
总线圈数	$Q = 24$	极相槽数	$q = 2\frac{1}{2}$
线圈组数	$u = 18$	每组圈数	$S = 2、1$
线圈节距	$y = 7、6、5$	每槽电角	$\alpha = 24°$
分布系数	$K_d = 0.957$	绕组极距	$\tau = 7\frac{1}{2}$
节距系数	$K_p = 0.994$	并联路数	$a = 1$
绕组系数	$K_{dp} = 0.951$	出线根数	$c = 6$

(2) 绕组布接线特点及应用举例

本例绕组由同心双圈和单圈构成单双层，它具有普通单双层的特点，又有交叉绕组的特色，故设标题为"同心交叉"单双层；此外每组大线圈安排为单层，故也可归属于特种的"B类"。此例采用显极布线，接线时必须使同相相邻线圈组极性相反。因总线圈数比双叠减少超过1/3，利于嵌绕。可作为 $y = 7$ 的双叠绕组的替代型式。

(3) 绕组嵌线方法

本绕组采用交叠法嵌线，需吊边数为3。嵌线顺序见表2-51。

表2-51 交叠法

嵌绕次序		1	2	3	4	5	6	7	8	9	10	11	12	13	14	15	16	17	18
槽号	下层	2	1	29	27		26		24		22		21		19		17		16
	上层					2		3		30		27		28		25		22	

嵌绕次序		19	20	21	22	23	24	25	26	27	28	29	30	31	32	33	34	35	36
槽号	下层		14		12		11		9		7		6		4				
	上层	23		20		17		18		15		12		13		10	7	8	5

（4）绕组端面布接线

如图 2-51 所示。

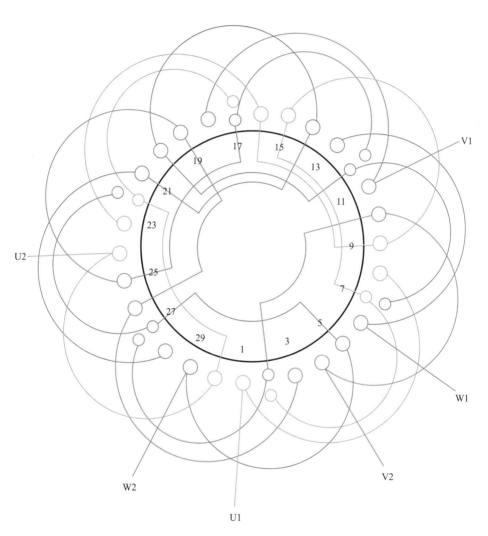

图 2-51　30 槽 4 极（$y_d = 7$、$a = 1$）三相电动机绕组单双层（同心交叉）布线

2.3.18　24槽2极（$y_d=10$、$a=1$）三相电动机绕组单双层（B类）布线

(1) 绕组结构参数

定子槽数	$Z=24$	电机极数	$2p=2$
总线圈数	$Q=18$	极相槽数	$q=4$
线圈组数	$u=6$	每组圈数	$S=3$
线圈节距	$y=11$、9、7		
分布系数	$K_d=0.958$	绕组极距	$\tau=12$
节距系数	$K_p=0.966$	并联路数	$a=1$
绕组系数	$K_{dp}=0.925$	每槽电角	$\alpha=15°$
出线根数	$c=6$		

(2) 绕组布接线特点及应用举例

本例采用显极布线，系由 $q=4$、$y=10$ 的双层叠式绕组演变而来，每组由1大、2小线圈组成，每相两组线圈是反极性串联。它除具有原双层叠式短距绕组的优点外，嵌线比相应双叠绕组吊边10减少6边，还有嵌线方便的特点。目前国内应用不多，曾见用于 JO3-160M2-TH 电动机部分厂家产品；但（原苏联）AOⅡ2-31-2-X、AOⅡ2-32-2-60 等异步电动机均有应用。

(3) 绕组嵌线方法

本例绕组采用交叠嵌线法，吊边数为6。嵌线是先嵌3槽，退空1槽，再嵌3槽，余类推。而所嵌3槽包括一组线圈中的两个双层有效边和一个单层线圈边。嵌线顺序见表2-52。

表2-52　交叠法

嵌绕次序		1	2	3	4	5	6	7	8	9	10	11	12	13	14	15	16	17	18
双层槽号	下层	3	2		23	22		19		18			15		14				
	上层								2		3			22		23			
单层槽号	沉边			1			21					17						13	
	浮边												4						24
嵌绕次序		19	20	21	22	23	24	25	26	27	28	29	30	31	32	33	34	35	36
双层槽号	下层	11		10				7		6									
	上层		18		19				14		15				11	10		7	6
单层槽号	沉边				9							5							
	浮边					20							16	12			8		

(4) 绕组端面布接线

如图 2-52 所示。

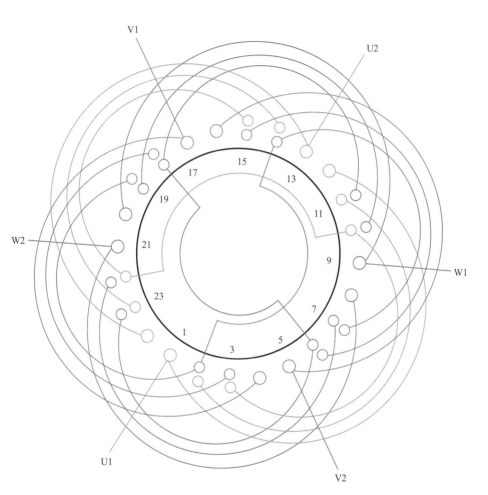

图 2-52 24 槽 2 极（$y_d = 10$、$a = 1$）三相电动机绕组单双层（B 类）布线

2.3.19　24 槽 2 极（$y_d=10$、$a=2$）三相电动机绕组单双层（B 类）布线

(1) 绕组结构参数

定子槽数	$Z=24$	电机极数	$2p=2$
总线圈数	$Q=18$	极相槽数	$q=4$
线圈组数	$u=6$	每组圈数	$S=3$
线圈节距	$y=11$、9、7		
分布系数	$K_d=0.966$	绕组极距	$\tau=12$
节距系数	$K_p=0.966$	并联路数	$a=2$
绕组系数	$K_{dp}=0.933$	每槽电角	$\alpha=15°$
出线根数	$c=6$		

(2) 绕组布接线特点及应用举例

本例是由 $y=10$、$q=4$ 的双叠绕组演变而来，每组由 3 只同心线圈构成，每相两组线圈反极性并联。它除具有原双层叠式短距绕组优点外，因线圈数少 6 只，吊边数也减少 6 边，具有嵌线方便的优点。目前主要应用于小型绕线式电动机转子绕组。

(3) 绕组嵌线方法

本例采用交叠法嵌线，吊边数为 6。嵌线时先嵌 3 槽，退空 1 槽再嵌 3 槽，余类推。所嵌 3 槽是指一组线圈中的两个双层有效边下层边和一个单层线圈的沉边。具体嵌序见表 2-53。

表 2-53　交叠法

嵌绕次序		1	2	3	4	5	6	7	8	9	10	11	12	13	14	15	16	17	18
双层槽号	下层	3	2		23	22		19		18				15		14			
	上层								2		3				22		23		
单层槽号	沉边			1			21					17						13	
	浮边												4						24

嵌绕次序		19	20	21	22	23	24	25	26	27	28	29	30	31	32	33	34	35	36
双层槽号	下层	11		10				7		6									
	上层		18			19			14		15				11	10		7	6
单层槽号	沉边				9							5							
	浮边						20						16	12			8		

（4）绕组端面布接线

如图 2-53 所示。

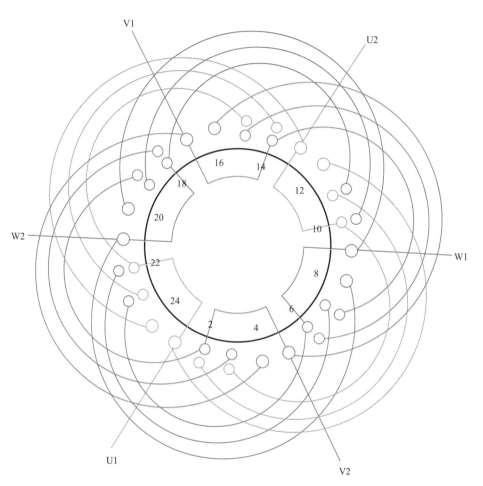

图 2-53　24 槽 2 极（$y_d = 10$、$a = 2$）三相电动机绕组单双层（B 类）布线

2.3.20　18槽2极（$y_d=8$、$a=1$）三相电动机绕组单双层（B类）布线

（1）绕组结构参数

定子槽数	$Z=18$	电机极数	$2p=2$
总线圈数	$Q=12$	极相槽数	$q=3$
线圈组数	$u=6$	每组圈数	$S=2$
线圈节距	$y=8$、6	每槽电角	$\alpha=20°$
分布系数	$K_d=0.96$	绕组极距	$\tau=9$
节距系数	$K_p=0.985$	并联路数	$a=1$
绕组系数	$K_{dp}=0.946$	出线根数	$c=6$

（2）绕组布接线特点及应用举例

本例是从 $q=3$、$y=8$ 的双层叠绕组演变而来，每组由大、小各1线圈组成，每相有两组线圈，采用显极接线，即同相组间是"尾与尾"或"头与头"相接。此绕组是单双层混合式应用较多的绕组，国外进口设备配套压力泵电机中采用；国内在 B11 型平板振动器及 Z2D-130 型直联插入式低电压高频振动器等专用电动机应用。

（3）绕组嵌线方法

本例绕组嵌线方法是嵌2槽、退空1槽再嵌2槽，交叠嵌线吊边数为4。嵌线顺序见表2-54。

表 2-54　交叠法

嵌绕次序		1	2	3	4	5	6	7	8	9	10	11	12	13	14	15	16	17	18	19	20	21	22	23	24
双层槽号	下层	2		17		14				11				8				5							
	上层						2				17				14				11				8		5
单层槽号	沉边		1		16			13				10				7				4					
	浮边								3				18				15				12	9		6	

(4) 绕组端面布接线

如图 2-54 所示。

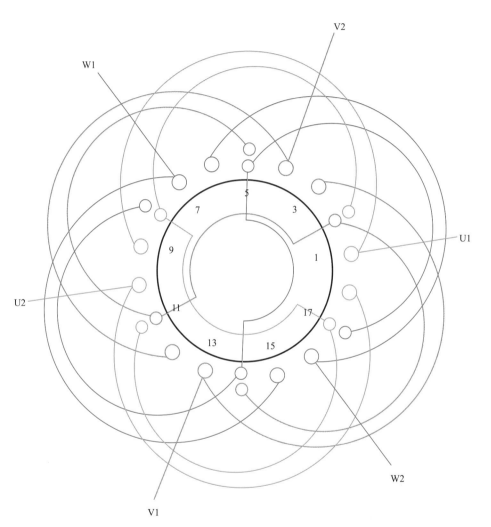

图 2-54　18 槽 2 极（$y_d = 8$、$a = 1$）三相电动机绕组单双层（B 类）布线

2.3.21 18槽2极（$y_d = 9$、$a = 1$）三相电动机绕组单双层（A类）布线

(1) 绕组结构参数

定子槽数	$Z = 18$	电机极数	$2p = 2$
总线圈数	$Q = 12$	极相槽数	$q = 3$
线圈组数	$u = 6$	每组圈数	$S = 2$
线圈节距	$y = 9$、7	每槽电角	$\alpha = 20°$
分布系数	$K_d = 0.96$	绕组极距	$\tau = 9$
节距系数	$K_p = 1.0$	并联路数	$a = 1$
绕组系数	$K_{dp} = 0.96$	出线根数	$c = 6$

(2) 绕组布接线特点及应用举例

本例是单双层混合式绕组，由于每组中最大节距线圈为双层布线，故称"A类"。它是由 $q = 3$、$y = 9$ 的全距双叠绕组演变而来，故其总线圈数要比双叠绕组减少 1/3，即每相由两组双圈反极性串联而成。此绕组仅用作单双层A类示例。

(3) 绕组嵌线方法

本例绕组嵌线采用交叠法，嵌线时是先嵌两槽，退空1槽嵌1槽，再退1槽嵌两槽，需吊边4个。嵌线顺序见表2-55。

表 2-55 交叠法

嵌绕次序		1	2	3	4	5	6	7	8	9	10	11	12	13	14	15	16	17	18
槽号	下层	2	1	17	16	14		13	11		10		8		7		5		4
	上层						3			18		1		15		16		12	

嵌绕次序		19	20	21	22	23	24
槽号	下层						
	上层	13	10	9	7	6	4

(4) 绕组端面布接线

如图 2-55 所示。

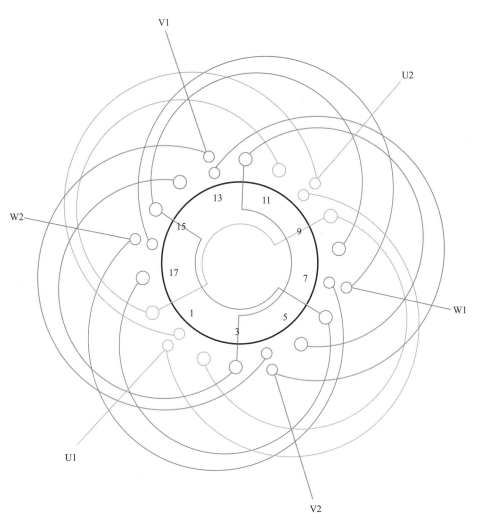

图 2-55　18 槽 2 极（$y_d=9$、$a=1$）三相电动机绕组单双层（A 类）布线

第 3 章

72槽以上及电梯专用双速电动机绕组

本章 72 槽及以上是包括 96 槽、90 槽定子的双速电动机；还包括交流电梯 72 槽和 54 槽专用双速。由于 72 槽双速规格较多，除将电梯双速分列外，又把其余双速电动机按高转数（含 4 极）和低转数（不含 4 极）分为两节。

本章双速除 Y/2Y 常用接法外，还有采用其他较特殊的变极接线，但因图例的篇幅所限，故将节下内容所涉及的特种接法的结构、特点移至节前解述。

本章共收入各种极比和不同接法的双速电动机绕组 43 例，其中一般用途系列双速 28 例，电梯专用双速 15 例。

3.1　96（90）槽双速电动机绕组端面布接线图

本节是 96 槽（含 90 槽）的双速电动机绕组图例。按此定子规格，当属中大型双速，故绕组图例仅有 6 例，全部采用双层叠式布线，且除 12/10 极一例为近极比变极外，其余全部是倍极比双速；但变极接法多样，既有常规常用的△/2Y 及 Y/2Y 外，还有 2Y/△、Y+2Y/△、Y+3Y/ 3Y 等特种接线。至于前二接法只应用于个别绕组，将在图例文中介绍。而 Y+3Y/3Y 接法虽不普遍，但后面仍有多个实例，故作解释如下。

Y+3Y/3Y 接法双速绕组属换相变极。此前，类似变极采用 3Y/4Y 接法，它可使两种极数下的磁密分配较合理，但当从高速变到低速时，有 1/4 的线圈将构成环路；为解决并消除环流，后改进接法为 3Y/3Y，这样又回归到原来的矛盾，使两种转速之下铁芯磁密不均。而 Y+3Y/ 3Y 便在此基础改进而来，即在多极数的 3Y 中将附加绕组 Y 串入，使其匝数增加，如图 3-6（a）所示。因此，多极时绕组接法变成 Y+3Y；高速时电源从另端接入，仍保持三路并联，但并联的变极组反向及换相，并把附加绕组（Y）排除在星点之外，使之构成 3Y 接法。

在这种接法中，附加绕组（Y）与基本绕组（3Y）的线圈参数不同，即：

附加绕组导线截面积 S_f（mm^2）

$$S_f = 3S$$

附加绕组线圈匝数 W_f（匝）

$$W_f \leqslant W$$

式中　S——基本绕组导线截面积，mm^2；

　　　W——基本绕组线圈匝数，匝。

3.1.1 96 槽 8/4 极（$y=12$）△/2Y 接线双速电动机绕组双层叠式布线

(1) 绕组结构参数

定子槽数	$Z=96$	电机极数	$2p=8/4$
总线圈线	$Q=96$	绕组接法	△/2Y
线圈组数	$u=12$	每组圈数	$S=8$
线圈节距	$y=12$	每槽电角	$\alpha=15°/7.5°$
分布系数	$K_{d8}=0.956$	$K_{d4}=0.956$	
节距系数	$K_{p8}=1.0$	$K_{p4}=0.707$	
绕组系数	$K_{dp8}=0.956$	$K_{dp4}=0.676$	
出线根数	$c=6$		

(2) 绕组布接线特点及应用举例

本例是按常规接线的倍极比反向变极双速绕组；每组由 8 只线圈串联而成；4 极时是 60°相带绕组，反向法获得（120°相带）庶极 8 极。此绕组每组线圈数相等，每两组串联构成一变极组。每相由 2 变极组串联构成 8 极；两变极组并联为 4 极，接线原理见图 3-1（a）。此双速电动机属可变转矩特性。此绕组主要应用于双绕组多速电动机的配套绕组。

(3) 绕组端面布接线

如图 3-1 所示。

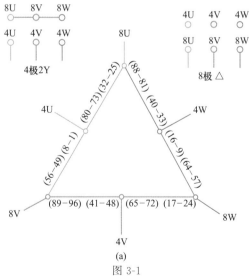

图 3-1

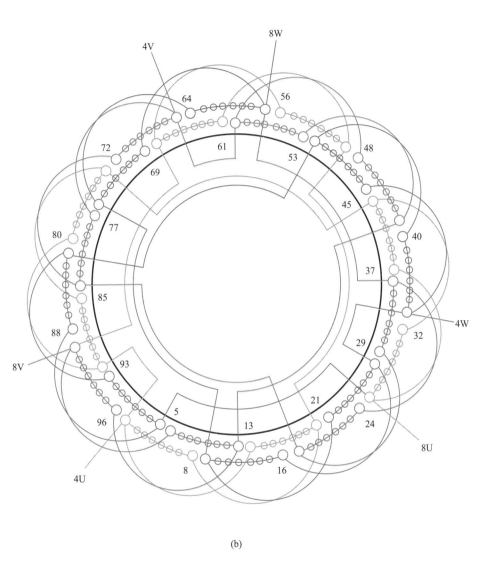

(b)

图 3-1 96槽 8/4极（y＝12）△/2Y接线双速电动机绕组双层叠式布线

3.1.2　96 槽 8/4 极（$y=12$）2Y/△接线双速电动机绕组双层叠式布线[*]

(1) 绕组结构参数

定子槽数　$Z=96$　　　　　电机极数　$2p=8/4$
总线圈数　$Q=96$　　　　　绕组接法　2Y/△
线圈组数　$u=12$　　　　　每组圈数　$S=8$
线圈节距　$y=12$　　　　　每槽电角　$\alpha=15°/7.5°$
分布系数　$K_{d8}=0.956$　　$K_{d4}=0.956$
节距系数　$K_{p8}=1.0$　　　$K_{p4}=0.707$
绕组系数　$K_{dp8}=0.956$　$K_{dp4}=0.676$
出线根数　$c=6$

(2) 绕组布接线特点及应用举例

本例是应某读者要求而设计的双速绕组。通常，8/4 极双速采用△/2Y 接法，即常选多极数为单路；少极数为多路；这样，当极数从 4 极变到 8 极时，定子极面变窄，可使两种极数下的磁通密度 B_g 值能保持在合理范围。然而，本绕组则反常规采用 2Y/△接线，即 8 极用 2Y，而 4 极采用单路△形；依此势必会造成 8 极时磁密过高；而 4 极时磁密过低的不匹配现象。因此，这种变极接法的双速电动机只能以某转速为基准设计磁密作为正常工作，而另一转速则作为轻载的短时辅助运行的工作场合。

(3) 绕组端面布接线

如图 3-2 所示。

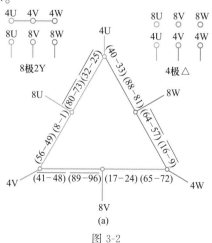

(a)

图 3-2

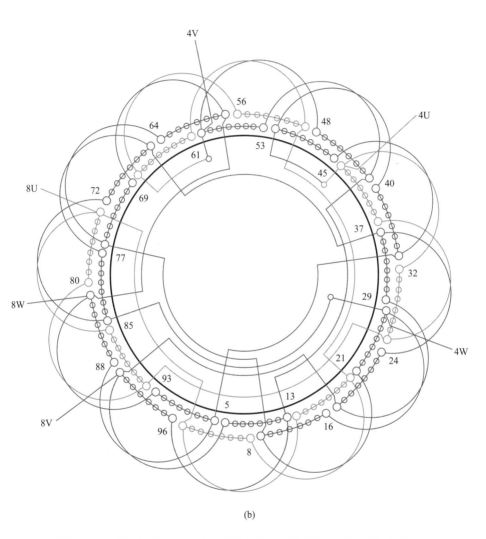

(b)

图 3-2　96 槽 8/4 极（$y=12$）2Y/△接线双速电动机绕组双层叠式布线

注：标题解释——8/4 双速的常规接法是△/2Y（见上例）。而本例 8/4 极对应接法相反是 2Y/△，在国产系列中无此规格。修理者要查清极数与接法的对应关系才选用，否则后果严重。

3.1.3　96槽8/4极（$y=12$）Y＋2Y/△接线
双速电动机绕组双层叠式布线

（1）绕组结构参数

定子槽数　$Z=96$　　　　　电机极数　$2p=8/4$

总线圈数　$Q=96$　　　　　绕组接法　$Y+2Y/△$

线圈组数　$u=24$　　　　　每组圈数　$S=7、1$

线圈节距　$y=12$　　　　　每槽电角　$α=15°/7.5°$

分布系数　$K_{d8}=0.956$　　　$K_{d4}=0.956$

节距系数　$K_{p8}=1.0$　　　　$K_{p4}=0.707$

绕组系数　$K_{dp8}=0.956$　　　$K_{dp4}=0.676$

出线根数　$c=6$

（2）绕组布接线特点及应用举例

本例是根据读者实修双速电动机提供资料整理绘成。它的基本接法是2Y/△，属反向变极法。此绕组在变极时的电磁关系与上例相同，这样，若以8极（2Y）为基准选 B_g 值，则4极时的 B_g 会很低，即4极相当于欠压运行，功率因数很低，出力也严重不足；若以4极为基准则反之，即4极正常而8极 B_g 值很高，空载电流非常大，甚至发热而烧毁。因查无资料，本案估计属后者，为了补救缺陷，将每极相槽中退出一槽，作为附加绕组（Y），使之与2Y串联，从而适当降低8极时的 B_g 值并限制过大的电流。此双速绕组适用于高速（4极）正常工作，低速负载极轻或处于发电运行的场合。

（3）绕组端面布接线

如图3-3所示。

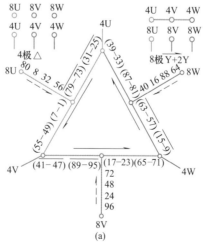

(a)

图 3-3

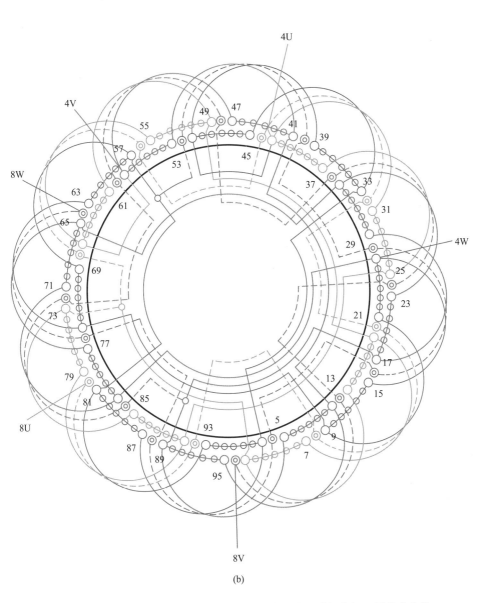

(b)

图 3-3　96 槽 8/4 极（$y=12$）Y+2Y/△接线双速电动机绕组双层叠式布线

3.1.4 96 槽 8/4 极（$y = 15$）△/2Y 接线双速电动机绕组双层叠式布线

(1) 绕组结构参数

定子槽数　$Z = 96$　　　　电机极数　$2p = 8/4$

总线圈数　$Q = 96$　　　　绕组接法　△/2Y

线圈组数　$u = 12$　　　　每组圈数　$S = 8$

线圈节距　$y = 15$　　　　每槽电角　$\alpha = 15°/7.5°$

分布系数　$K_{d8} = 0.831$　　$K_{d4} = 0.956$

节距系数　$K_{p8} = 0.924$　　$K_{p4} = 0.831$

绕组系数　$K_{dp8} = 0.768$　　$K_{dp4} = 0.794$

出线根数　$c = 6$

(2) 绕组布接线特点及应用举例

本例是倍极比反向变极正规分布方案。8 极是一路△形，4 极为二路 Y 形接线。由于槽数较多，且所选线圈节距较大，故使嵌线吊边数达到 15 个，但此规格铁芯一般内腔都较大，故也不致嵌线困难。本例绕组是根据读者实修电动机提供的资料整理绘成。

(3) 绕组端面布接线

如图 3-4 所示。

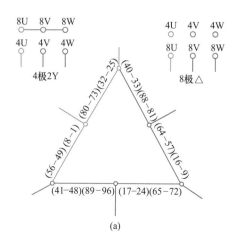

(a)

图 3-4

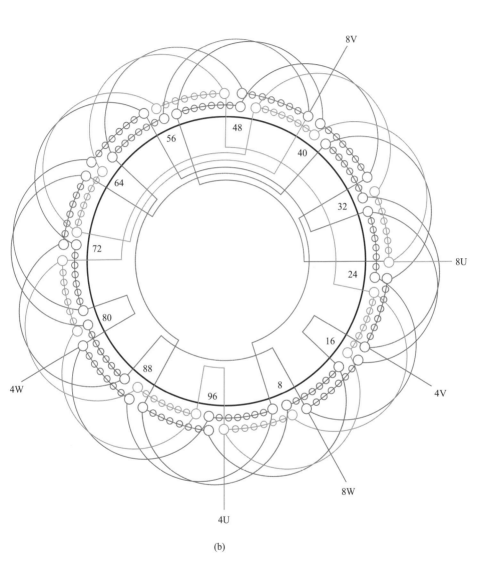

(b)

图 3-4　96 槽 8/4 极（$y=15$）△/2Y 接线双速电动机绕组双层叠式布线

3.1.5　90 槽 8/4 极（$y=11$）Y/2Y 接线双速
电动机绕组双层叠式布线

(1)　绕组结构参数

定子槽数　$Z=90$　　　　　　电机极数　$2p=8/4$

总线圈数　$Q=90$　　　　　　绕组接法　Y/2Y

线圈组数　$u=12$　　　　　　每组圈数　$S=8、7$

线圈节距　$y=11$　　　　　　每槽电角　$\alpha=16°/8°$

分布系数　$K_{d8}=0.956$　　　$K_{d4}=0.956$

节距系数　$K_{p8}=0.999$　　　$K_{p4}=0.695$

绕组系数　$K_{dp8}=0.955$　　 $K_{dp4}=0.664$

出线根数　$c=6$

(2)　绕组布接线特点及应用举例

本例是正规分布的倍极比变极方案，变极采用常规的 Y/2Y 接线。绕组的每组线圈数不等，每变极组由一个 8 圈组和一个 7 圈组串联而成，故每相有 2 组 8 圈组和 2 组 7 圈组构成。此绕组属分数线圈结构，嵌线时应注意大小联的相应位置而按图 3-5（b）嵌入，勿使错乱。此绕组资料取自网上，实际应用于塔吊的双绕组三速电动机的 8/4 极配套绕组。

(3)　绕组端面布接线

如图 3-5 所示。

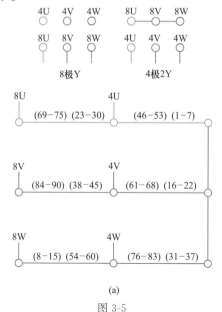

(a)

图 3-5

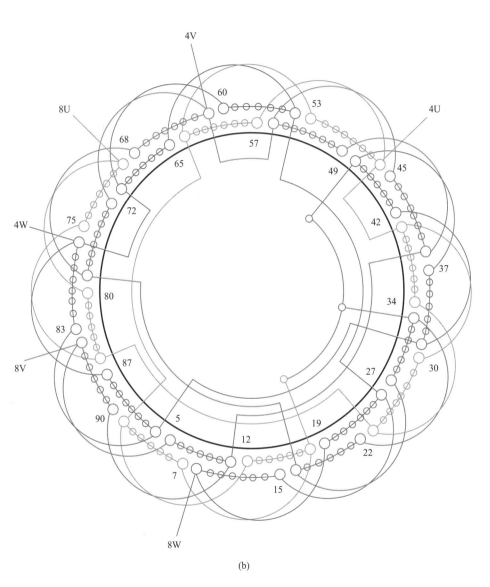

(b)

图 3-5　90 槽 8/4 极（$y=11$）Y/2Y 接线双速电动机绕组双层叠式布线

3.1.6 90槽12/10极（y＝8）Y＋3Y/3Y接线双速电动机（换相变极）绕组双层叠式布线

（1）绕组结构参数

定子槽数	$Z=90$	电机极数	$2p=12/10$
总线圈数	$Q=90$	绕组接法	Y＋3Y/3Y
线圈组数	$u=48$	每组圈数	$S=1、2、3$
线圈节距	$y=8$	每槽电角	$\alpha=24°/20°$
分布系数	$K_{d12}=0.874$	$K_{d10}=0.96$	
节距系数	$K_{p12}=0.995$	$K_{p10}=0.985$	
绕组系数	$K_{dp12}=0.869$	$K_{dp10}=0.945$	
出线根数	$c=6$		

（2）绕组布接线特点及应用举例

本例是换相变极反转向方案，两种极数的绕组系数都较高，但绕组接线极其复杂，而且线圈组数特多；每组线圈规格多，有单圈组、双圈组和三圈组三种。因此，嵌线时必须参考布接线图，依图嵌线，勿使弄错。此绕组取自傅丰礼等所著、机工出版社出版的《异步电动机设计手册》。此绕组的变极接线可使两种极数下的磁通分配比较合理，还使铁芯的利用比较充分，且谐波磁动势含量较低。故适用于中大型的双速电动机。

（3）绕组端面布接线

如图3-6所示。

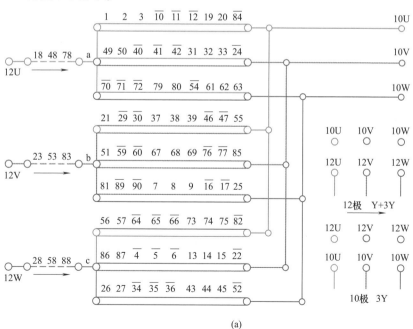

(a)

图 3-6

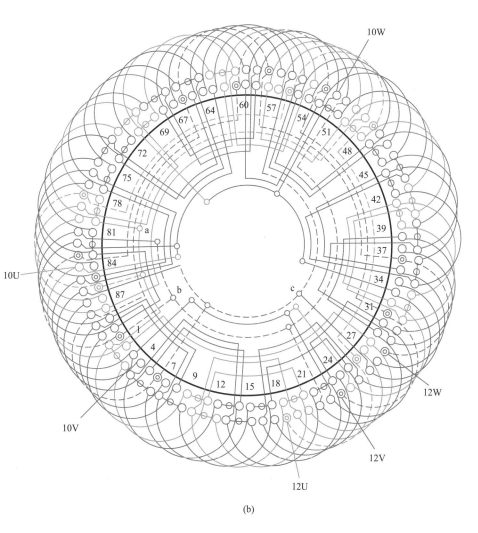

(b)

图 3-6　90 槽 12/10 极（$y=8$）Y+3Y/3Y 接线双速电动机

（换相变极）绕组双层叠式布线

3.2 72槽高转数（含4极）双速电动机绕组端面布接线图

本节高转数是指含有4极的双速电动机，主要包括6/4极和8/4极绕组，共计收入双速绕组11例，其中6/4极6例，8/4极5例。本节变极主要采用△/2Y接法，还有2例3Y/3Y接法较特殊，故作解述如下。

3Y/3Y接线双速绕组属换相法变极，引出线仍是6根。它是从3Y/4Y接法改进而来，还是Y+3Y/3Y的改进基础，即是此两种接法的过渡形式。3Y/3Y接法一般用于近极比变极，目前主要见用于6/4极双速，绕组由9个变极组构成如图3-10（a）所示。变极时全部变极组均需反向，除调整绕组（图中6U—4U、6V—4V、6W—4W）外，其余的（基本）绕组均要换相。但绕组各线圈匝数和线规相同。

虽然，改进后没有了3Y/4Y的自行闭路导致环流的缺陷，但两种极数下的磁通密度会不易匹配而可能出现某转速运行时磁密过高发热或欠压运行的弊病。所以实际应用不多。主要应用于塔吊双绕组24/6/4极三速中的6/4极双速，据说在纺织机械方面也有应用。

3.2.1 72槽6/4极（$y=12$）△/2Y接线双速电动机绕组双层叠式布线

(1) 绕组结构参数

定子槽数	$Z=72$	电机极数	$2p=6/4$
总线圈数	$Q=72$	绕组接法	△/2Y
线圈组数	$u=14$	每组圈数	$S=8$、4、2
线圈节距	$y=12$	每槽电角	$\alpha=15°/10°$
分布系数	$K_{d6}=0.894$	$K_{d4}=0.828$	
节距系数	$K_{p6}=1.0$	$K_{p4}=0.866$	
绕组系数	$K_{dp6}=0.894$	$K_{dp4}=0.717$	
出线根数	$c=6$		

(2) 绕组布接线特点及应用举例

本例是非倍极比不规则分布反转向变极绕组。采用3种线圈组，而且每相线圈组数不相等，故在嵌绕时要注意按图进行。△/2Y虽属变矩双速，但实际功率比$P_6/P_4=1.08$，接近于恒功输出，转矩比$T_6/T_4=1.439$。本绕组实用于YD250M-6/4。

(3) 绕组端面布接线

如图3-7所示。

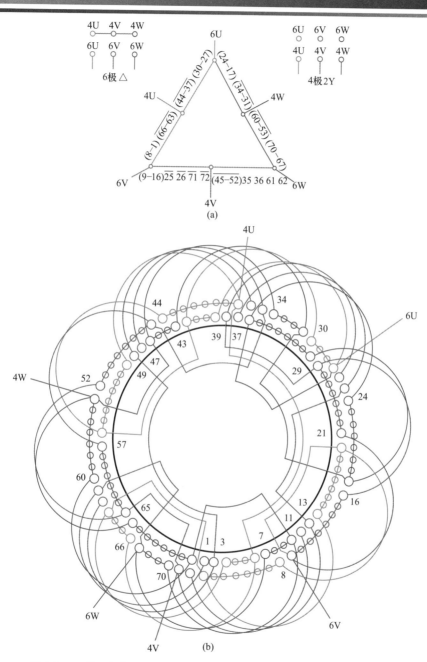

图 3-7　72 槽 6/4 极（$y=12$）△/2Y 接线双速电动机绕组双层叠式布线

3.2.2 72 槽 6/4 极（$y = 13$）△/2Y 接线双速电动机绕组双层叠式布线

(1) 绕组结构参数

定子槽数	$Z = 72$	电机极数	$2p = 6/4$
总线圈数	$Q = 72$	绕组接法	△/2Y
线圈组数	$u = 14$	每组圈数	$S = 8、4、2$
线圈节距	$y = 13$	每槽电角	$\alpha = 15°/10°$
分布系数	$K_{d6} = 0.894$	$K_{d4} = 0.828$	
节距系数	$K_{p6} = 0.966$	$K_{p4} = 0.906$	
绕组系数	$K_{dp6} = 0.864$	$K_{dp4} = 0.75$	
出线根数	$c = 6$		

(2) 绕组布接线特点及应用举例

本例为非倍极比不规则分布变极绕组。两种转速下的绕组系数较高且接近，适用于恒功率输出电动机，功率比 $P_6/P_4 = 0.998$，转矩比 $T_6/T_4 = 1.498$。双速绕组是反转向方案。应用实例有 JDO2-81-6/4 等。

(3) 绕组端面布接线

如图 3-8 所示。

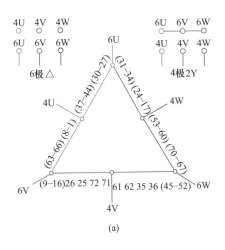

(a)

图 3-8

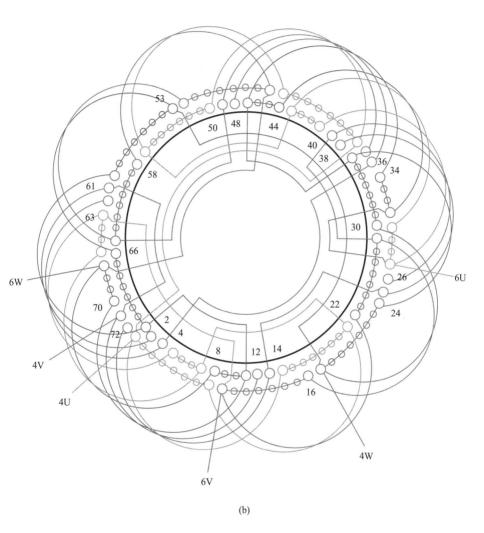

(b)

图 3-8　72 槽 6/4 极（$y=13$）△/2Y 接线双速电动机绕组双层叠式布线

3.2.3 72 槽 6/4 极（y＝14）△/2Y 接线双速电动机绕组双层叠式布线

（1）绕组结构参数

定子槽数	$Z=72$	电机极数	$2p=6/4$
总线圈数	$Q=72$	绕组接法	$△/2Y$
线圈组数	$u=14$	每组圈数	$S=8、4、2$
线圈节距	$y=14$	每槽电角	$α=15°/10°$
分布系数	$K_{d6}=0.895$	$K_{d4}=0.828$	
节距系数	$K_{p6}=0.93$	$K_{p4}=0.94$	
绕组系数	$K_{dp6}=0.832$	$K_{dp4}=0.778$	
出线根数	$c=6$		

（2）绕组布接线特点及应用举例

本例 6/4 极双速采用不规则分布排列。两种转速下的绕组系数接近。此绕组是反转向方案；输出特性为变矩特性，实际转矩比为 $T_6/T_4=1.39$，功率比 $P_6/P_4=0.926$，也接近于恒功率输出。应用实例有 YD225S-6/4。

（3）绕组端面布接线

如图 3-9 所示。

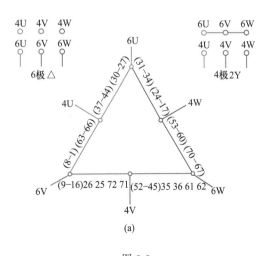

(a)

图 3-9

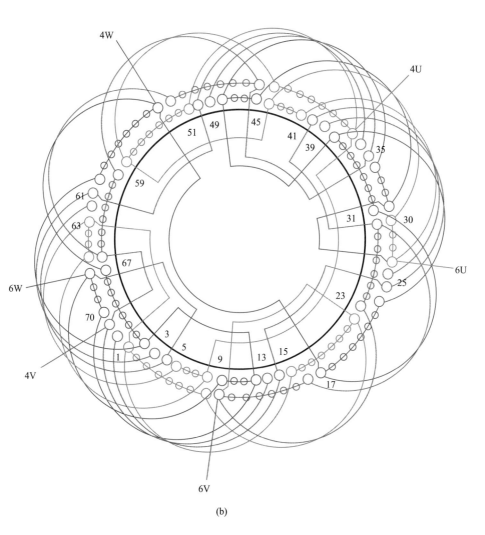

(b)

图 3-9 72 槽 6/4 极（y=14）△/2Y 接线双速电动机绕组双层叠式布线

3.2.4 72槽6/4极（y=12）3Y/3Y接线双速电动机（换相变极）绕组双层叠式布线

(1) 绕组结构参数

定子槽数 $Z=72$ 电机极数 $2p=6/4$
总线圈数 $Q=72$ 绕组接法 3Y/3Y
线圈组数 $u=18$ 每组圈数 $S=6、4、2$
线圈节距 $y=12$ 每槽电角 $\alpha=15°/10°$
分布系数 $K_{d6}=0.829$ $K_{d4}=0.956$
节距系数 $K_{p6}=1.0$ $K_{p4}=0.866$
绕组系数 $K_{dp6}=0.829$ $K_{dp4}=0.828$
出线根数 $c=6$

(2) 绕组布接线特点及应用举例

本绕组采用换相法变极，6极和4极都是3Y接法，它是在3Y/4Y变极的基础上改进而来，详见本节前述说明。此绕组与24极单链配套构成4/6/24极三速电动机，用于塔吊。主要应用实例有YQTD200L-4/6/24等。

(3) 绕组端面布接线

如图3-10所示。

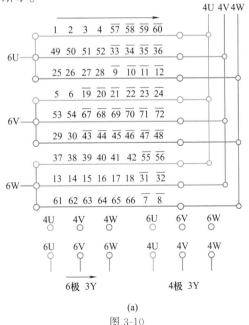

(a)

图3-10

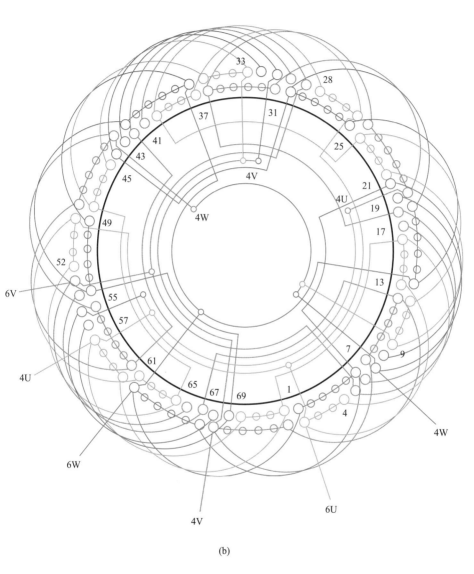

(b)

图 3-10 72 槽 6/4 极（$y=12$）3Y/3Y 接线双速电动机
（换相变极）绕组双层叠式布线

3.2.5 72槽6/4极（$y=13$）△/2Y接线双速电动机绕组单层叠式布线

(1) 绕组结构参数

定子槽数	$Z=72$	电机极数	$2p=6/4$
总线圈数	$Q=72$	绕组接法	△/2Y
线圈组数	$u=15$	每组圈数	$S=4、2、1$
线圈节距	$y=13$	每槽电角	$\alpha=15°/10°$
分布系数	$K_{d6}=0.872$	$K_{d4}=0.753$	
节距系数	$K_{p6}=0.991$	$K_{p4}=0.906$	
绕组系数	$K_{dp6}=0.864$	$K_{dp4}=0.682$	
出线根数	$c=6$		

(2) 绕组布接线特点及应用举例

本例是非倍极比不规则分布的变极绕组，故其绕组的分布系数不致相差过大。因本绕组采用单叠型式，故全部线圈节距相同，但其线圈组规格较多，有四联组、双联组和单圈组，所以，嵌线时要依图嵌入，以免返工。

此双速绕组适用于高、低速时需要功率较接近的工作场合使用。

(3) 绕组端面布接线

如图 3-11 所示。

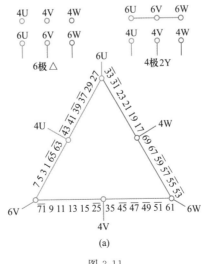

(a)

图 3-11

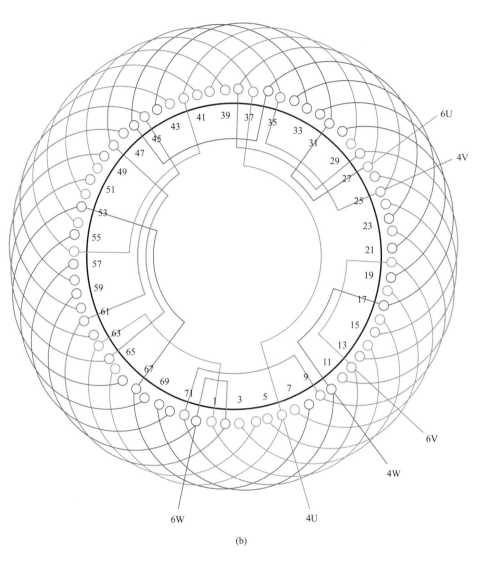

(b)

图 3-11　72 槽 6/4 极（$y=13$）△/2Y 接线双速电动机绕组单层叠式布线

3.2.6　72 槽 6/4 极 3Y/3Y 接线双速电动机（换相变极）绕组单层同心交叉式

(1)　绕组结构参数

定子槽数　$Z=72$　　　　　　电机极数　$2p=6/4$

总线圈数　$Q=36$　　　　　　绕组接法　3Y/3Y

线圈组数　$u=18$　　　　　　每组圈数　$S=3、2、1$

线圈节距　$y=15、11、7，13、9$　每槽电角　$\alpha=15°/10°$

分布系数　$K_{d6}=0.829$　　　　$K_{d4}=0.786$

节距系数　$K_{p6}=0.991$　　　　$K_{p4}=0.819$

绕组系数　$K_{dp6}=0.822$　　　　$K_{dp4}=0.644$

出线根数　$c=6$

(2)　绕组布接线特点及应用举例

本例是采用换相法变极，6 极和 4 极均是 3Y 接法，详见前述说明。

本绕组布线采用同心交叉式，不但线圈组规格多，有单圈、双圈和三圈，而且线圈规格竟有五种之多，故其工艺性较差。所以绕制线圈组和嵌线要特别注意，勿使弄错。

(3)　绕组端面布接线

如图 3-12 所示。

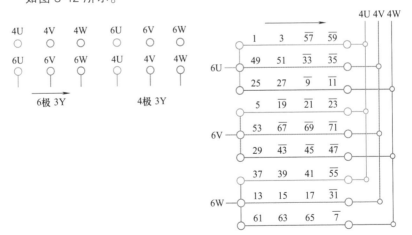

(a)

图 3-12

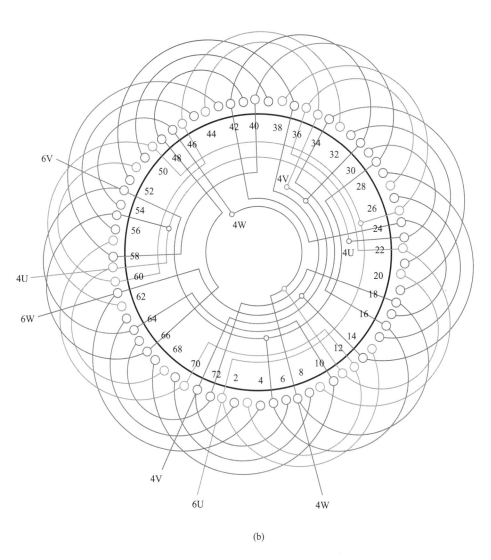

(b)

图 3-12　72 槽 6/4 极 3Y/3Y 接线双速电动机（换相变极）绕组单层同心交叉式布线

3.2.7 72槽8/4极（$y=9$）△/2Y接线双速
电动机绕组双层叠式布线

（1）绕组结构参数

定子槽数　$Z=72$　　　　电机极数　$2p=8/4$

总线圈数　$Q=72$　　　　绕组接法　△/2Y

线圈组数　$u=12$　　　　每组圈数　$S=6$

线圈节距　$y=9$　　　　每槽电角　$\alpha=20°/10°$

分布系数　$K_{d8}=0.831$　　$K_{d4}=0.956$

节距系数　$K_{p8}=1.0$　　　$K_{p4}=0.707$

绕组系数　$K_{dp8}=0.831$　　$K_{dp4}=0.676$

出线根数　$c=6$

（2）绕组布接线特点及应用举例

本例为正规分布反转向变极方案。以4极为基准，反向排出庶8极。绕组属可变转矩特性，转矩比$T_8/T_4=2.13$，功率比$P_8/P_4=1.06$。主要应用有JDO2-91-8/4。

（3）绕组端面布接线

如图3-13所示。

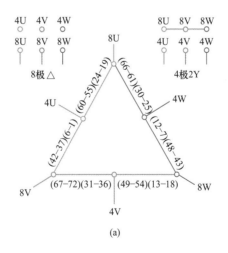

(a)

图3-13

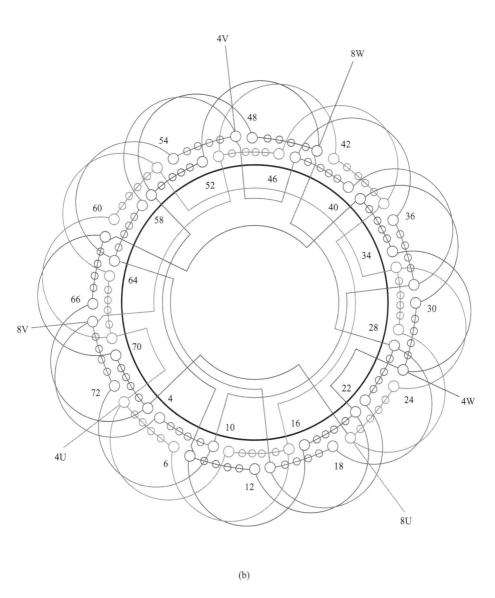

(b)

图 3-13   72 槽 8/4 极（$y=9$）△/2Y 接线双速电动机绕组双层叠式布线

3.2.8 72槽8/4极（$y=9$）Y/2Y接线双速 电动机绕组双层叠式布线

(1) 绕组结构参数

定子槽数	$Z=72$	电机极数	$2p=8/4$
总线圈数	$Q=72$	绕组接法	Y/2Y
线圈组数	$u=12$	每组圈数	$S=6$
线圈节距	$y=9$	每槽电角	$\alpha=20°/10°$
分布系数	$K_{d8}=0.831$	$K_{d4}=0.956$	
节距系数	$K_{p8}=1.0$	$K_{p4}=0.707$	
绕组系数	$K_{dp8}=0.831$	$K_{dp4}=0.676$	
出线根数	$c=6$		

(2) 绕组布接线特点及应用实例

本例采用正规分布反向变极方案。4极为60°相带绕组，8极则是用反向法获得的庶极绕组，即120°相带绕组。两种极数下的转向相反。绕组结构比较规整，即每组由6只线圈串联而成，每两组构成一个变极组，每相有4组线圈。变极采用Y/2Y接法，即8极时4U、4V。4W留空不接线，电源从8U、8V、8W进入。此绕组属可变转矩输出特性。主要应用实例有JO-93四速电动机中的8/4极绕组。

(3) 绕组端面布接线

如图3-14所示。

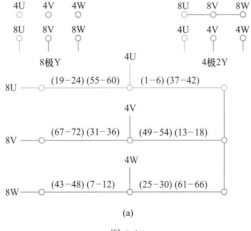

(a)

图 3-14

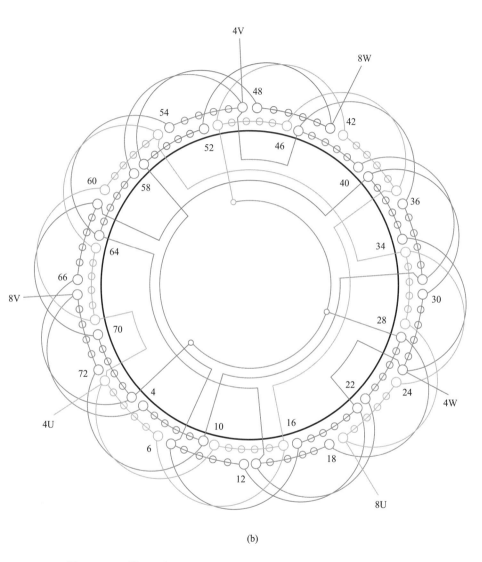

(b)

图 3-14　72 槽 8/4 极（$y=9$）Y/2Y 接线双速电动机双层叠式布线

3.2.9　72槽8/4极（y＝10）△/2Y接线 双速电动机绕组双层叠式布线

(1) 绕组结构参数

定子槽数　$Z=72$　　　　电机极数　$2p=8/4$

总线圈数　$Q=72$　　　　绕组接法　$\triangle/2Y$

线圈组数　$u=12$　　　　每组圈数　$S=6$

线圈节距　$y=10$　　　　每槽电角　$\alpha=20°/10°$

分布系数　$K_{d8}=0.831$　　$K_{d4}=0.956$

节距系数　$K_{p8}=0.985$　　$K_{p4}=0.766$

绕组系数　$K_{dp8}=0.819$　　$K_{dp4}=0.732$

出线根数　$c=6$

(2) 绕组布接线特点及应用举例

本例绕组特点基本同例3.2.7，但节距增宽一槽，两种极数下的绕组系数较为接近。双速输出转矩比 $T_8/T_4=1.938$，功率比 $P_8/P_4=0.969$。主要实例有 JDO3-225S 三速电动机中的 8/4 极及 JDO3-250S 四速电动机中的 8/4 极绕组。

(3) 绕组端面布接线

如图 3-15 所示。

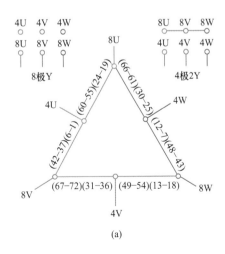

(a)

图 3-15

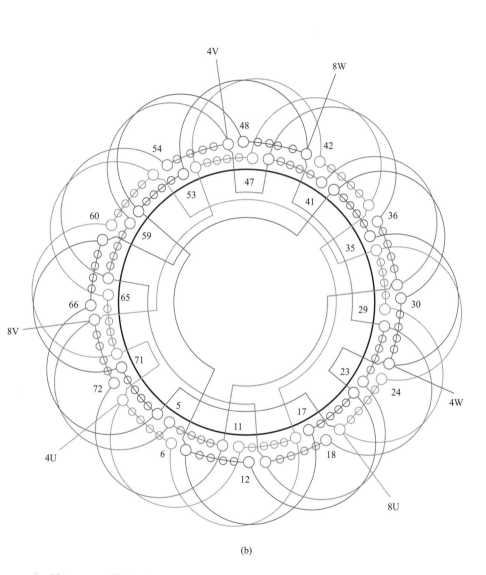

(b)

图 3-15　72 槽 8/4 极（$y=10$）△/2Y 接线双速电动机绕组双层叠式布线

3.2.10 72槽8/4极（$y=11$）△/2Y接线
双速电动机绕组双层叠式布线

(1) 绕组结构参数

定子槽数 $Z=72$	电机极数 $2p=8/4$
总线圈数 $Q=72$	绕组接法 △/2Y
线圈组数 $u=12$	每组圈数 $S=6$
线圈节距 $y=11$	每槽电角 $\alpha=20°/10°$
分布系数 $K_{d8}=0.831$	$K_{d4}=0.956$
节距系数 $K_{p8}=0.94$	$K_{p4}=0.819$
绕组系数 $K_{dp8}=0.781$	$K_{dp4}=0.783$
出线根数 $c=6$	

(2) 绕组布接线特点及应用举例

本例采用正规分布反向变极方案，4极为60°相带；8极是庶极绕组。两种极数下的转向相反。绕组结构比较规整，每组由6只线圈串成，每两组构成一变极组，即每相有4组线圈。双速绕组用△/2Y接线，属可变转矩特性，但选用节距 $y=11$，使两种极数的绕组系数几乎相等，故实际近于等功输出特性。本绕组用于YD280M-8/6/4之8/4极双速。

(3) 绕组端面布接线

如图3-16所示。

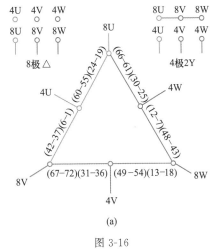

(a)

图3-16

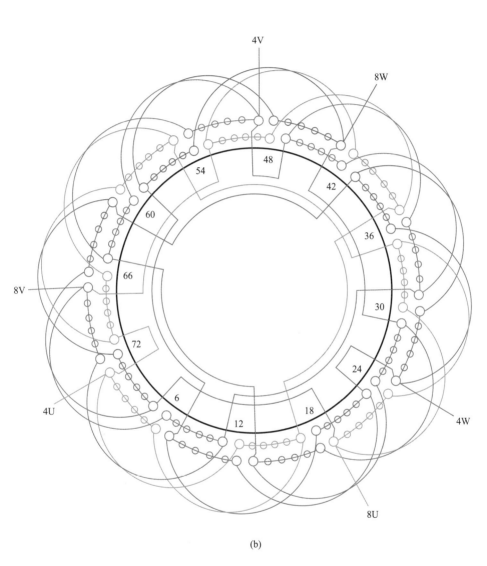

(b)

图 3-16　72 槽 8/4 极（y＝11）△/2Y 接线双速电动机绕组双层叠式布线

3.2.11 72 槽 8/4 极（S＝3）△/2Y 接线双速电动机绕组单层同心式布线

(1) 绕组结构参数

定子槽数 $Z=72$ 电机极数 $2p=8/4$

总线圈数 $Q=36$ 绕组接法 △/2Y

线圈组数 $u=12$ 每组圈数 $S=3$

线圈节距 $y=13$、9、5 每槽电角 $\alpha=20°/10°$

分布系数 $K_{d8}=0.844$ $K_{d4}=0.679$

节距系数 $K_{p8}=1.0$ $K_{p4}=0.707$

绕组系数 $K_{dp8}=0.844$ $K_{dp4}=0.48$

出线根数 $c=6$

(2) 绕组布接线特点及应用举例

本例是倍极比正规分布双速绕组,以 4 极为基准,反向法获得 8 极。绕组由隔槽三联同心线圈组构成,每相有 4 组线圈,每两组安排在两个变极组中,其中一个变极组在变极时需要反向;另组则无需反向。绕组接线是逐相进行,通常是从 8 极进入后,隔组顺向串联,抽出 4 极引出线后再顺接串联其余两组,完成一相接线。最后把三相接成△形。

此绕组高速绕组系数过低,宜用于低速正常运行、高速轻载运行的场合。

(3) 绕组端面布接线

如图 3-17 所示。

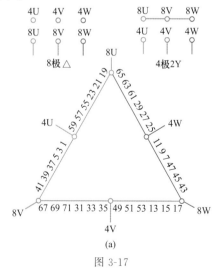

图 3-17

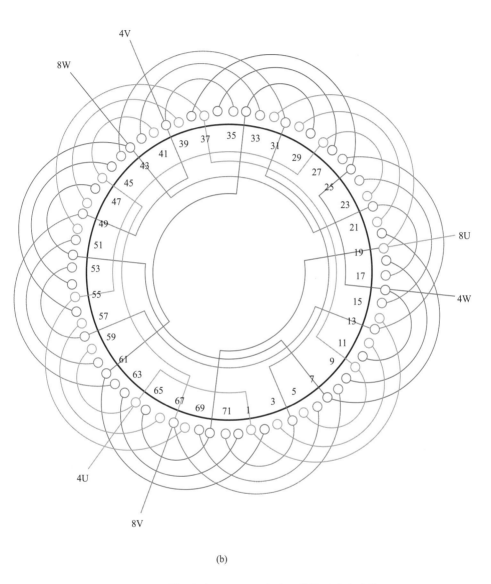

(b)

图 3-17　72 槽 8/4 极（S＝3）△/2Y 接线双速电动机
绕组单层同心式布线

3.3 72槽低转数（含6极及以上）双速 电动机绕组端面布接线图

本节是72槽中含6极及以上极数的双速绕组，主要规格是12/6极，计有绕组6例，其余还有8/6、10/8、14/8及16/6等双速，共计绕组11例。而双速接线除常规的△/2Y外，本节绕组应用的接法还有3△/6Y、3Y/6Y、2Y+3Y/3Y、△/△和△/2△等不常见的接法。因其特殊，故对其接法和特点介绍如下。

① 3△/6Y与3Y/6Y接法双速绕组　采用这种接线有如图3-23和图3-25所示，属反向变极接法。通常以少极数（高速）的6△或6Y为基准，反向法变多极数的低速绕组。其实，这两种接法并不特殊，它是在常规△/2Y及Y/2Y接法为基础，扩展为三倍率的接线，故在倍极比3Y/6Y变极时仍属恒转矩特性；而3△/6Y则是可变转矩特性。

② 2Y+3Y/3Y接法双速绕组　它是在Y+3Y/3Y接法（见上节前述）的基础上，将附加绕组Y改成2Y而成。其中3Y/3Y仍是基本接法，它的每相由3个变极组（支路）并联而成，变极时需要反向或换相；2Y部分是附加绕组，多极数时与3Y串联构成2Y+3Y绕组。这种接法常用于近极比双速，如图3-19的8/6极双速。此双速以少极数为基准并按恒矩变速设计，8极时出力约为6极的3/4，为使两种极数下的气隙磁密趋于合理，故增加2Y部分与之串联。

这种换相变极接法具有较高的绕组系数和较低的谐波分量而获得较好的运行性能。全绕组引出线仅6根，变速控制也较方便，总体性能也优于3Y/3Y接法。它适用于近极比变极，目前仅用于6/4、8/6、12/10极等，对于极数为3的倍数的双速绕组可选用此种绕组接法。

通常，此变极绕组以少极数为基准设计，3Y和2Y绕组的线圈可用相同线径，也可使2Y线圈用略粗的导线；但2Y的串联绕组线圈匝数一般都较少，约少1/3。即

$$W_{2Y} = 2/3 W_{3Y}$$

式中　W_{2Y}——附加（串联）绕组的线圈匝数，匝；

　　　W_{3Y}——基本绕组每线圈的匝数，匝。

③ △/△接法双速绕组　这种接法如图3-26所示，属换相变极的新接线型式，它较之以往的双速绕组，具有如下特点：

a. 构成△/△接法的条件必须是两种极对数都不是3的倍数；

b. 两种极数均为一路接线，在以往双速电动机中较为罕用；

c. 以往双速电动机的每相绕组均能形成对称的磁场，但这种接法的每相绕组磁场是不对称的，它要由三相绕组来获得定子磁场的对称平衡；

d. 绕组高速时一路△形为基本接法，变极后原来的△形部分仍是一路角形；但低速时需接入 Y 形绕组，构成△形接法；

e. 绕组变极时，全部线圈都不反向，但 U1、V1、W1 需换相，故是基本绕组；U2、V2、W2 为调整绕组；U$_Y$、V$_Y$、W$_Y$ 是附加绕组；

f. 在绕组的三角形部分，每边有 "1"、"2" 两个变极组串联而成，但此绕组中的抽头点 a、b、c 不在中间，即如 U1 有 9 只线圈而 U2 是 11 只线圈，不过两部分的线圈常设计成相同规格；

j. 此绕组两种极数接成一路，虽然设计用于近极比，但低速时的磁密仍显过高，为此，附加绕组予以调节，故其线圈匝数（匝）应少于基本绕组。即

$$W_f = \frac{W}{\sqrt{3}}$$

附加绕组导线截面积 S_f（mm^2）：

$$S_f = \sqrt{3}\,S$$

式中　W_f，S_f——附加绕组线圈匝数和导线截面积，mm^2；

　　　　W，S——基本绕组线圈匝数和导线截面积。

此外，本接法引出线 6 根，因无需连接星点，变速控制比△/2Y 还简便；而且，合理选用节距，还可获得较高且接近的绕组系数，因此，较△/2Y 有较好的启动性能。但绕组的线圈组规格多，故嵌线时要按图嵌入，勿使弄错。

此绕组见于火电厂引风机的双速驱动。

④ △/2△接法双速绕组　这种接法虽然只从△/△的 1△改成 2△，但接线的基本形态有着明显差异。其绕组结构特点如下：

a. △/2△的简化接线如图 3-27（a）明显与△/△不同；而前者是换相变极，本接法则属反向法变极；

b. 本绕组的基本形态是内角星形（△），在变极中，内角部分的线圈需要反向，而星形部分则不反向；

c. 这种接法适用于远极比双速绕组。全部线圈采用相同匝数和线径，故使低速时 Y 形部分的电流密度高于三角形，不过低速的功率远低于高速挡，其线电流要比高速时小，所以其电密值不致过高；

d. 电动机从低速转换到高速时无需切断电源，不但提高了切换挡位的可靠性，也避免了断电切换时的电流冲击，使电动机调速平稳；

e. 绕组采用双叠式布线，并选用相同参数的线圈，从而有较好的工艺性。

3.3.1　72 槽 8/6 极（$y=9$）△/2Y 接线双速电动机绕组双层叠式布线

(1) 绕组结构参数

定子槽数　$Z = 72$　　　　电机极数　$2p = 8/6$
总线圈数　$Q = 72$　　　　绕组接法　$\triangle/2Y$
线圈组数　$u = 28$　　　　每组圈数　$S = 3$、2、1
线圈节距　$y = 9$　　　　每槽电角　$\alpha = 20°/15°$
分布系数　$K_{d8} = 0.96$　　　$K_{d6} = 0.639$
节距系数　$K_{p8} = 1.0$　　　$K_{p6} = 0.924$
绕组系数　$K_{dp8} = 0.96$　　　$K_{dp6} = 0.59$
出线根数　$c = 6$

（2）绕组布接线特点及应用举例

本例是反向法变极，以 8 极 60°相带绕组为基准，反向法得 6 极。此绕组属非倍极比变极，绕组由单圈组、双圈组和三圈组构成，其线圈组数不但多，而且三相构成也不相同，其中 U 相（8 组）全是三圈组；而 V 相和 W 相则由三种线圈组构成，因此整个结构不甚规整，但三相变极能对称平衡。绕组接线比较烦琐；而且 6 极时绕组系数低，故高速时出力有限。本绕组适合于低速时要求功率较高的使用场合。此绕组是同转向设计，主要应用实例有 JDO3-81-8/6。

（3）绕组端面布接线

如图 3-18 所示。

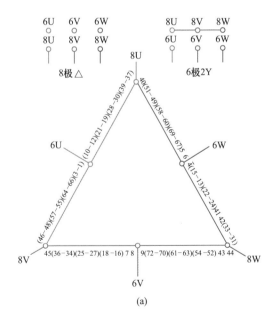

图 3-18

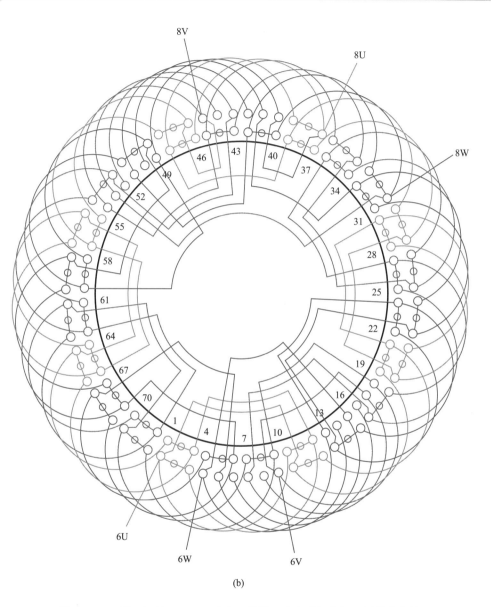

(b)

图 3-18 72 槽 8/6 极 （$y=9$） △/2Y 接线双速电动机绕组双层叠式布线

3.3.2 72槽8/6极（$y=10$）2Y＋3Y/3Y接线双速电动机（换相变极）绕组双层叠式布线

(1) 绕组结构参数

定子槽数	$Z=72$	电机极数	$2p=8/6$
总线圈数	$Q=72$	绕组接法	2Y＋3Y/3Y
线圈组数	$u=42$	每组圈数	$S=3、2、1$
线圈节距	$y=10$	每槽电角	$\alpha=20°/15°$
分布系数	$K_{d8}=0.869$	$K_{d6}=0.977$	
节距系数	$K_{p8}=0.984$	$K_{p6}=0.966$	
绕组系数	$K_{dp8}=0.863$	$K_{dp6}=0.927$	
出线根数	$c=6$		

(2) 绕组布接线特点及应用举例

本例是换相变极方案，绕组结构特点详见本节前述说明。此绕组适用于双速功率接近恒定的中型电动机。

(3) 绕组端面布接线

如图 3-19 所示。

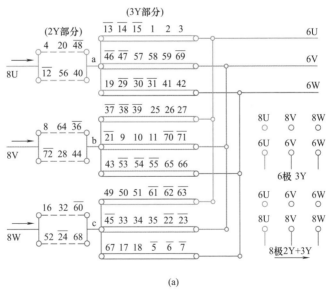

(a)

图 3-19

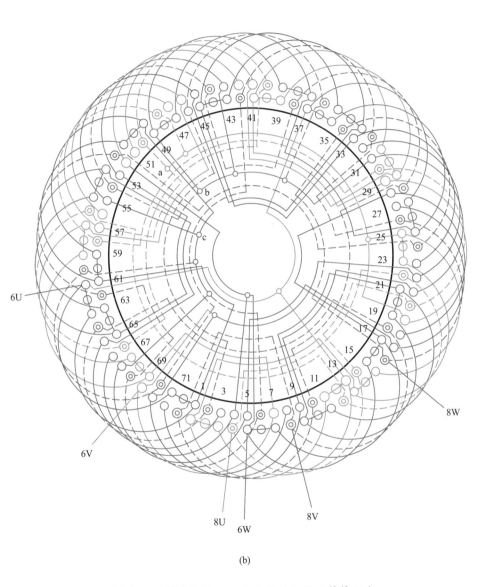

(b)

图 3-19　72 槽 8/6 极（$y=10$）2Y+3Y/3Y 接线双速
电动机（换相变极）绕组双层叠式布线

3.3.3　72 槽 12/6 极（*y*＝6）△/2Y 接线双速电动机绕组双层叠式布线

（1）绕组结构参数

定子槽数　$Z=72$　　　　电机极数　$2p=12/6$

总线圈数　$Q=72$　　　　绕组接法　$\triangle/2Y$

线圈组数　$u=18$　　　　每组圈数　$S=4$

线圈节距　$y=6$　　　　每槽电角　$\alpha=30°/15°$

分布系数　$K_{d12}=0.836$　　$K_{d6}=0.958$

节距系数　$K_{p12}=1.0$　　　$K_{p6}=0.707$

绕组系数　$K_{dp12}=0.836$　　$K_{dp6}=0.677$

出线根数　$c=6$

（2）绕组布接线特点及应用举例

本例是倍极比正规分布双速绕组。6 极是 60° 相带，12 极是 120° 相带，属于反转向变极方案。输出为可变转矩特性，转矩比 $T_{12}/T_6=2.14$，功率比 $P_{12}/P_6=1.069$。主要实例有 JDO2-91-12/6 等。

（3）绕组端面布接线

如图 3-20 所示。

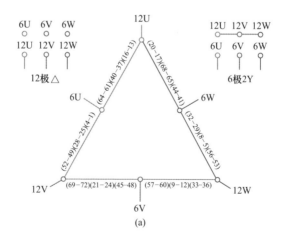

图 3-20

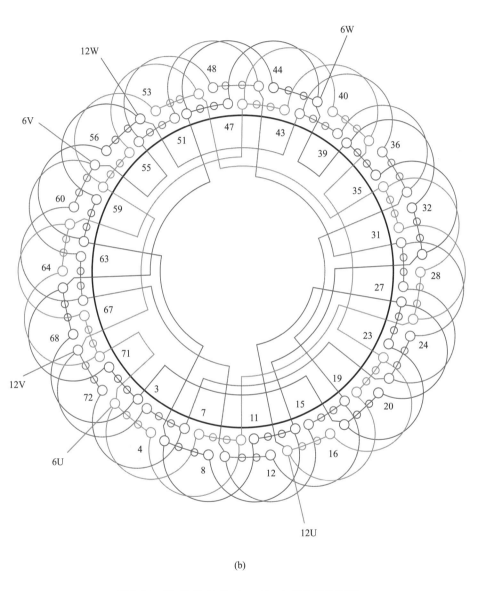

(b)

图 3-20　72 槽 12/6 极（$y=6$）△/2Y 接线双速
电动机绕组双层叠式布线

3.3.4　72 槽 12/6 极（y＝8）Y/2Y 接线双速
电动机绕组双层叠式布线

(1) 绕组结构参数

定子槽数　$Z=72$　　　　　电机极数　$2p=12/6$

总线圈数　$Q=72$　　　　　绕组接法　Y/2Y

线圈组数　$u=18$　　　　　每组圈数　$S=4$

线圈节距　$y=8$　　　　　每槽电角　$\alpha=30°/15°$

分布系数　$K_{d12}=0.836$　　$K_{d6}=0.958$

节距系数　$K_{p12}=0.866$　　$K_{p6}=0.866$

绕组系数　$K_{dp12}=0.724$　　$K_{dp6}=0.830$

出线根数　$c=6$

(2) 绕组布接线特点及应用举例

本绕组采用正规分布的倍极比变极方案，以 6 极为基准排出 60°相带绕组，反向法得 12 极 120°相带绕组。绕组由 4 圈联构成，每变极组有 3 组线圈，12 极接成一路 Y 形，中间抽头；6 极为 2Y 接法。绕组采用等圈组，嵌绕接线都较简便。此绕组在系列电动机中无实例，但见用于非标的双速电动机。

(3) 绕组端面布接线

如图 3-21 所示。

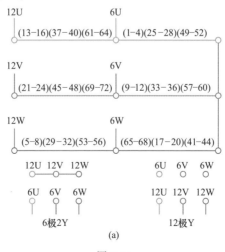

(a)

图 3-21

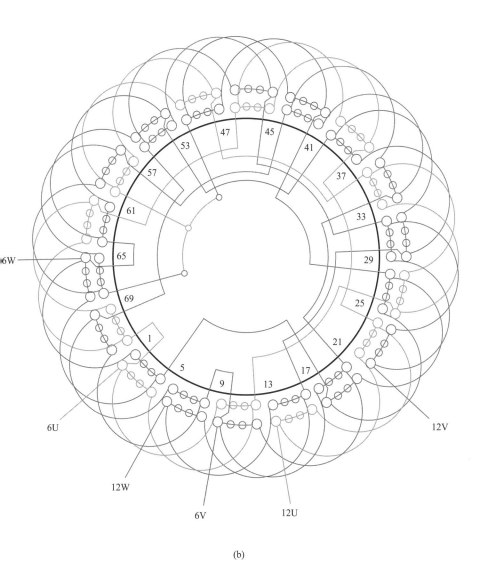

(b)

图 3-21　72 槽 12/6 极（$y=8$）Y/2Y 接线双速
电动机绕组双层叠式布线

3.3.5　72 槽 12/6 极（$y_p=8$、$S=4$）Y/2Y 接线双速电动机绕组双层同心式布线

（1）绕组结构参数

定子槽数　$Z=72$　　　　电机极数　$2p=12/6$

总线圈数　$Q=72$　　　　绕组接法　Y/2Y

线圈组数　$u=18$　　　　每组圈数　$S=4$

等效节距　$y_p=8$　　　　每槽电角　$\alpha=30°/15°$

分布系数　$K_{d12}=0.836$　　$K_{d6}=0.958$

节距系数　$K_{p12}=0.866$　　$K_{p6}=0.866$

绕组系数　$K_{dp12}=0.724$　　$K_{dp6}=0.83$

出线根数　$c=6$

（2）绕组布接线特点及应用举例

本例绕组由上例演变而成双层同心式，每组由 4 只同心线圈组成。以 6 极为基准极，每相 6 组线圈分别隔组串联成两个变极组。12 极采用一路 Y 形；6 极改接成 2Y。

此绕组嵌线采用交叠法，方法与双叠相近。但每组宜从小线圈开始，吊边数为 8。双层同心式绕组也与双叠一样，可根据需要选用短节距，以削弱高次谐波，提高电动机的电气性能。但由于线圈节距不等会增加嵌线难度，而端部交叠减少又便于端部整形，故各有利弊。此绕组取自友人实修的国产非标系列产品。

（3）绕组端面布接线

如图 3-22 所示。

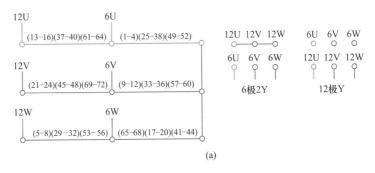

(a)

图 3-22

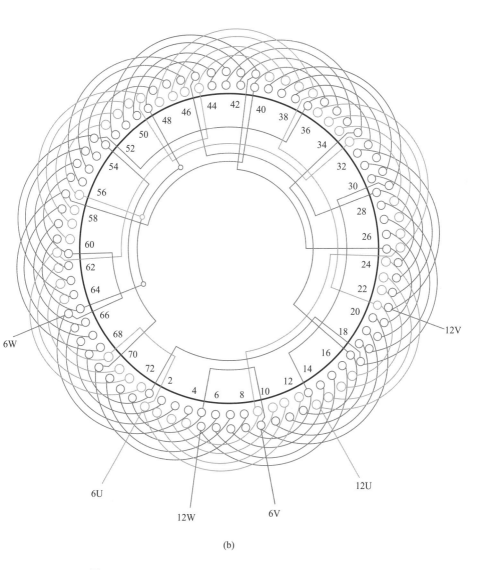

(b)

图 3-22　72 槽 12/6 极（$y_p = 8$、$S = 4$）Y/2Y 接线双速
电动机绕组双层同心式布线

3.3.6　72 槽 12/6 极（$y=6$）3△/6Y 接线双速
电动机绕组双层叠式布线

(1) 绕组结构参数

定子槽数　$Z=72$　　　　　电机极数　$2p=12/6$

总线圈数　$Q=72$　　　　　绕组接法　3△/6Y

线圈组数　$u=18$　　　　　每组圈数　$S=4$

线圈节距　$y=6$　　　　　每槽电角　$\alpha=30°/15°$

分布系数　$K_{d12}=0.836$　　$K_{d6}=0.958$

节距系数　$K_{p12}=1.0$　　　$K_{p6}=0.707$

绕组系数　$K_{dp12}=0.836$　$K_{dp6}=0.677$

出线根数　$c=6$

(2) 绕组布接线特点及应用举例

本例为倍极比正规分布绕组。以 6 极为基准，反向排出 12 极。绕组属可变转矩特性，功率比 $P_{12}/P_6=1.069$，转矩比 $T_{12}/T_6=2.14$。应用有 JDO3-225S-12/6 等。

(3) 绕组端面布接线

如图 3-23 所示。

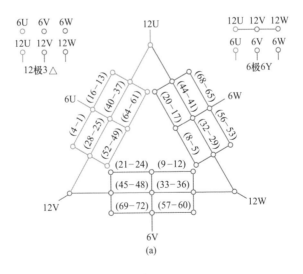

(a)

图 3-23

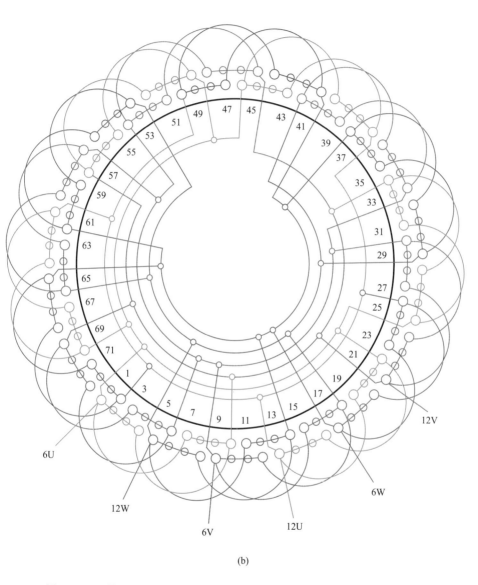

(b)

图 3-23　72 槽 12/6 极（$y=6$）3△/6Y 接线双速电动机绕组双层叠式布线

3.3.7　72 槽 12/6 极 ($S＝2$) △/2Y 接线双速 电动机绕组单层同心式布线

(1) 绕组结构参数

定子槽数　$Z＝72$　　　　电机极数　$2p＝12/6$

总线圈数　$Q＝36$　　　　绕组接法　△/2Y

线圈组数　$u＝18$　　　　每组圈数　$S＝2$

线圈节距　$y＝5.9$　　　　每槽电角　$\alpha＝30°/15°$

分布系数　$K_{d12}＝0.866$　　$K_{d6}＝0.767$

节距系数　$K_{p12}＝0.966$　　$K_{p6}＝0.793$

绕组系数　$K_{dp12}＝0.837$　　$K_{dp6}＝0.608$

出线根数　$c＝6$

(2) 绕组布接线特点及应用举例

本例是倍极比正规分布双速绕组。绕组采用单层同心式布线，每相共有 6 组隔槽同心线圈组，并在定子上对称安排，接线是逐相进行，即 12 极引线起接，隔组顺向串联，接完 3 组后抽出 6 极引线，并同向串入相邻线圈组，再隔组串联余下线圈组，则一相完成，由此可见，同相所有线圈组的极性相同。将其余两相接好后便可把三相绕组接成△形。

此绕组嵌线可采用分相整嵌，其工艺性较好。但 6 极时的绕组系数较低，使高速时的出力受到一定的限制。

(3) 绕组端面布接线

如图 3-24 所示。

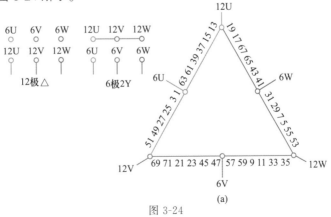

图 3-24

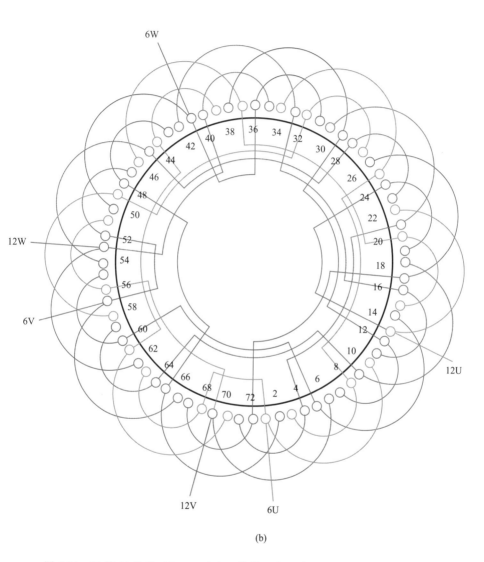

(b)

图 3-24　72 槽 12/6 极 （S＝2）△/2Y 接线双速电动机绕组单层同心式布线

3.3.8　72槽12/6极（S=2）3Y/6Y接线双速电动机绕组单层同心式布线

（1）绕组结构参数

定子槽数	$Z = 72$	电机极数	$2p = 12/6$
总线圈数	$Q = 36$	绕组接法	3Y/6Y
线圈组数	$u = 18$	每组圈数	$S = 2$
线圈节距	$y = 9、5$	每槽电角	$\alpha = 30°/15°$
分布系数	$K_{d12} = 0.866$	$K_{d6} = 0.767$	
节距系数	$K_{p12} = 0.966$	$K_{p6} = 0.793$	
绕组系数	$K_{dp12} = 0.837$	$K_{dp6} = 0.608$	
出线根数	$c = 6$		

（2）绕组布接线特点及应用举例

本例是倍极比正规分布变极绕组，以6极为基准排出双速。绕组采用单层同心式布线，即采用隔槽同心双联线圈组，每相6组线圈对称安排在定子，并根据变极时是否反向而接成3路的2个变极组，如图3-25（a）所示。

本绕组嵌线可用交叠法或整嵌法。交叠嵌线是隔槽嵌入2槽后退空1槽再隔槽嵌2槽……。整嵌法则无用吊边，分相整嵌，但端部呈三平面结构。

（3）绕组端面布接线

如图3-25所示。

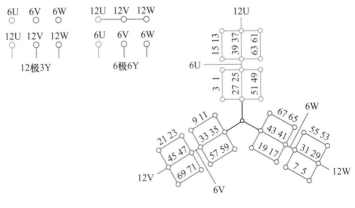

(a)

图 3-25

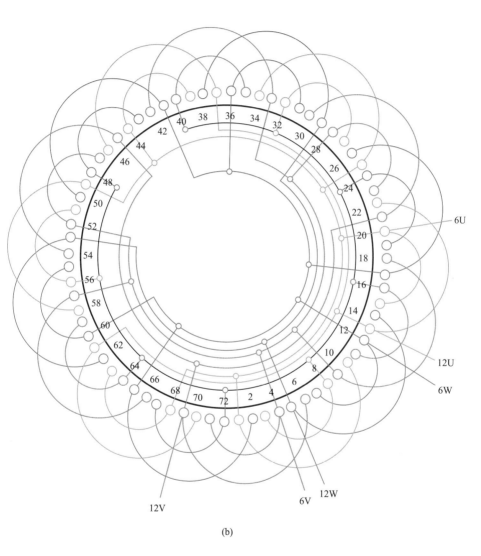

(b)

图 3-25　72 槽 12/6 极（S＝2）3Y/6Y 接线双速
电动机绕组单层同心式布线

3.3.9　72槽10/8极（$y=8$）△/△接线双速电动机（换相变极）绕组双层叠式布线

（1）绕组结构参数

定子槽数　$Z=72$　　　　电机极数　$2p=10/8$

总线圈数　$Q=72$　　　　绕组接法　△/△

线圈组数　$u=30$　　　　每组圈数　$S=1、2、3、4$

线圈节距　$y=8$　　　　每槽电角　$\alpha=25°/20°$

分布系数　$K_{d10}=0.889$　　$K_{d8}=0.86$

节距系数　$K_{p10}=0.984$　　$K_{p8}=0.985$

绕组系数　$K_{dp10}=0.875$　　$K_{dp8}=0.847$

出线根数　$c=6$

（2）绕组布接线特点及应用举例

本绕组是近极比反转向的换相变极方案。8极是△接，10极用△接。详见本节前述说明。此绕组应用于火电厂引风机的双速电动机。

（3）绕组端面布接线

如图3-26所示。

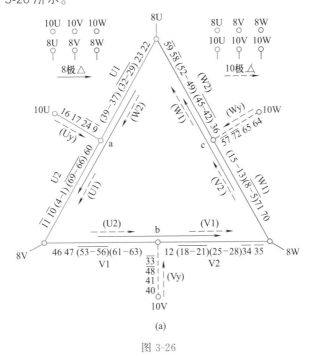

(a)

图3-26

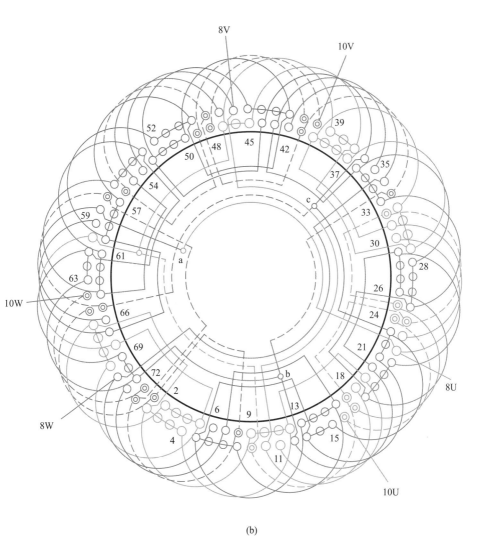

(b)

图 3-26　72 槽 10/8 极（$y=8$）△/△接线双速
电动机（换相变极）绕组双层叠式布线

3.3.10 72槽14/8极（y＝7）△/2△接线双速 电动机绕组双层叠式布线

(1) 绕组结构参数

定子槽数　$Z = 72$　　　　电机极数　$2p = 14/8$

总线圈数　$Q = 72$　　　　绕组接法　△/2△

线圈组数　$u = 36$　　　　每组圈数　$S = 2$

线圈节距　$y = 8$　　　　每槽电角　$\alpha = 35°/20°$

分布系数　$K_{d14} = 0.883$　　$K_{d8} = 0.817$

节距系数　$K_{p14} = 0.844$　　$K_{p8} = 0.941$

绕组系数　$K_{dp14} = 0.745$　　$K_{dp8} = 0.769$

出线根数　$c = 6$

(2) 绕组布接线特点及应用举例

本例绕组是反向变极的特种接法。每相仅有两个变极组，而且线圈规格相同而具有较好的工艺性。绕组的结构和变极特点详见本节前述说明。此接法适合于远极比双速，因 14 极出力较小，故宜用于高速正常运行，低速辅助运行的场合。

(3) 绕组端面布接线

如图 3-27 所示。

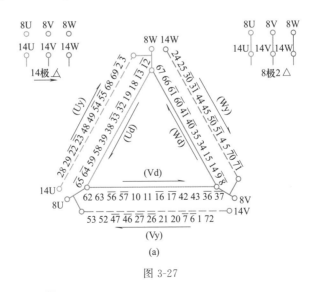

(a)

图 3-27

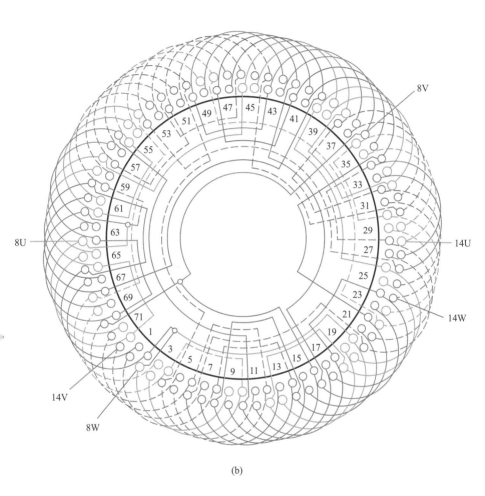

(b)

图 3-27　72 槽 14/8 极（$y=7$）△/2△接线双速
电动机绕组双层叠式布线

3.3.11　72 槽 16/6 极（$y=13$）△/2△接线双速电动机绕组双层叠式布线

(1) 绕组结构参数

定子槽数　$Z=72$　　　　电机极数　$2p=16/6$

总线圈数　$Q=72$　　　　绕组接法　△/2△

线圈组数　$u=38$　　　　每组圈数　$S=1$、2、3

线圈节距　$y=13$　　　　每槽电角　$\alpha=40°/15°$

分布系数　$K_{d16}=0.866$　　$K_{d6}=0.836$

节距系数　$K_{p16}=0.991$　　$K_{p6}=0.992$

绕组系数　$K_{dp16}=0.858$　　$K_{dp6}=0.829$

出线根数　$c=6$

(2) 绕组布接线特点及应用举例

本例是远极比同转向反向变极方案。Y 形和△形均采用同规格线圈。详见本节前述说明。适用于大转动惯量的直驱式离心脱水机等专用电动机。

(3) 绕组端面布接线

如图 3-28 所示。

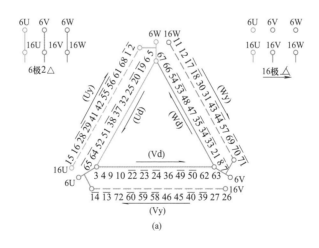

(a)

图 3-28

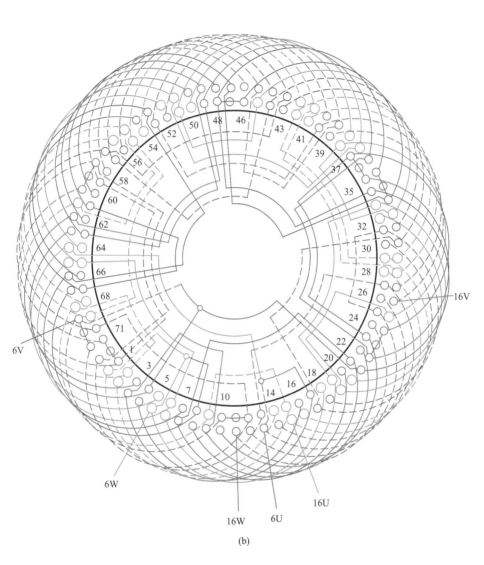

(b)

图 3-28　72 槽 16/6 极（$y=13$）△/2△接线双速
电动机绕组双层叠式布线

3.4　72(54) 槽电梯专用双速电动机绕组端面布接线图

本节专述电梯双速电动机，目前国产产品有 JTD 及 YTD 系列，规格为 72 槽 24/6 极 Y/2Y 接线，并用双层叠式布线。此双速是短时工作制，6 极工作定额 30 分钟，用作电梯正常运行；24 极定额为 3 分钟，仅于电梯就位前平层之用。此绕组具有结构简单，接线方便等工艺性好的优点，唯不足是绕组系数偏低，从而影响出力，随着中外合资电梯厂家涌入，目前国内已有 54 槽的；△/2Y 或 Y/3Y 的；还有 24/8、32/8、32/6 等极比的电梯专用产品。此外，在双绕组四速中又采用了双节距单层布线及 4/2 极辅助功能的电梯专用双速绕组。

本节共计收入双速 15 例，其中 72 槽 9 例，54 槽 6 例。

3.4.1　72 槽 24/6 极（$y=9$、$S=2$）Y/2Y 接线电梯专用双速电动机绕组双层叠式布线※

(1) 绕组结构参数

定子槽数	$Z=72$	电机极数	$2p=24/6$
总线圈数	$Q=72$	绕组接法	Y/2Y
线圈组数	$u=36$	每组圈数	$S=2$
线圈节距	$y=9$	每槽电角	$\alpha=60°/15°$
分布系数	$K_{d24}=0.866$	$K_{d6}=0.701$	
节距系数	$K_{p24}=1.0$	$K_{p6}=0.924$	
绕组系数	$K_{dp24}=0.866$	$K_{dp6}=0.648$	
出线根数	$c=6$		

(2) 绕组布接线特点及应用举例

本例属正规分布反向变极，恒转矩输出特性。转矩比 $T_{24}/T_6=1.336$，功率比 $P_{24}/P_6=0.668$。主要应用于国产电梯系列产品 JTD-333 等。

注：标题解释——本例标题表示此为电梯双速绕组，定子 72 槽；24/6 极，对应接法为 Y/2Y，线圈节距 $y=9$。由于电梯双速布线结构相近，故标题参数以每组圈数（S）以资区别。以下凡电梯双速双层叠式布线同此解释。

(3) 绕组端面布接线

如图 3-29 所示。

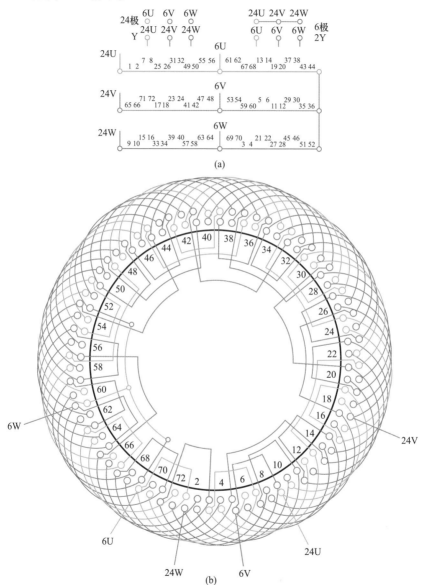

(a)

(b)

图 3-29　72 槽 24/6 极 （$y=9$、$S=2$）

Y/2Y 接线电梯专用双速电动机绕组双层叠式布线

3.4.2　72 槽 24/6 极（$y=9$、$S=1$、2）Y/2Y 接线电梯专用双速电动机绕组双层叠式布线

(1) 绕组结构参数

定子槽数	$Z=72$	电机极数	$2p=24/6$
总线圈数	$Q=72$	绕组接法	Y/2Y
线圈组数	$u=54$	每组圈数	$S=1$、2
线圈节距	$y=9$	每槽电角	$\alpha=60°/15°$
分布系数	$K_{d24}=0.866$	$K_{d6}=0.892$	
节距系数	$K_{p24}=1.0$	$K_{p6}=0.924$	
绕组系数	$K_{dp24}=0.866$	$K_{dp6}=0.824$	
出线根数	$c=6$		

(2) 绕组布接线特点及应用举例

本例双速采用非正规分布变极方案，并在实修某电梯电动机时，对绕组接线进行重新设计，即将每相绕组两变极组的连接次序统一，使三相分布和接线相同，从而使绕组接线变得简练、合理。绕组采用 Y/2Y 接法，属恒矩变极，两种转速下的转矩比 $T_{24}/T_6=1.05$，功率比 $P_{24}/P_6=0.525$；本绕组 6 极时的绕组系数高于上例，故有利于工作挡的出力。

(3) 绕组端面布接线

如图 3-30 所示。

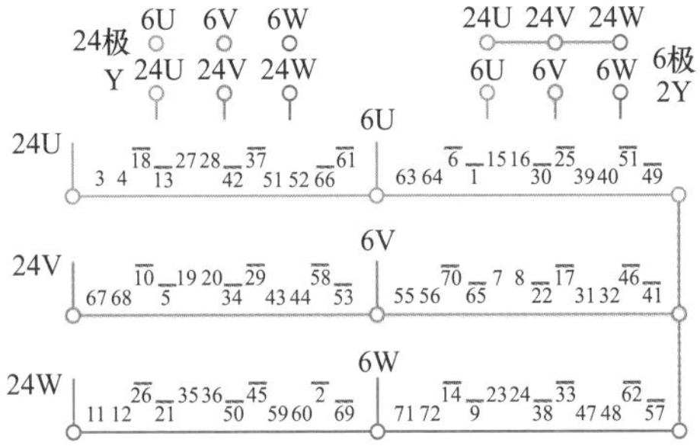

(a)

图 3-30

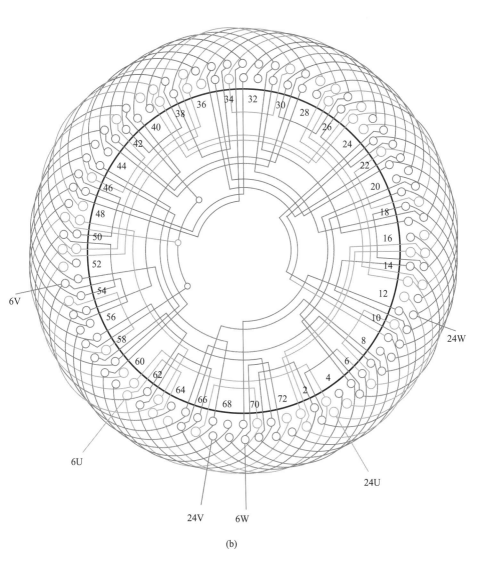

(b)

图 3-30　72 槽 24/6 极（$y=9$、$S=1$、2）Y/2Y 接线电梯
专用双速电动机绕组双层叠式布线

3.4.3 72槽 24/6 极（$y=10$、$S=2$）Y/2Y 接线电梯专用双速电动机绕组双层叠式布线

(1) 绕组结构参数

定子槽数	$Z=72$	电机极数	$2p=24/6$
总线圈数	$Q=72$	绕组接法	Y/2Y
线圈组数	$u=36$	每组圈数	$S=2$
线圈节距	$y=10$	每槽电角	$\alpha=60°/15°$
分布系数	$K_{d24}=0.866$	$K_{d6}=0.701$	
节距系数	$K_{p24}=0.866$	$K_{p6}=0.966$	
绕组系数	$K_{dp24}=0.75$	$K_{dp6}=0.667$	
出线根数	$c=6$		

(2) 绕组布接线特点及应用举例

本例绕组变极方案与例 3.4.1 相同，但线圈节距增长一槽，6 极时绕组系数略有提高，且两转速下的绕组系数相对接近，但工作运行挡的绕组系数依然偏低，故 6 极时的出力受到限制。本绕组变极特性趋近恒矩，转矩比 $T_{24}/T_6=1.108$，功率比 $P_{24}/P_6=0.554$。主要应用实例有 JTD2-22 等。

(3) 绕组端面布接线

如图 3-31 所示。

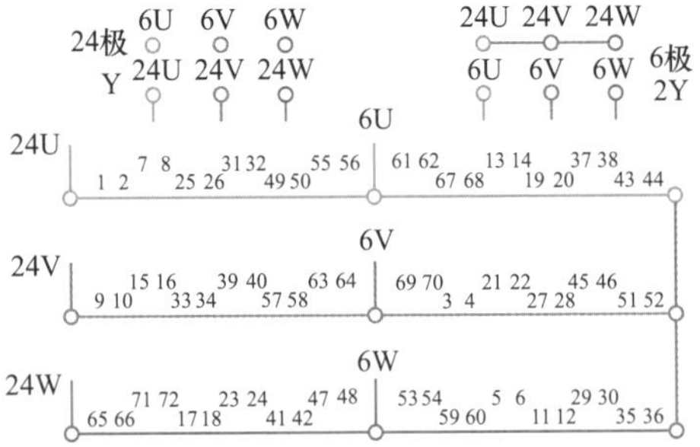

(a)

图 3-31

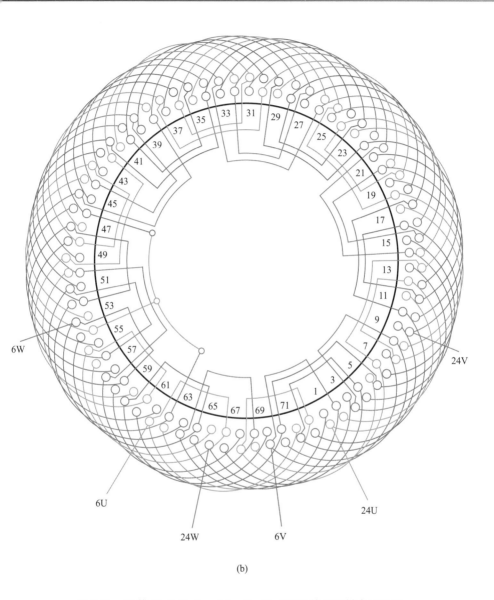

(b)

图 3-31　72 槽 24/6 极（$y=10$、$S=2$）Y/2Y 接法电梯专用双速
电动机绕组双层叠式布线

3.4.4　72槽24/6极Y/2Y接线电梯专用双速电动机绕组单层双节距布线

（1）绕组结构参数

定子槽数　$Z=72$　　　　电机极数　$2p=24/6$
总线圈数　$Q=36$　　　　绕组接法　Y/2Y
线圈组数　$u=36$　　　　每组圈数　$S=1$
线圈节距　$y=9$、3　　　每槽电角　$\alpha=60°/15°$
分布系数　$K_{d24}=1.0$　　$K_{d6}=0.654$
节距系数　$K_{p24}=1.0$　　$K_{p6}=0.707$
绕组系数　$K_{dp24}=1.0$　　$K_{dp6}=0.462$
出线根数　$c=6$

（2）绕组布接线特点及应用举例

本例双速绕组是近年在电梯电动机中出现的绕组型式。绕组为单层布线，它由两种节距的线圈构成类似于同心绕组的布线，但实际不属同心线圈组，而是大小两线圈分别归属于不同的变极组，即大小线圈是各自独立的线圈，其接线必须依图进行。

此双速绕组具有嵌线方便、端部交叠较少等特点。嵌线时先将大线圈交叠嵌入相应槽内，吊边数为2。完成后把小线圈整嵌于面。此绕组取自引进生产线的国产电梯电动机。

（3）绕组端面布接线

如图3-32所示。

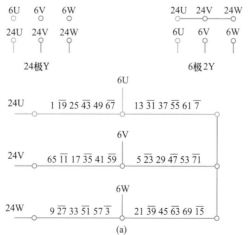

(a)

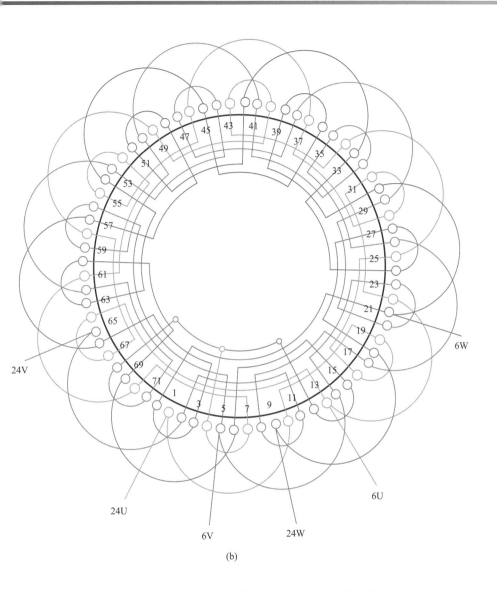

(b)

图 3-32　72 槽 24/6 极 Y/2Y 接线电梯专用双速电动机绕组
单层双节距布线

3.4.5　72 槽 24/6 极△/2Y 接线电梯专用双速电动机绕组单层双节距布线

（1）绕组结构参数

定子槽数　$Z=72$　　　　　电机极数　$2p=24/6$

总线圈数　$Q=36$　　　　　绕组接法　△/2Y

线圈组数　$u=36$　　　　　每组圈数　$S=1$

线圈节距　$y=9、3$　　　　每槽电角　$\alpha=60°/15°$

分布系数　$K_{d24}=1.0$　　　$K_{d6}=0.654$

节距系数　$K_{p24}=1.0$　　　$K_{p6}=0.707$

绕组系数　$K_{dp24}=1.0$　　$K_{dp6}=0.462$

出线根数　$c=6$

（2）绕组布接线特点及应用举例

本绕组变极方案与上例相同，绕组由两种节距线圈构成类似于同心线圈形式，但两只大小线圈各自构成一线圈组并归属于不同的变极组。绕组接线时是同相大线圈与相邻小线圈反极性串联，使大小线圈电流方向相反。此绕组为单层布线，总线圈数较双层减少一半；嵌线时先将大线圈交叠嵌入，吊边数为 2，小线圈后嵌面，故嵌线较为方便。电动机特性为变矩输出，转矩比 $T_{24}/T_6=1.045$，功率比 $P_{24}/P_6=0.522$。本绕组取自友人实修电梯电动机。

（3）绕组端面布接线

如图 3-33 所示。

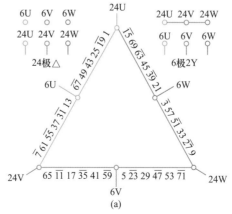

(a)

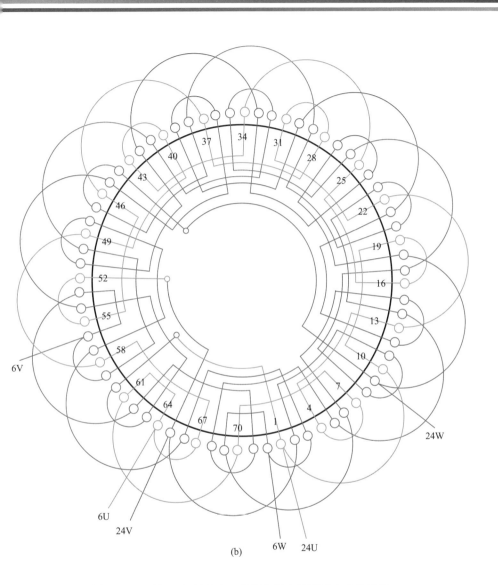

图 3-33 72 槽 24/6 极△/2Y 接线电梯专用双速电动机绕组
单层双节距布线

3.4.6 72槽24/8极（$y=8$、$S=1$）Y/3Y接线电梯专用双速电动机绕组双层叠式布线

(1) 绕组结构参数

定子槽数	$Z=72$	电机极数	$2p=24/8$
总线圈数	$Q=72$	绕组接法	Y/3Y
线圈组数	$u=72$	每组圈数	$S=1$
线圈节距	$y=8$	每槽电角	$\alpha=60°/20°$
分布系数	$K_{d24}=0.866$	$K_{d8}=0.629$	
节距系数	$K_{p24}=0.866$	$K_{p8}=0.985$	
绕组系数	$K_{dp24}=0.75$	$K_{dp8}=0.62$	
出线根数	$c=9$		

(2) 绕组布接线特点及应用举例

本例是3倍极比变极，属奇数远倍极比双速绕组，区别于其他偶数倍极比，它在变极时只有1/3线圈需要变向（通常的变极是一半线圈反向），当采用Y/3Y接法时，每相分3个变极组，如图3-34（a）所示。8极时每相并联的3个变极组电流方向相同（如图箭头所示），若变24极时，3个变极组串联成一路，这时只有中间段的变极组需反向。

此绕组用于货物电梯双速电动机。

(3) 绕组端面布接线

如图3-34所示。

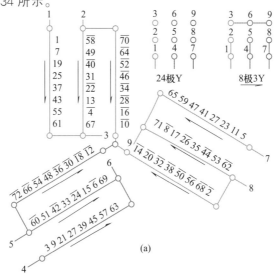

(a)

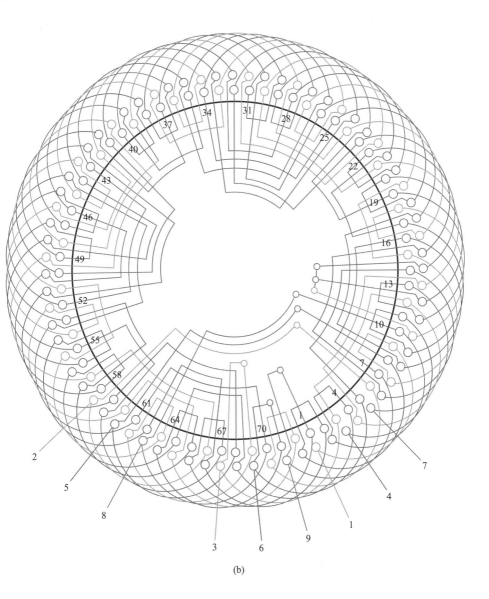

(b)

图 3-34　72 槽 24/8 极（$y=8$、$S=1$）Y/3Y 接线电梯专用双速电动机
绕组双层叠式布线

3.4.7 72 槽 32/8 极（y＝7）Y/2Y 接线电梯专用双速电动机（正规分布变极）绕组双层叠式布线

(1) 绕组结构参数

定子槽数	$Z=72$	电机极数	$2p=32/8$
总线圈数	$Q=72$	绕组接法	Y/2Y
线圈组数	$u=48$	每组圈数	$S=1、2$
线圈节距	$y=7$	每槽电角	$\alpha=80°/20°$
分布系数	$K_{d32}=0.647$	$K_{d8}=0.78$	
节距系数	$K_{p32}=0.985$	$K_{p8}=0.94$	
绕组系数	$K_{dp32}=0.637$	$K_{dp8}=0.733$	
出线根数	$c=6$		

(2) 绕组布接线特点及应用举例

本例绕组 32 极时每极相槽数 $q=3/4<1$，在普通电动机中也不多见，由于要用 24 只线圈构成 32 极，必须安排部分线圈形成庶极，故属特殊型式的变极绕相。绕组全部由单、双圈组成，并按 1、2、1、2 分布规律循环布线。每相由两变极组组成，变极组接线方法相同，即从 32 极起接，把相邻单、双圈顺串，跨过两组再次串入单、双圈便完成一变极组。其余类推。此线组是新近出现的双速型式，实际见用于合资电梯厂家的电动机。

(3) 绕组端面布接线

如图 3-35 所示。

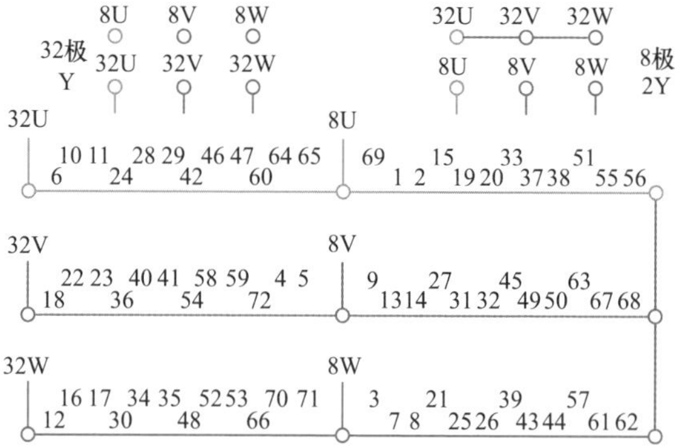

(a)

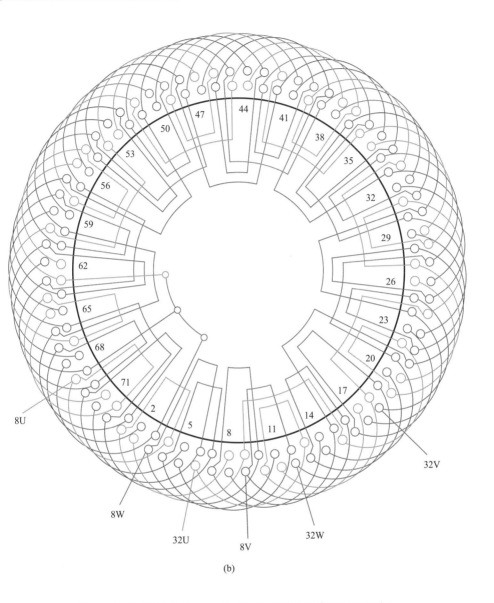

(b)

图 3-35　72 槽 32/8 极（$y=7$）Y/2Y 接线电梯专用双速电动机
（正规分布变极）绕组双层叠式布线

3.4.8　72 槽 32/8 极（*y*＝7）Y/2Y 接线电梯专用双速电动机（非正规分布变极）绕组双层叠式布线

（1）绕组结构参数

定子槽数　$Z=72$　　　　　　电机极数　$2p=32/8$

总线圈数　$Q=72$　　　　　　绕组接法　Y/2Y

线圈组数　$u=48$　　　　　　每组圈数　$S=2$、1

线圈节距　$y=7$　　　　　　　每槽电角　$\alpha=80°/20°$

分布系数　$K_{d32}=0.449$　　　$K_{d8}=0.96$

节距系数　$K_{p32}=0.985$　　　$K_{p8}=0.94$

绕组系数　$K_{dp32}=0.442$　　 $K_{dp8}=0.902$

出线根数　$c=6$

（2）绕组布接线特点及应用举例

本例采用非正规分布变极，以 8 极排出 60°相带绕组，利用非正规反向法安排 32 极。因此，从图 3-36（b）看去是同相安排 3 槽连号，其实是分作单圈和双圈两组，本例则用实线和虚线予以区分，重绕时要按图嵌入，以免误嵌而近工。此绕组是以电梯负载工作而设计，故其高速时绕组系数很高，以适应正常的运行；低速用于停车前的平层运行。但毕竟 32 极的绕组系数过低，将影响其出力，所以要查实所修电机绕组与此相同才采用本例，否则，盲目套用便可能使重绕的电动机不适应原来的工作条件。

（3）绕组端面布接线

如图 3-36 所示。

(a)

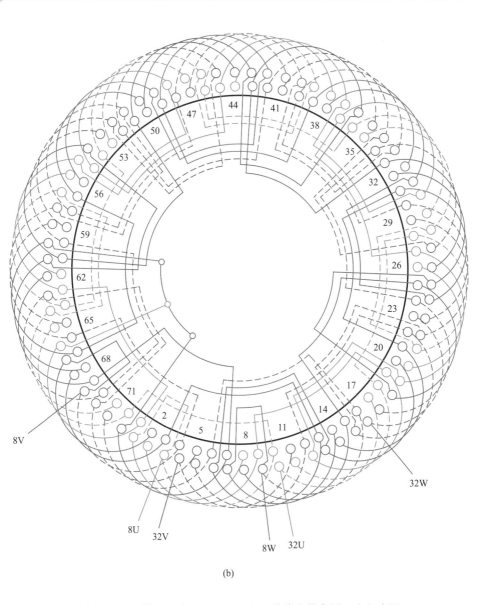

(b)

图 3-36 72 槽 32/8 极 （y＝7） Y/2Y 接线电梯专用双速电动机
（非正规分布变极）绕组双层叠式布线

3.4.9　72 槽 32/8 极（$y=7$、$S=1$）Y/2Y 接线电梯专用双速电动机绕组双层叠式布线

(1) 绕组结构参数

定子槽数	$Z=72$	电机极数	$2p=32/8$
总线圈数	$Q=72$	绕组接法	Y/2Y
线圈组数	$u=72$	每组圈数	$S=1$
线圈节距	$y=7$	每槽电角	$\alpha=80°/20°$
分布系数	$K_{d32}=0.862$	$K_{d8}=0.778$	
节距系数	$K_{p32}=0.985$	$K_{p8}=0.94$	
绕组系数	$K_{dp32}=0.849$	$K_{dp8}=0.731$	
出线根数	$c=6$		

(2) 绕组布接线特点及应用举例

本例属非正规分布变极绕组，每组仅 1 只线圈，每变极组有 12 只线圈，并由一正二反的 3 只线圈构成一个单元，故变极组由 4 个连接单元组成。由于线圈组数多，使接线非常烦琐，在 32/8 极中属接线最繁一例；但三相接线规律相同。本例属恒矩输出，两转速下的转矩比 $T_{32}/T_8=0.963$，功率比 $P_{32}/P_8=0.481$。此变极绕组两种极数下的绕组系数较低，但比较接近。重绕时务必查实绕组，否则会因变极方案不同而引起不良后果。

(3) 绕组端面布接线

如图 3-37 所示。

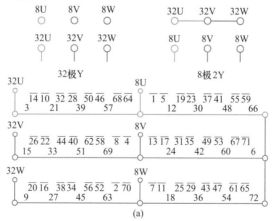

(a)

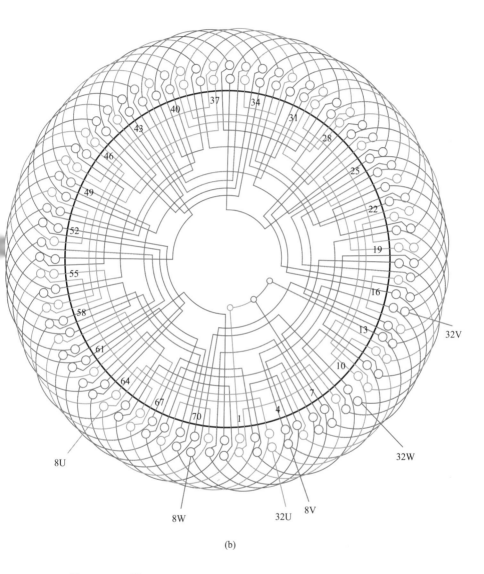

(b)

图 3-37　72 槽 32/8 极（$y=7$、$S=1$）Y/2Y 接线电梯专用双速
电动机绕组双层叠式布线

3.4.10　72 槽 4/2 极（$y=17$、$S=12$）△/2Y 接线电梯专用双速电动机绕组双层叠式布线

（1）绕组结构参数

定子槽数	$Z=72$	电机极数	$2p=4/2$
总线圈数	$Q=72$	绕组接法	△/2Y
线圈组数	$u=6$	每组圈数	$S=12$
线圈节距	$y=17$	每槽电角	$\alpha=10°/5°$
分布系数	$K_{d4}=0.837$	$K_{d2}=0.955$	
节距系数	$K_{p4}=0.996$	$K_{p2}=0.676$	
绕组系数	$K_{dp4}=0.834$	$K_{dp2}=0.646$	
出线根数	$c=6$		

（2）绕组布接线特点及应用举例

本例 2 极是 60°相带显极绕组，用反向法变 4 极为庶极绕组。每相由 2 变极组构成，每变极组仅一组线圈，由 12 只相邻线圈顺串而成。此绕组属变矩负载特性；而具有结构简单，接线非常方便的特点。本例是根据某师傅实修的 72 槽 24/6/4/2 极双绕组四速电动机的 4/2 极资料绘制，它与 24/6 极双节距双速（图 3-32）组合成四速。

此外，据说此四速配套的 4/2 极是用 Y/2Y 接法的，这时可将图中 U、V、W 点解开，把虚线部分弃除，然后把 U、V、W 接成星点，即可成为 Y/2Y 接线的 4/2 极双速绕组。

（3）绕组端面布接线

如图 3-38 所示。

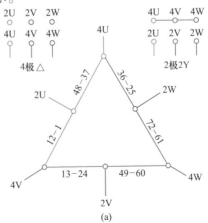

(a)

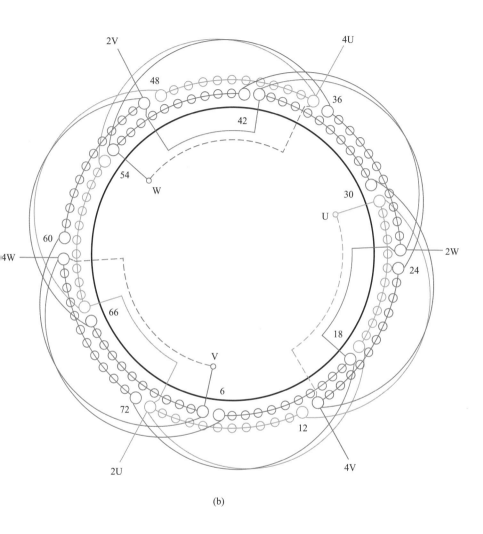

(b)

图 3-38   72 槽 4/2 极（$y=17$、$S=12$）△/2Y 接线电梯
专用双速电动机绕组双层叠式布线

3.4.11　54槽24/6极（$y=7$、$S=1$）Y/2Y接线电梯专用双速电动机绕组双层叠式布线

（1）绕组结构参数

定子槽数	$Z=54$	电机极数	$2p=24/6$
总线圈数	$Q=54$	绕组接法	Y/2Y
线圈组数	$u=54$	每组圈数	$S=1$
线圈节距	$y=7$	每槽电角	$\alpha=80°/20°$
分布系数	$K_{d24}=0.776$	$K_{d6}=0.844$	
节距系数	$K_{p24}=0.985$	$K_{p6}=0.94$	
绕组系数	$K_{dp24}=0.764$	$K_{dp6}=0.793$	
出线根数	$c=6$		

（2）绕组布接线特点及应用举例

本例绕组取自某电工刊物实修资料，其绕组系数虽然较低，但比较接近，利于两种转速之下的出力均衡，不过接线非常烦琐且无规律可循，一一接线都要根据图例施行。绕组属恒转矩输出，同转向变极方案。转矩比 $T_{24}/T_6=0.963$，功率比 $P_{24}P_6=0.481$。

（3）绕组端面布接线

如图3-39所示。

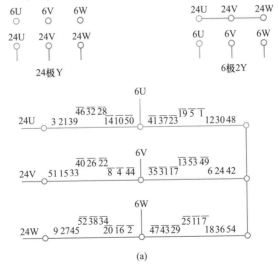

（a）

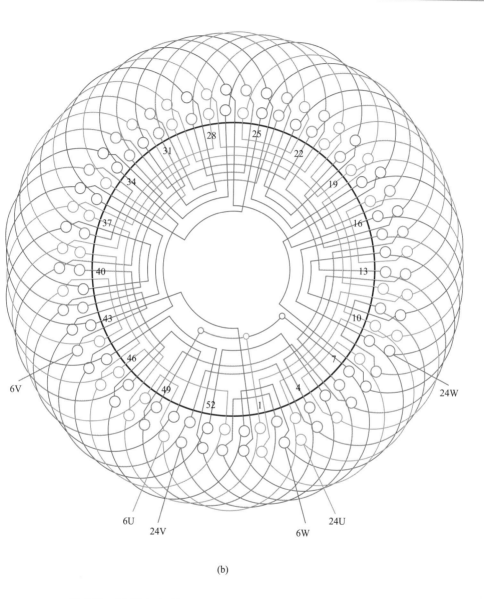

(b)

图 3-39 54 槽 24/6 极（$y=7$、$S=1$）Y/2Y 接线电梯专用双速
电动机绕组双层叠式布线

3.4.12　54 槽 24/6 极（$y=7$、$S=1$）Y/2Y 接线电梯专用双速电动机（非正规分布变极）绕组双层叠式布线

(1) 绕组结构参数

定子槽数　$Z=54$　　　　电机极数　$2p=24/6$

总线圈数　$Q=54$　　　　绕组接法　Y/2Y

线圈组数　$u=54$　　　　每组圈数　$S=1$

线圈节距　$y=7$　　　　每槽电角　$\alpha=80°/20°$

分布系数　$K_{d24}=0.875$　　$K_{d6}=0.778$

节距系数　$K_{p24}=0.985$　　$K_{p6}=0.94$

绕组系数　$K_{dp24}=0.862$　　$K_{dp6}=0.731$

出线根数　$c=6$

(2) 绕组布接线特点及应用举例

本例绕组采用非正规分布排列，虽然结构参数与上例相同，但绕组系数不同，有利于低速时的出力。此组全部由单圈组构成，接线时每变极组由 3 个单元组成，其中变极反向段是两圈顺、一圈反；不反向段则由正—反—正 3 圈组成。从而改进了上例接线无规律之弊，使之接线更趋合理，而且"过线"缩短。

(3) 绕组端面布接线

如图 3-40 所示。

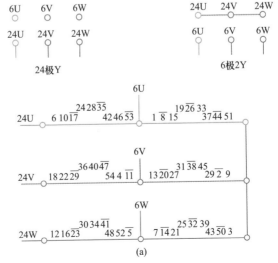

(a)

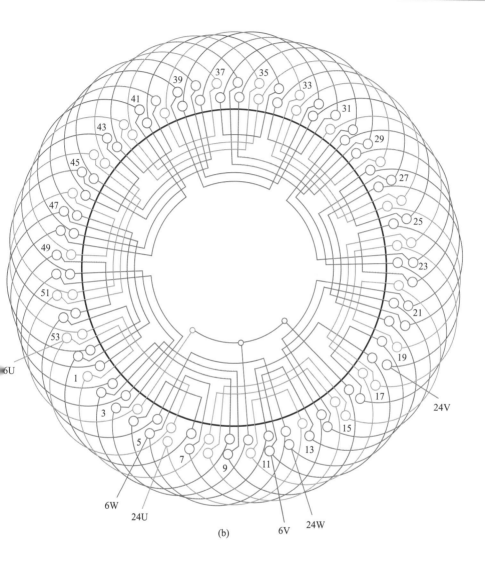

(b)

图 3-40　54 槽 24/6 极（$y=7$、$S=1$）Y/2Y 接线电梯专用
双速电动机（非正规分布变极）绕组双层叠式布线

3.4.13　54槽24/6极（$y=7$，$S=1$、2）Y/2Y接线电梯专用双速电动机（正规分布变极）绕组双层叠式布线

(1) 绕组结构参数

定子槽数　$Z=54$　　　　　电机极数　$2p=24/6$

总线圈数　$Q=54$　　　　　绕组接法　Y/2Y

线圈组数　$u=36$　　　　　每组圈数　$S=1$、2

线圈节距　$y=7$　　　　　每槽电角　$\alpha=80°/20°$

分布系数　$K_{d24}=0.879$　　$K_{d6}=0.689$

节距系数　$K_{p24}=0.985$　　$K_{p6}=0.94$

绕组系数　$K_{dp24}=0.866$　　$K_{dp6}=0.648$

出线根数　$c=6$

(2) 绕组布接线特点及应用举例

本例是正规分布反向变极方案，绕组由单圈和双圈组成，三相绕组结构和接线均相同，是24/6极双速接线最简的绕组。此绕组是以24极为基准排出庶极，再用反向法排出6极，故其绕组系数相差较大，致使正常运行的6极可能出力不足。

(3) 绕组端面布接线

如图3-41所示。

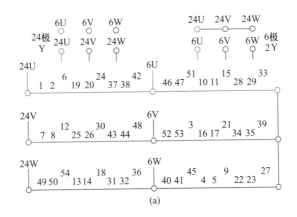

(a)

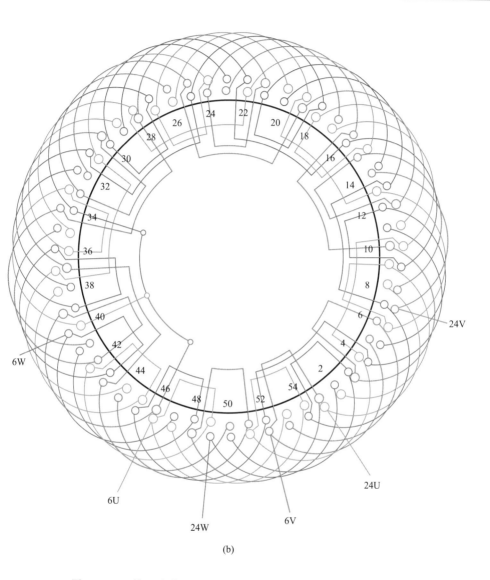

(b)

图 3-41　54 槽 24/6 极（$y=7$、$S=1$、2）Y/2Y 接线电梯专用双速电动机（正规分布变极）绕组双层叠式布线

3.4.14 54槽24/6极（$y=7$，$S=2$、1）Y/2Y接线电梯专用双速电动机（非正规分布变极）绕组双层叠式布线

（1）绕组结构参数

定子槽数	$Z=54$	电机极数	$2p=24/6$
总线圈数	$Q=54$	绕组接法	Y/2Y
线圈组数	$u=36$	每组圈数	$S=2$、1
线圈节距	$y=7$	每槽电角	$\alpha=80°/20°$
分布系数	$K_{d24}=0.449$	$K_{d6}=0.96$	
节距系数	$K_{p24}=0.985$	$K_{p6}=0.94$	
绕组系数	$K_{dp24}=0.442$	$K_{dp6}=0.902$	
出线根数	$c=6$		

（2）绕组布接线特点及应用举例

本例6极为60°相带绕组，反向法得24极，并采用非正规分布。全绕组由单、双圈组构成、其中24极时全部双圈组为正极性、单圈组为负极性，如图3-42（a）所示。此绕组总线圈组数比上例略少，故其接线也相对简练，但绕组系数悬殊，24极时仅为0.442，势必影响其出力，且给变极绕组参数设计的协调性带来一定难度。

此外，读者要注意，此图虽是同相3槽连号，但其实是两组线圈组成，故重绕绕制线圈及嵌线，要看清图样，按图嵌入，以免产生误会而造成返工（为区分同相不同组线圈，图3-42（b）的端部弧线以虚实线加以区别）。

（3）绕组端面布接线

如图3-42所示。

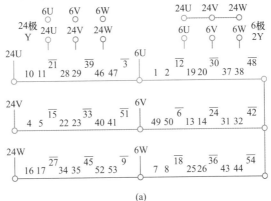

(a)

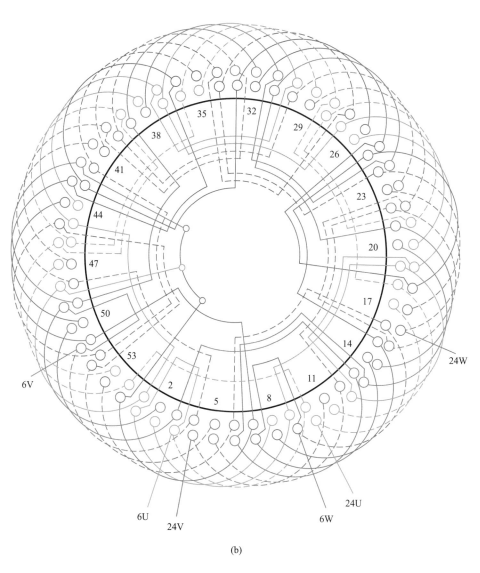

(b)

图 3-42　54 槽 24/6 极（$y=7$、$S=1$）Y/2Y 接线电梯专用
双速电动机（正规分布变极）绕组双层叠式布线

3.4.15 54 槽 24/6 极（$y=7$，$S=1$、2）Y/2Y 接线电梯专用双速电动机（正规分布变极）绕组双层叠式布线

（1）绕组结构参数

定子槽数	$Z=54$	电机极数	$2p=24/6$
总线圈数	$Q=54$	绕组接法	Y/2Y
线圈组数	$u=36$	每组圈数	$S=1$、2
线圈节距	$y=7$	每槽电角	$\alpha=80°/20°$
分布系数	$K_{d24}=0.449$	$K_{d6}=0.96$	
节距系数	$K_{p24}=0.985$	$K_{p6}=0.94$	
绕组系数	$K_{dp24}=0.442$	$K_{dp6}=0.902$	
出线根数	$c-6$		

（2）绕组布接线特点及应用举例

本例 6 极是正规分布的 60°相带绕组，但反向法获得的 24 极则采用非正规排列。绕组每相带占 3 槽，但相邻的 3 个线圈则分属不同变极组，即绕组实由单、双圈组成。为便于读图，不同变极组的线圈用虚线和实线加以区别，其中虚线部分是变极时需改变极性的线圈；实线部分则是无需反向的线圈。此绕组较之全部单圈的双速绕组（如图 3-39、图 3-40），总线圈组数减少⅓，使其连接的"过线"也少 18 根，从而具有接线较简的优点。

（3）绕组端面布接线

如图 3-43 所示。

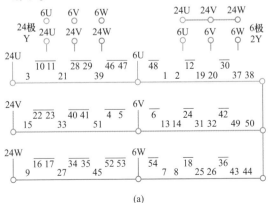

(a)

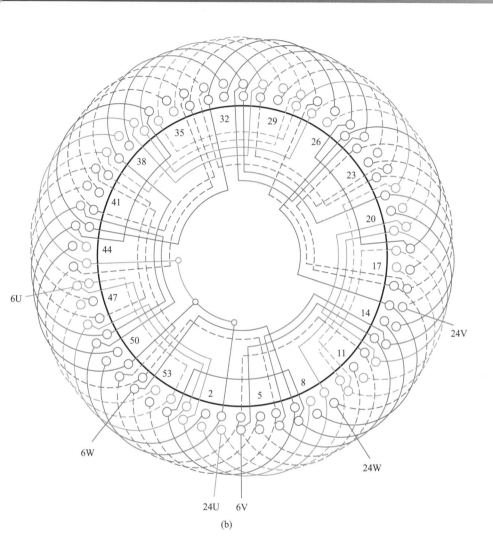

(b)

图 3-43　54 槽 24/6 极（$y＝7$、$S＝1$、2）Y/2Y 接线电梯专用
双速电动机（正规分布变极）绕组双层叠式布线

第 4 章

60槽及以下槽数双速电动机绕组

本章是 60 槽以下（包括 60、54、48、36 及 18 槽定子）的三相变极双速电动机，其变极可有倍极比和非倍极比，而其接线也具多样。由于每例双图（端面布接线图和接线简化图），因版面所限而对文字说明进行压缩；故对本章初次应用的一些特殊接法的变极简要，将移至节前说明介绍。

4.1　60、54 槽双速电动机绕组端面布接线图

60 槽、54 槽通常属中型电机定子、实际应用于双速电动机不是很多，本节收入 60 槽双速 5 例，54 槽双速 5 例。其双速既有倍极比，也有非倍极比，且主要采用反向法变极，但也各有一例是△/2 △ 和△/△接法的换相变极。

（1）△/△接法双速绕组

△是内星角形接法，是换相变极的接线，也是换相变极双速电动机最先采用的接线型式。此双速绕组由两部分线圈构成如本节图 4-11（a）所示。一部分为角形绕组，每相中间抽头，分隔开角形部分的两个变极组；另一部分则由三相接成星形，内接于角形的三角顶点。角形线圈一般为星形的 2 倍，但两种线圈的参数不同，即△形与丫形绕组中每个线圈的匝数比 $W_d / W_y \approx 0.88$。

换相变极双速绕组的变换如图 4-11（a）下的端接图所示，变速时通过接触器（或控制器）变换引出端进行。换相变极绕组在变极时，除改变部分线圈电流方向外，还要改变部分线圈的相属。与反向法双速不同的是两种极数的绕组都是 60°相带，所以分布系数都能保持很高，从而弥补了反向法变极的 120°相带绕组系数过低的缺陷。它适用于两种转速下都要求有较大出力的使用场合；而其最大的缺点则是出线多，使用控制线路复杂。

（2）△/2 △接法双速绕组

△是延边三角形接法，或称内角星形接法，是一种新的特殊换相变极的方法。接线的基本转换近似△/2△，但它的三角形顶点和中间抽头都串入部分线圈，其接线形态如图 4-3 所示。低速时，接线舍弃每相中间抽头的线圈，即电源从 10U、10V、10W 进入，三相绕组实为一内角星形（△）接法，电流正方向如图 4-3（a）中实线箭头所示。高速时 10U 与 4U、10V 与 4V、10W 与 4W 并接后接入电源，构成双路内角

星形，即 2 △ 接法，各线圈电流正方向如图 4-3（a）虚线箭头所示。由图可见，原三角形部分的线圈（组）在变极时，不但反向，而且全部都进行了换相，故属基本绕组；角形顶点的三相绕组既不反向也不换相，属调整绕组；而二路接法的另一部分 Y 形绕组 U_{Y2}、V_{Y2}、W_{Y2} 则属附加绕组。附加绕组及线圈都应与调整绕组的参数完全相同，但与基本绕组可以相同，也可不同。显然本例取后者。

采用此接法的引出线为 6 根，双速控制线路较简单，可使电源通过开关 K_1 接入 10（U、V、W）低速启动，如需加速则通过开关 K_2 把 4（U、V、W）并到 K_1 即可。因此可实现不断电换挡，既可提高切换的可靠性，又能避免因换挡断电而产生过大的电流冲击。必须注意，这种接法的双速有同转向方案和反转向方案，而只有同转向方案才能实现双速不断电换挡。

这种接法可用于倍极比或远倍极比变速。适用在双速电葫芦或双速带式运输机等。

4.1.1　60 槽 4/2 极（$y=15$）△/2Y 接线双速电动机绕组双层叠式布线

(1) 绕组结构参数

定子槽数	$Z=60$	电机极数	$2p=4/2$
总线圈数	$Q=60$	绕组接法	△/2Y
线圈组数	$u=6$	每组圈数	$S=10$
线圈节距	$y=15$	每槽电角	$\alpha=12°/6°$
分布系数	$K_{d4}=0.829$	$K_{d2}=0.955$	
节距系数	$K_{p4}=1.0$	$K_{p2}=0.707$	
绕组系数	$K_{dp4}=0.829$	$K_{dp2}=0.675$	
出线根数	$c=6$		

(2) 绕组布接线特点及应用举例

本绕组是倍极比正规分布的反转向变极。绕组结构比较简单，每相由 2 个 10 联组构成，2 极为基准 60°相带，反向法获得庶极的 120°相带 4 极绕组。

输出特性为可变转矩，转矩比 $T_4/T_2=2.12$；功率比 $P_4/P_2=1.06$，即实际接近于恒功率输出。此绕组应用 YD280M-4/2。

(3) 绕组端面布接线

如图 4-1 所示。

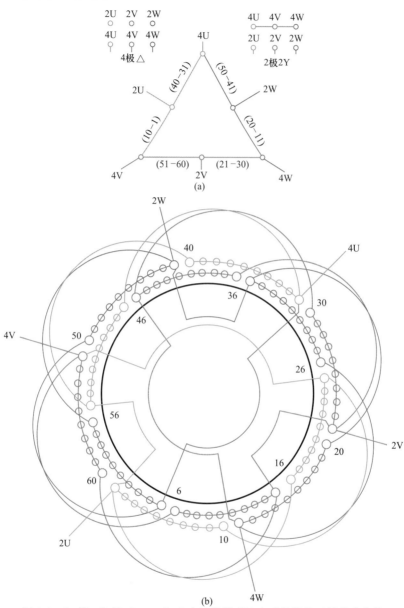

图 4-1　60 槽 4/2 极（$y=15$）△/2Y 接线双速电动机绕组双层叠式布线

4.1.2　60槽8/4极（$y=8$）△/2Y接线双速电动机绕组双层叠式布线

(1) 绕组结构参数

定子槽数　$Z=60$　　　电机极数　$2p=8/4$

总线圈数　$Q=60$　　　绕组接法　△/2Y

线圈组数　$u=12$　　　每组圈数　$S=5$

线圈节距　$y=8$　　　每槽电角　$\alpha=24°/12°$

分布系数　$K_{d8}=0.833$　　$K_{d4}=0.957$

节距系数　$K_{p8}=0.995$　　$K_{p4}=0.743$

绕组系数　$K_{dp8}=0.829$　　$K_{dp4}=0.711$

出线根数　$c=6$

(2) 绕组布接线特点及应用举例

本例双速是倍极比正规分布方案。每组由5只线圈串联而成，每相4组分配于两个变极组，故每变极组有2组线圈。此双速电动机输出属变转矩特性，转矩比为$T_8/T_4=2.02$，功率比$P_8/P_4=1.01$。主要应用实例有JDO3-160S等。

(3) 绕组端面布接线

如图4-2所示。

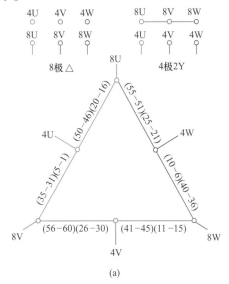

(a)

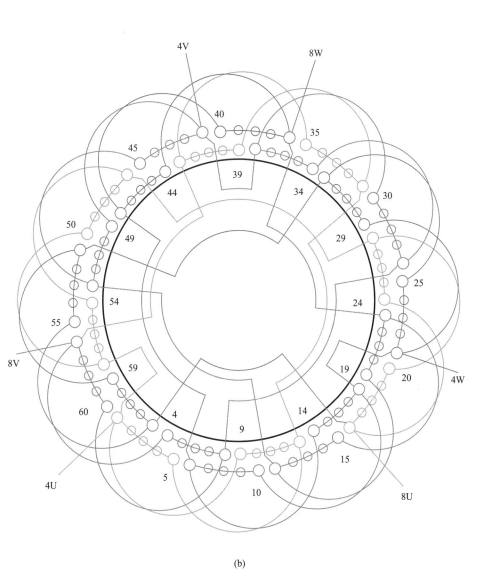

(b)

图 4-2　60 槽 8/4 极（$y=8$）△/2Y 接线双速电动机绕组
双层叠式布线

4.1.3　60 槽 10/4 极（$y=17$）△/2 △接线双速电动机（换相变极）绕组双层叠式布线

（1）绕组结构参数

定子槽数　$Z=60$　　　　　电机极数　$2p=10/4$

总线圈数　$Q=60$　　　　　绕组接法　△/2 △

线圈组数　$u=30$　　　　　每组圈数　$S=2$

线圈节距　$y=17$　　　　　每槽电角　$\alpha=30°/12°$

分布系数　$K_{d10}=0.869$　　　$K_{d4}=0.899$

节距系数　$K_{p10}=0.967$　　　$K_{p4}=0.979$

绕组系数　$K_{dp10}=0.84$　　　$K_{dp4}=0.88$

出线根数　$c=6$

（2）绕组布接线特点及应用举例

本例是同转向 10/4 极双速绕组，采用新颖的△/2 △换相变极接法，引出线 6 根。详见本节前述说明。本绕组适用于起重及运输机械的双速电动机。

（3）绕组端面布接线

如图 4-3 所示。

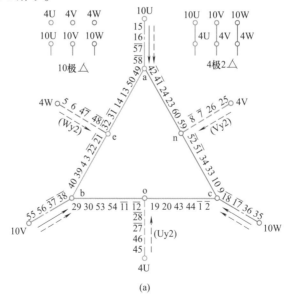

(a)

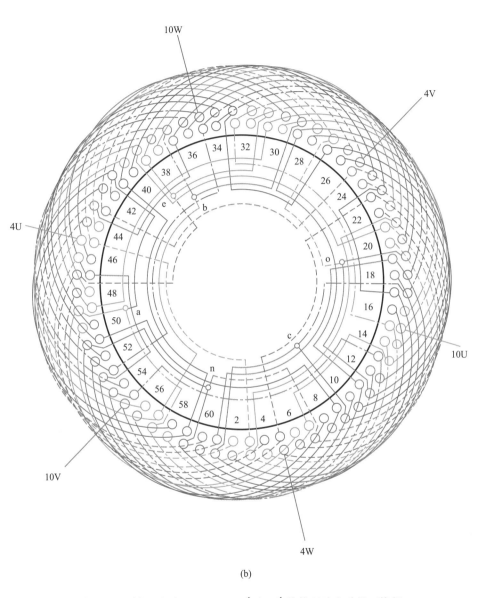

(b)

图 4-3　60 槽 10/4 极（$y=17$）△/2△接线双速电动机（换相
变极）绕组双层叠式布线

4.1.4　60槽12/6极（y=5）Y/2Y接线双速电动机绕组双层叠式布线

(1) 绕组结构参数

定子槽数	$Z=60$	电机极数	$2p=12/6$
总线圈数	$Q=60$	绕组接法	Y/2Y
线圈组数	$u=18$	每组圈数	$S=3、4$
线圈节距	$y=5$	每槽电角	$\alpha=36°/18°$
分布系数	$K_{d12}=0.866$	$K_{d6}=0.956$	
节距系数	$K_{p12}=1.0$	$K_{p6}=0.707$	
绕组系数	$K_{dp12}=0.866$	$K_{dp6}=0.676$	
出线根数	$c=6$		

(2) 绕组布接线特点及应用举例

本例是倍极比变极，6极为60°相带，12极为庶极绕组。特别的地方是60°相带时，分数绕组的分母为3，是极数的倍数，而 $q=3\frac{1}{3}$，按常规很难获得对称平衡，而本例采用相对对称，也算是一个特色的变极方案吧。双速属等矩特性，转矩比 $T_{12}/T_6=1.1$。

(3) 绕组端面布接线

如图4-4所示。

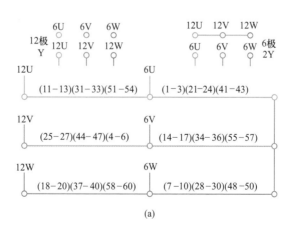

(a)

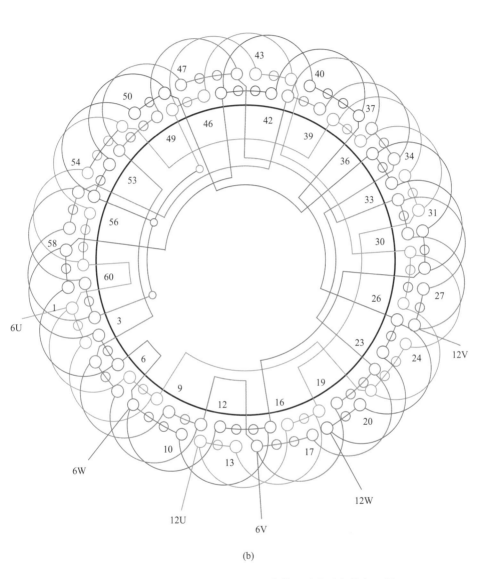

(b)

图 4-4　60 槽 12/6 极（$y=5$）Y/2Y 接线双速电动机绕组双层
叠式布线

4.1.5　60槽12/6极（$y=5$）△/2Y接线双速电动机绕组双层叠式布线

（1）绕组结构参数

定子槽数　$Z=60$　　　　　电机极数　$2p=12/6$

总线圈数　$Q=60$　　　　　绕组接法　△/2Y

线圈组数　$u=18$　　　　　每组圈数　$S=3、4$

线圈节距　$y=5$　　　　　每槽电角　$\alpha=36°/18°$

分布系数　$K_{d12}=0.866$　　$K_{d6}=0.956$

节距系数　$K_{p12}=1.0$　　　$K_{p6}=0.707$

绕组系数　$K_{dp12}=0.866$　　$K_{dp6}=0.676$

出线根数　$c=6$

（2）绕组布接线特点及应用举例

本例是一较有特色的变极方案，因其以60°相带的6极绕组为基准，反向得12极；而6极时 $q=3\frac{1}{3}$，按常规是不能获得对称绕组的。为此本例采用特别的安排使其获得对称的6极。本双速是属变矩输出，转矩比 $T_{12}/T_6=2.22$。主要应用实例有 JDO2-61-12/8/6/4 之 12/6 极双速。

（3）绕组端面布接线

如图4-5所示。

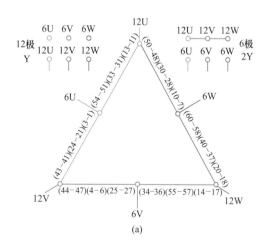

(a)

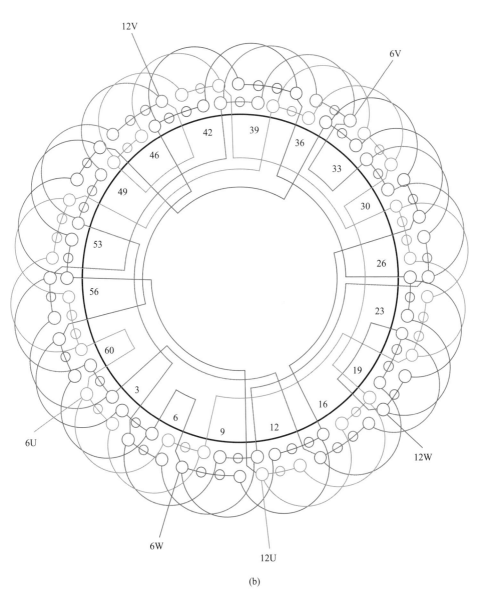

(b)

图 4-5 60 槽 12/6 极（$y=5$）△/2Y 接线双速电动机
绕组双层叠式布线

4.1.6　60 槽 16/4 极（$y = 11$）Y/2Y 接线双速电动机绕组双层叠式布线

（1）绕组结构参数

定子槽数	$Z = 60$	电机极数	$2p = 16/4$
总线圈数	$Q = 60$	绕组接法	Y/2Y
线圈组数	$u = 24$	每组圈数	$S = 3、2$
线圈节距	$y = 11$	每槽电角	$\alpha = 48°/12°$
分布系数	$K_{d16} = 0.833$	$K_{d4} = 0.633$	
节距系数	$K_{p16} = 0.995$	$K_{p4} = 0.91$	
绕组系数	$K_{dp16} = 0.829$	$K_{dp4} = 0.576$	
出线根数	$c = 6$		

（2）绕组布接线特点及应用举例

本例属远极比变极绕组，采用正规分布的反向变极方案。绕组由三联和双联组成，每相分两变极组。每变极组有大小联各两组。4 极为 60°相带，2Y 接法；16 极为庶极，全部线圈极性为正。本例绕组线圈节距选用合理，两种极数都有较高的节距系数，使电机能在两种转速下有较大的出力。此绕组应用于慢速正常工作，而高速辅助运行的场合。主要适用于货运电梯或高层建筑施工用的运载起重机械等。

（3）绕组端面布接线

如图 4-6 所示。

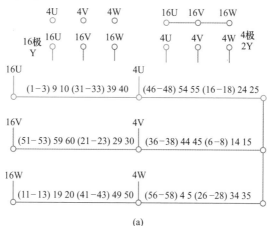

(a)

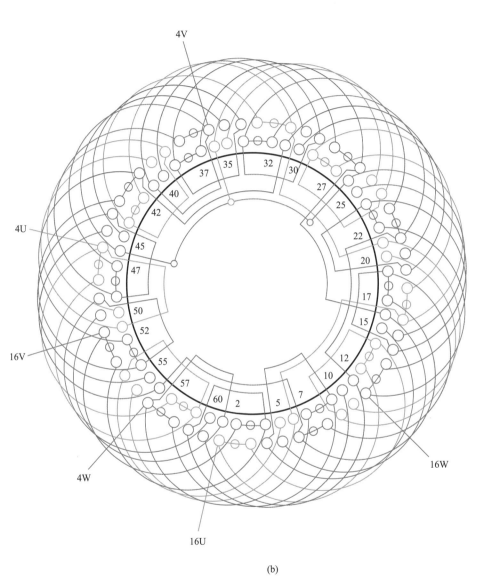

(b)

图 4-6　60 槽 16/4 极（$y=11$）Y/2Y 接线双速电动机绕组
双层叠式布线

4.1.7　54槽8/4极（$y=7$）△/2Y接线双速电动机绕组双层叠式布线

（1）绕组结构参数

定子槽数　$Z=54$　　　　电机极数　$2p=8/4$

总线圈数　$Q=54$　　　　绕组接法　△/2Y

线圈组数　$u=12$　　　　每组圈数　$S=5、4$

线圈节距　$y=7$　　　　　每槽电角　$\alpha=26.66°/13.33°$

分布系数　$K_{d8}=0.828$　　$K_{d4}=0.954$

节距系数　$K_{p8}=0.998$　　$K_{p4}=0.727$

绕组系数　$K_{dp8}=0.826$　$K_{dp4}=0.696$

出线根数　$c=6$

（2）绕组布接线特点及应用举例

本例为倍极比正规分布变极方案，以4极为基准极，用反向法排出庶极的8极绕组。由于4极时每极相占槽 $q=4\frac{1}{2}$，属分数绕组，若按常规4、5、4、5循环安排线圈组，则4极2Y接法时，每相两并联支路的线圈分配无法平衡。所以本绕组属磁场对称条件较差的变极方案。采用交叠法嵌线要注意大小联安排，如图4-6（b）所示。主要应用实例有 YD180L-8/4 等系列双速电动机。

（3）绕组端面布接线

如图4-7所示。

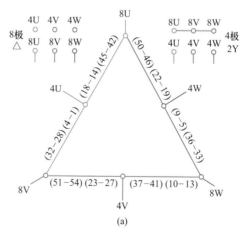

(a)

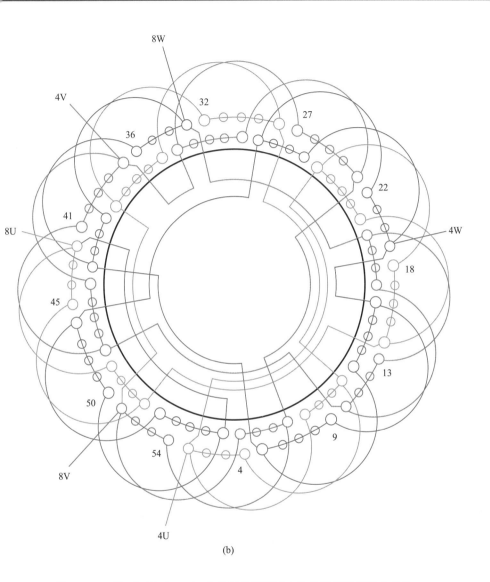

(b)

图 4-7   54 槽 8/4 极（$y=7$）△/2Y 接线双速电动机绕组双层叠式布线

4.1.8　54 槽 8/6 极（*y*=6）△/2Y 接线双速电动机绕组双层叠式布线

(1) 绕组结构参数

定子槽数	$Z=54$	电机极数	$2p=8/6$
总线圈数	$Q=54$	绕组接法	△/2Y
线圈组数	$u=22$	每组圈数	$S=1、2、3$
线圈节距	$y=6$	每槽电角	$\alpha=26.66°/20°$
分布系数	$K_{d8}=0.619$	$K_{d6}=0.958$	
节距系数	$K_{p8}=0.985$	$K_{p6}=0.866$	
绕组系数	$K_{dp8}=0.61$	$K_{dp6}=0.83$	
出线根数	$c=6$		

(2) 绕组布接线特点及应用举例

本例是以 6 极为基准，反向法获得 8 极的同转向双速绕组，8 极绕组系数偏低；输出属可变转矩特性，转矩比 $T_8/T_6=0.849$，功率比 $P_8/P_6=0.636$。主要应用实例有 JDO2-51－8/6 等。

(3) 绕组端面布接线

如图 4-8 所示。

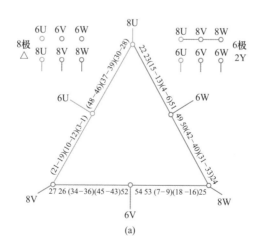

(a)

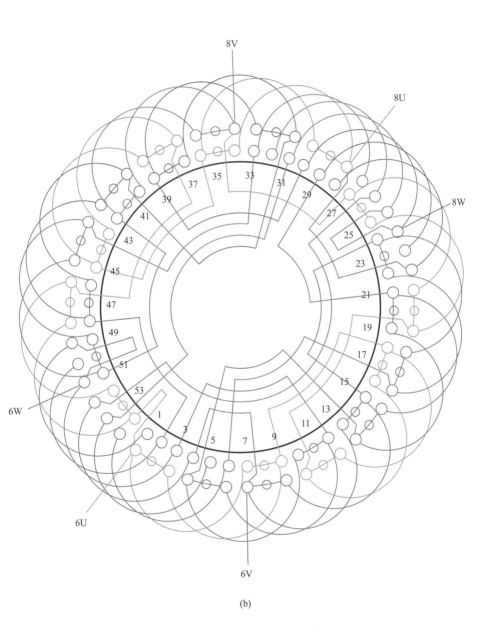

(b)

图 4-8　54 槽 8/6 极 （$y=6$）△/2Y 接线双速电动机绕组双层叠式布线

4.1.9 54槽8/6极（y＝6）△/2Y（反转向）接线
双速电动机绕组双层叠式布线

（1）绕组结构参数

定子槽数	$Z = 54$	电机极数	$2p = 8/6$
总线圈数	$Q = 54$	绕组接法	△/2Y
线圈组数	$u = 22$	每组圈数	$S = 3、2、1$
线圈节距	$y = 6$	每槽电角	$\alpha = 26.66°/20°$
分布系数	$K_{d8} = 0.62$	$K_{d6} = 0.96$	
节距系数	$K_{p8} = 0.985$	$K_{p6} = 0.866$	
绕组系数	$K_{dp8} = 0.611$	$K_{dp6} = 0.831$	
出线根数	$c = 6$		

（2）绕组布接线特点及应用举例

本例双速采用反向变极方案。6极为60°相带正规绕组，反向法得8极，而8极绕组系数偏低。与上例基本相同，但本绕组采用反转向设计，即当相序不变时，两种极数下的转向相反。此绕组主要应用实例有JDO2-51-8/6等。

（3）绕组端面布接线

如图4-9所示。

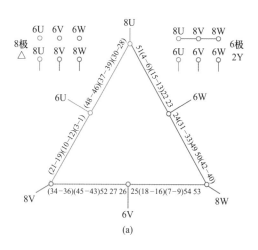

(a)

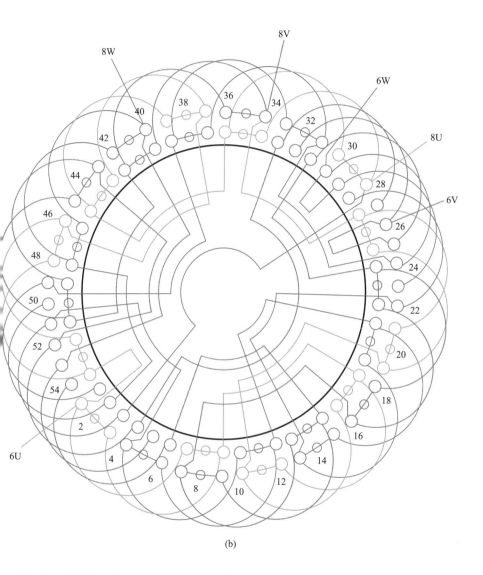

(b)

图 4-9 54 槽 8/6 极 （y＝6） △/2Y（反转向）接线双速电动机绕组双层叠式布线

4.1.10　54槽12/6极（y＝5）△/2Y接线双速电动机绕组双层叠式布线

(1) 绕组结构参数

定子槽数	$Z = 54$	电机极数	$2p = 12/6$
总线圈数	$Q = 54$	绕组接法	$\triangle/2Y$
线圈组数	$u = 18$	每组圈数	$S = 3$
线圈节距	$y = 5$	每槽电角	$\alpha = 40°/20°$
分布系数	$K_{d12} = 0.844$	$K_{d6} = 0.956$	
节距系数	$K_{p12} = 0.985$	$K_{p6} = 0.766$	
绕组系数	$K_{dp12} = 0.831$	$K_{dp6} = 0.735$	
出线根数	$c = 6$		

(2) 绕组布接线特点及应用举例

本例是倍极比正规分布反转向方案。6极为基准，12极为120°相带。本绕组属可变转矩输出特性，功率比 $P_{12}/P_6 = 0.979$，转矩比 $T_{12}/T_6 = 1.95$。主要应用实例有 YD180L-12/6 等。

(3) 绕组端面布接线

如图 4-10 所示。

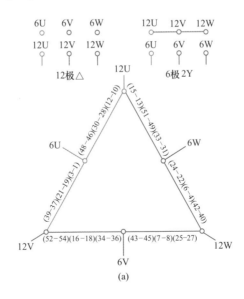

(a)

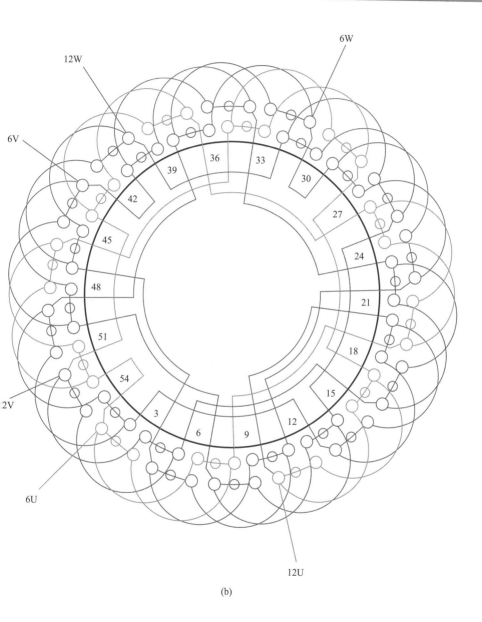

(b)

图 4-10　54 槽 12/6 极（$y=5$）△/2Y 接线双速电动机绕组双层叠式布线

4.1.11 54槽12/6极（y＝5）△/△接线双速电动机（换相变极）绕组双层叠式布线

(1) 绕组结构参数

定子槽数	$Z=54$	电机极数	$2p=12/6$
总线圈数	$Q=54$	绕组接法	△/△
线圈组数	$u=27$	每组圈数	$S=2$
线圈节距	$y=5$	每槽电角	$\alpha=40°/20°$
分布系数	$K_{d12}=0.93$	$K_{d6}=0.975$	
节距系数	$K_{p12}=0.985$	$K_{p6}=0.766$	
绕组系数	$K_{dp12}=0.916$	$K_{dp6}=0.747$	
出线根数	$c=9$		

(2) 绕组布接线特点及应用举例

本例用换相法变极，绕组由内星角形组成，其中角形边分两段，每段均有 3 个双圈组构成，中间抽头，星形部分则由 3 个双圈组串联。由于两种极数均是 60°相带，故绕组系数较高，适合于两种转速要求较大输出的场合。

但变极时线圈所处相位比较复杂，故本图线圈以 6 极为基准绘制，变换成 12 极时各线圈的相属以槽中线圈的内层小圆的相色表示；若变极时不变相的线圈则用单圈表示。另外，属 Y 形部分的线圈端部用虚线画出，以示区别。

(3) 绕组端面布接线

如图 4-11 所示。

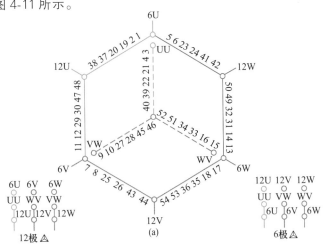

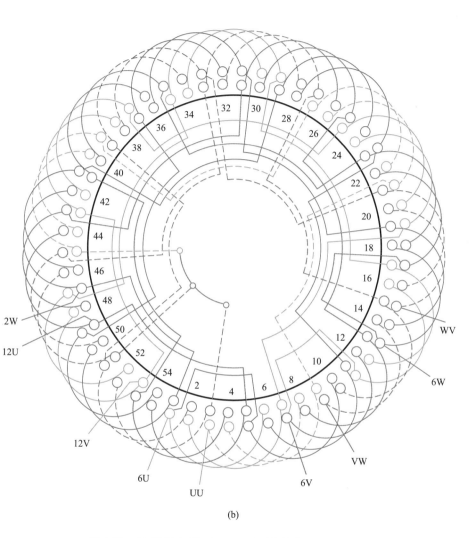

(b)

图 4-11 54 槽 12/6 极（$y=5$）△/△接线双速电动机
（换相变极）绕组双层叠式布线

4.2 48 槽双速电动机绕组端面布接线图

48 槽定子在小型规格中属容量较大的电动机。本节收入双速绕组 11 例，其中以反向法变极居多，且主要采用双层布线，但有单层布线 3 例。双速接线主要是 Y/2Y 或 △/2Y；也有 2 例是 △/2 △ 接法的换相变极绕组，其接线特点可参考上节前述说明。

4.2.1 48 槽 4/2 极（$y=12$）△/2Y 接线双速电动机绕组双层叠式布线

(1) 绕组结构参数

定子槽数　$Z=48$	电机极数　$2p=4/2$
总线圈数　$Q=48$	绕组接法　△/2Y
线圈组数　$u=6$	每组圈数　$S=8$
线圈节距　$y=12$	每槽电角　$\alpha=15°/7.5°$
分布系数　$K_{d4}=0.831$	$K_{d2}=0.956$
节距系数　$K_{p4}=1.0$	$K_{p2}=0.707$
绕组系数　$K_{dp4}=0.831$	$K_{dp2}=0.676$
出线根数　$c=6$	

(2) 绕组布接线特点及应用举例

本例为倍极双速。2 极为庶极，4 极为庶极，两种转速的转向相反。此绕组仅有 6 组线圈，接线也简便，适用于变转矩负载特性的场合；转矩比 $T_4/T_2=1.065$，功率比 $P_4/P_2=2.13$。产品实例有 YD180L-4/2 等。

(3) 绕组端面布接线

如图 4-12 所示。

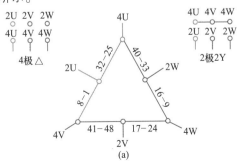

(a)

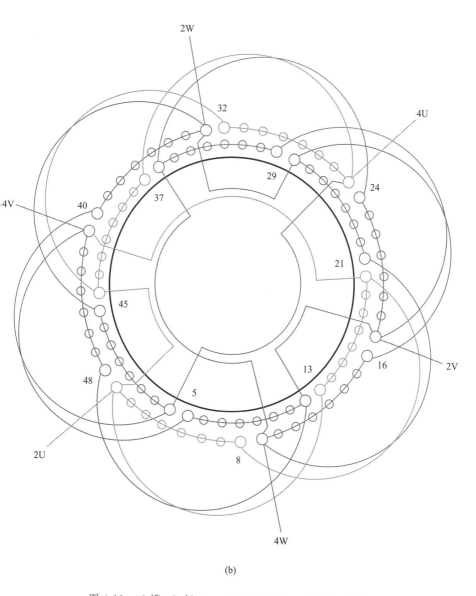

(b)

图 4-12　48 槽 4/2 极（$y=12$）△/2Y 接线双速电动机
绕组双层叠式布线

4.2.2 48槽4/2极（$S=4$）△/2Y接线双速电动机绕组单层同心式布线

(1) 绕组结构参数

定子槽数　$Z=48$　　　　电机极数　$2p=4/2$

总线圈数　$Q=24$　　　　绕组接法　△/2Y

线圈组数　$u=6$　　　　　每组圈数　$S=4$

线圈节距　$y=17、13、9、5$　　每槽电角　$\alpha=15°/7.5°$

分布系数　$K_{d4}=0.83$　　　　$K_{d2}=0.608$

节距系数　$K_{p4}=0.991$　　　　$K_{p2}=0.659$

绕组系数　$K_{dp4}=0.82$　　　　$K_{dp2}=0.401$

出线根数　$c=6$

(2) 绕组布接线特点及应用举例

本例是48槽4/2极双速，2极时的线圈分布比较分散，绕组系数较低。此绕组采用单层同心式布线，三相结构相同，全部采用隔槽同心四联线圈组。每相仅两组线圈，分别置于两个变极组段；接线也很简单，即进线后将同相两组线圈同向串联，构成庶极形式的4极绕组，中间抽头便是2极的进线。

此绕组线圈组数少，接线简便；但2极的绕组系数过低，故适合于低速运行、高速辅助的使用场合。

(3) 绕组端面布接线

如图4-13所示。

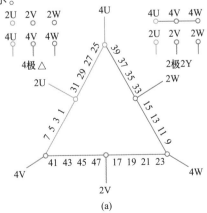

(a)

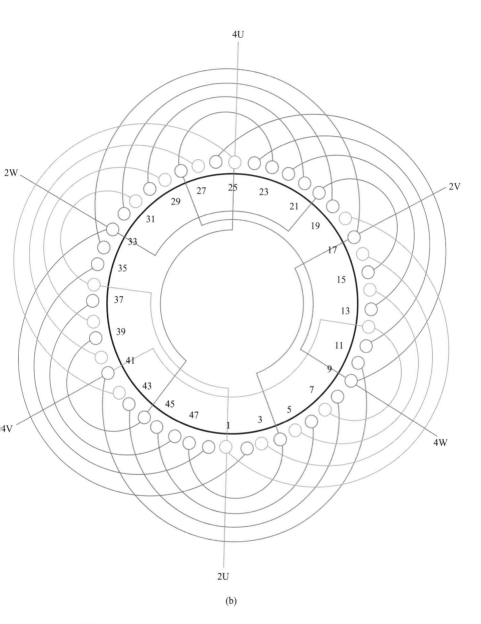

(b)

图 4-13　48 槽 4/2 极（$S=4$）△/2Y 接线双速电动机绕组
单层同心式布线

4.2.3　48槽8/2极（y＝17）△/2△接线双速电动机（换相变极）绕组双层叠式布线

（1）绕组结构参数

定子槽数　$Z=48$　　　　　电机极数　$2p=8/2$

总线圈数　$Q=48$　　　　　绕组接法　△/2△

线圈组数　$u=24$　　　　　每组圈数　$S=2$

线圈节距　$y=17$　　　　　每槽电角　$\alpha=30°/7.5°$

分布系数　$K_{d8}=0.855$　　　　$K_{d2}=0.859$

节距系数　$K_{p8}=0.966$　　　　$K_{p2}=0.896$

绕组系数　$K_{dp8}=0.826$　　　　$K_{dp2}=0.77$

出线根数　$c=6$

（2）绕组布接线特点及应用举例

本绕组是采用△/2△的变极接线，属换相变极，具体接线如图4-13（a），本图绕组角形线圈用实线画出；星形线圈则用虚线或点划线表示。本绕组与16/4极绕组构成双绕组4速，用于塔式吊车。

（3）绕组端面布接线

如图4-14所示。

(a)

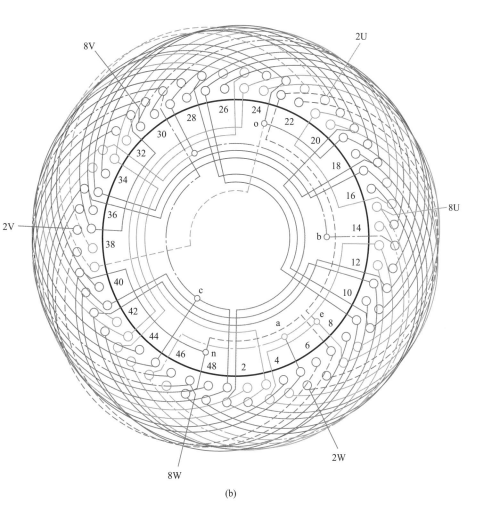

(b)

图 4-14　48 槽 8/2 极（$y=17$）△/2△接线双速电动机（换相变极）绕组双层叠式布线

4.2.4　48 槽 8/4 极（$y=6$）△/2Y 接线双速电动机绕组双层叠式布线

(1) 绕组结构参数

定子槽数	$Z=48$	电机极数	$2p=8/4$
总线圈数	$Q=48$	绕组接法	△/2Y
线圈组数	$u=12$	每组圈数	$S=4$
线圈节距	$y=6$	每槽电角	$\alpha=30°/15°$
分布系数	$K_{d8}=0.837$	$K_{d4}=0.958$	
节距系数	$K_{p8}=1.0$	$K_{p4}=0.707$	
绕组系数	$K_{dp8}=0.837$	$K_{dp4}=0.677$	
出线根数	$c=6$		

(2) 绕组布接线特点及应用举例

本例绕组采用倍极比正规分布方案，4 极为 60°相带，反向法排出 8 极；两种转速的转向相反。本例属可变矩输出特性，转矩比 $T_8/T_4=2.14$，输出功率比 $P_8/P_4=1.07$。主要应用有 JDO2-61-8/4 等。

(3) 绕组端面布接线

如图 4-15 所示。

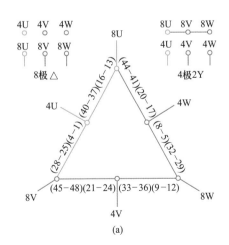

(a)

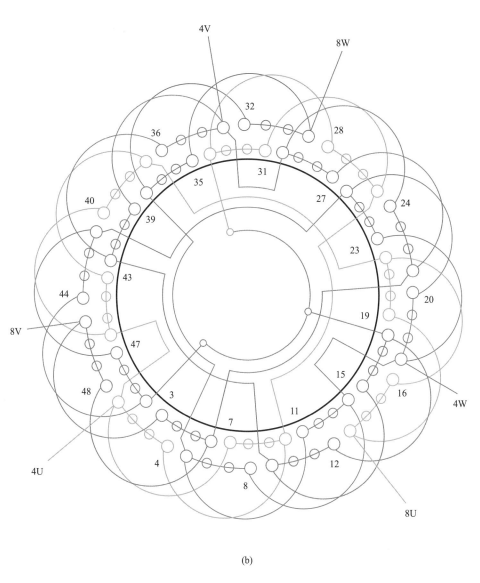

(b)

图 4-15　48 槽 8/4 极（$y=6$）△/2Y 接线双速电动机绕组
双层叠式布线

4.2.5　48槽8/4极（$y=6$）Y/2Y接线双速电动机绕组双层叠式布线

（1）绕组结构参数

定子槽数　$Z=48$　　　　电机极数　$2p=8/4$

总线圈数　$Q=48$　　　　绕组接法　Y/2Y

线圈组数　$u=12$　　　　每组圈数　$S=4$

线圈节距　$y=6$　　　　每槽电角　$\alpha=30°/15°$

分布系数　$K_{d8}=0.837$　　$K_{d4}=0.958$

节距系数　$K_{p8}=1.0$　　　$K_{p4}=0.707$

绕组系数　$K_{dp8}=0.837$　　$K_{dp4}=0.677$

出线根数　$c=6$

（2）绕组布接线特点及应用举例

本例变极方案与上例相同，属倍极比正规分布方案，唯不同的是绕组接法，即本绕组采用 Y/2Y 接线。变极时以 4 极 60°相带为基准，用反向法排出 8 极庶极绕组。本绕组是反转向双速，输出特性为可变转矩。此绕组取自实修双速电动机，而标准系列中无此例。

（3）绕组端面布接线

如图 4-16 所示。

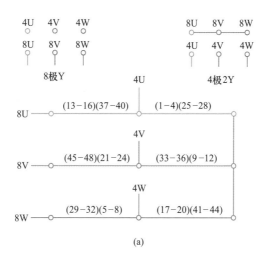

(a)

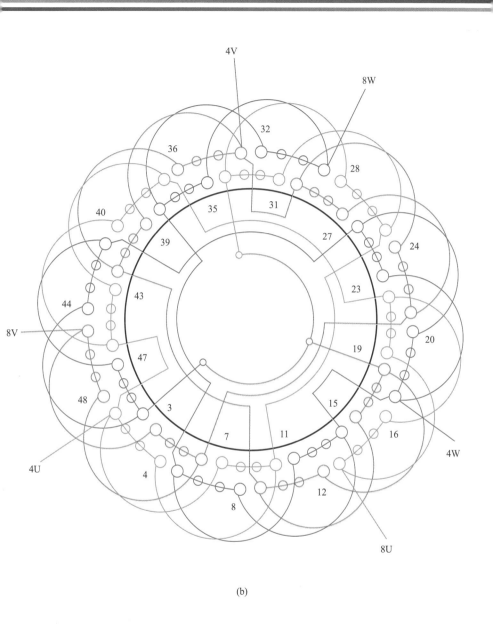

(b)

图 4-16 48 槽 8/4 极（$y=6$）Y/2Y 接线双速电动机
绕组双层叠式布线

4.2.6 48槽8/4极（$y=7$）△/2Y接线双速电动机绕组双层叠式布线

(1) 绕组结构参数

定子槽数　$Z=48$　　　　　电机极数　$2p=8/4$

总线圈数　$Q=48$　　　　　绕组接法　△/2Y

线圈组数　$u=12$　　　　　每组圈数　$S=4$

线圈节距　$y=7$　　　　　每槽电角　$\alpha=30°/15°$

分布系数　$K_{d8}=0.837$　　　$K_{d4}=0.958$

节距系数　$K_{p8}=0.966$　　　$K_{p4}=0.793$

绕组系数　$K_{dp8}=0.809$　　　$K_{dp4}=0.76$

出线根数　$c=6$

(2) 绕组布接线特点及应用举例

本例双速以4极为基准，反向排出8极庶极绕组。绕组线圈节距较上例增长一槽，两种极数下的绕组系数接近；且采用△/2Y接线，电动机输出特性为转矩比 $T_8/T_4=1.84$，输出功率比 $P_8/P_4=0.92$。主要应用实例有 JDO2-41-8/4 等。

(3) 绕组端面布接线

如图4-17所示。

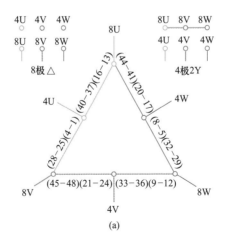

(a)

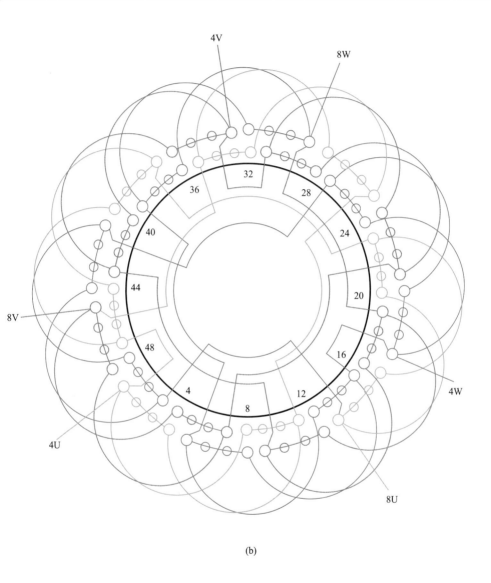

(b)

图 4-17　48 槽 8/4 极（$y=7$）△/2Y 接线双速电动机绕组双层叠式布线

4.2.7　48 槽 8/4 极（$S=2$）△/2Y 接线双速电动机绕组单层同心式布线

(1) 绕组结构参数

定子槽数	$Z=48$	电机极数	$2p=8/4$
总线圈数	$Q=24$	绕组接法	△/2Y
线圈组数	$u=12$	每组圈数	$S=2$
线圈节距	$y=9$、5	每槽电角	$\alpha=30°/15°$
分布系数	$K_{d8}=0.837$	$K_{d4}=0.767$	
节距系数	$K_{p8}=0.966$	$K_{p4}=0.793$	
绕组系数	$K_{dp8}=0.809$	$K_{dp4}=0.608$	
出线根数	$c=6$		

(2) 绕组布接线特点及应用举例

本例为倍极比正规分布的双速绕组。绕组由隔槽同心双联线圈组构成，每相由 4 组线圈对称分布，接线也简单，即 8 极进线后隔组顺接串联，抽出 4 极出线后，进入另两组线圈的串联。三相连接相同，最后将三相接成一路△形即可。

本例是以 4 极为基准排列的双速，所以两种极数的分布系数比较接近，故适用于两种转速下都要求出力接近的场合。

(3) 绕组端面布接线

如图 4-18 所示。

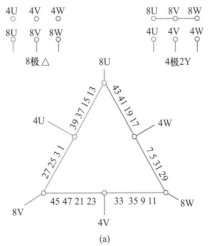

(a)

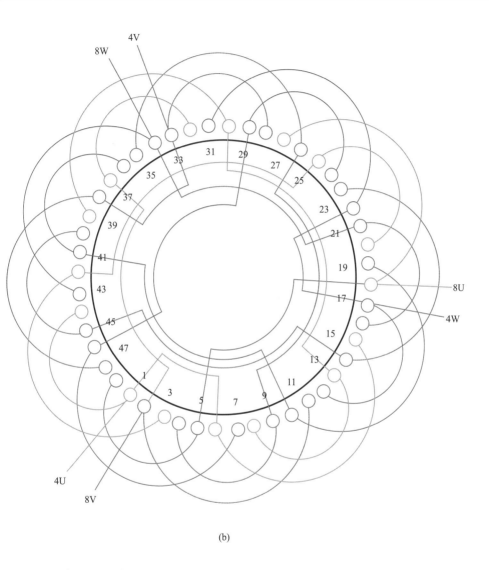

(b)

图 4-18　48 槽 8/4 极（$S=2$）△/2Y 接线双速电动机单层同心式布线

4.2.8　48 槽 10/8 极（$y=5$）△/2Y 接线双速电动机绕组双层叠式布线

(1) 绕组结构参数

定子槽数　$Z=48$　　　　电机极数　$2p=10/8$

总线圈数　$Q=48$　　　　绕组接法　△/2Y

线圈组数　$u=24$　　　　每组圈数　$S=2$

线圈节距　$y=5$　　　　每槽电角　$\alpha=37.5°/30°$

分布系数　$K_{d10}=0.619$　　$K_{d8}=0.966$

节距系数　$K_{p10}=0.997$　　$K_{p8}=0.966$

绕组系数　$K_{dp10}=0.617$　　$K_{dp8}=0.933$

出线根数　$c=6$

(2) 绕组布接线特点及应用举例

本例双速绕组采用反向变极，在同相序条件下，两种极数为反转向。

绕组结构比较简单，全部由双圈组成，每相有 8 个线圈组；若以 10 极单路△形接线，则同相相邻线圈组为反极性串联。此双速绕组在 10 极时分布系数低，而且谐波分量较高，致使低速时启动性能和出力不佳；故宜用于高速正常运转、低速作辅助工作的场合。

(3) 绕组端面布接线

如图 4-19 所示。

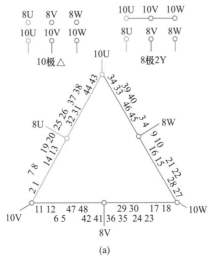

(a)

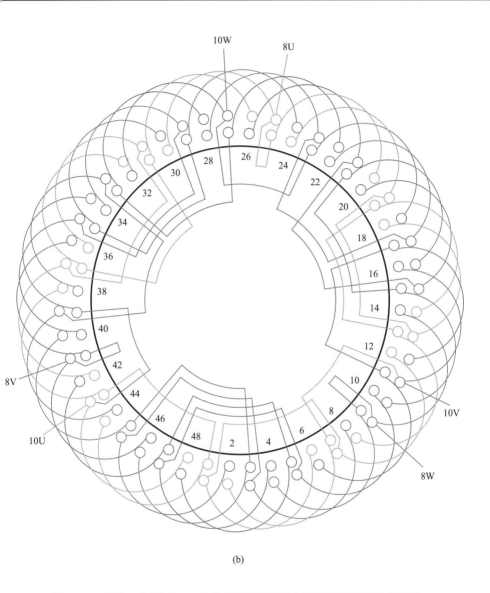

(b)

图 4-19　48 槽 10/8 极（$y=5$）△/2Y 接线双速电动机绕组双层叠式布线

4.2.9　48 槽 16/4 极（*y*=9）Y/2Y 接线双速电动机绕组双层叠式布线

（1）绕组结构参数

定子槽数	$Z=48$	电机极数	$2p=16/4$
总线圈数	$Q=48$	绕组接法	Y/2Y
线圈组数	$u=24$	每组圈数	$S=2$
线圈节距	$y=9$	每槽电角	$\alpha=60°/15°$
分布系数	$K_{d16}=0.731$	$K_{d4}=0.732$	
节距系数	$K_{p16}=1.0$	$K_{p4}=0.924$	
绕组系数	$K_{dp16}=0.731$	$K_{dp4}=0.676$	
出线根数	$c=6$		

（2）绕组布接线特点及应用举例

本例也是远倍极比变极绕组，每相有两变极组，均由 4 个双圈组串联而成，且在 16 极时全部极性为正。变极组内接线比较简洁，如从 16U 开始即把相邻两组顺接串联后，跨越两组再顺串两组抽头 4U，完成一变极组；然后顺串同相的其余 4 组线圈便完成一相连接。V、W 相接线类推。但由于变极绕组进线不可随意，必须如图 4-19（b）所示安排。此绕组主要用于货物电梯及起重机的双速电动机。

（3）绕组端面布接线

如图 4-20 所示。

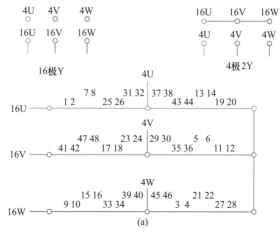

(a)

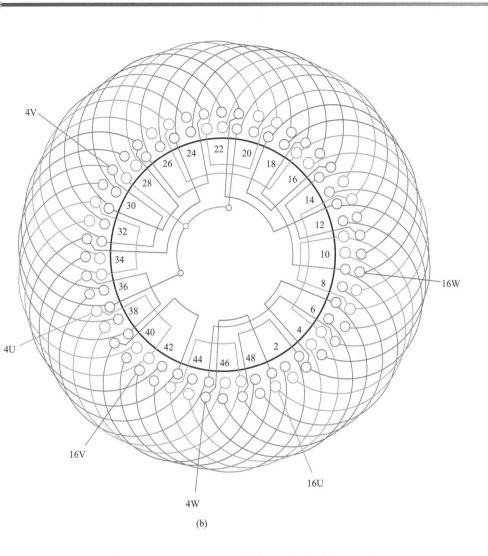

图 4-20 48 槽 16/4 极（$y=9$）Y/2Y 接线双速电动机绕组双层叠式布线

4.2.10　48 槽 16/4 极（y=9）△/2 △接线双速电动机（换相变极）绕组双层叠式布线

(1) 绕组结构参数

定子槽数　$Z = 48$　　　　电机极数　$2p = 16/4$
总线圈数　$Q = 48$　　　　绕组接法　$\triangle/2 \triangle$
线圈组数　$u = 48$　　　　每组圈数　$S = 1$
线圈节距　$y = 9$　　　　每槽电角　$\alpha = 60°/15°$
分布系数　$K_{d16} = 0.885$　　$K_{d4} = 0.854$
节距系数　$K_{p16} = 1.0$　　　$K_{p4} = 0.924$
绕组系数　$K_{dp16} = 0.885$　　$K_{dp4} = 0.789$
出线根数　$c = 6$

(2) 绕组布接线特点及应用举例

本例绕组采用新颖的特殊型式接线，属换相变极方案。这种接法可使低速启动切换到高速，实现不断电控制，详见上节前述说明。

(3) 绕组端面布接线

如图 4-21 所示。

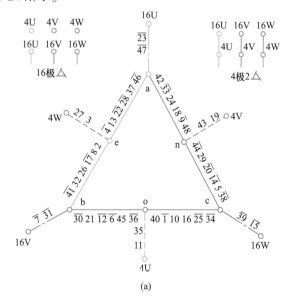

(a)

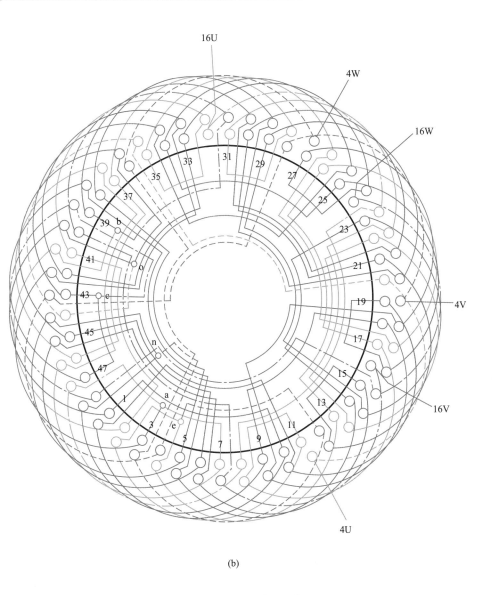

(b)

图 4-21 48槽16/4极（$y=9$）△/2△接线双速电动机
（换相变极）绕组双层叠式布线

4.2.11　48 槽 16/4 极 Y/2Y 接线双速电动机绕组单层双节距布线

（1）绕组结构参数

定子槽数　$Z = 48$　　　　电机极数　$2p = 16/4$

总线圈数　$Q = 48$　　　　绕组接法　Y/2Y

线圈组数　$u = 24$　　　　每组圈数　$S = 1$

线圈节距　$y = 9、3$　　　每槽电角　$\alpha = 60°/15°$

分布系数　$K_{d16} = 1.0$　　$K_{d4} = 0.653$

节距系数　$K_{p16} = 1.0$　　$K_{p4} = 0.707$

绕组系数　$K_{dp16} = 1.0$　　$K_{dp4} = 0.462$

出线根数　$c = 6$

（2）绕组布接线特点及应用举例

本例采用单层双距布线，从端部外观看似每结构单元是同心线圈，其实它的大小线圈不是同一结构单元，而是分类于不同的两个单圈组。若接线从 16 极端开始，为方便说明，这里仅以"单元"相称，即每相 4 个线圈（组）是"单元" 1 大圈与"单元" 2 小圈反串，再与"单元" 3 大圈顺串，最后与"单元" 4 小圈反串。由此可见，绕组的接线特点是：同一"单元"的大小线圈没有直接关联，而各大线圈极性与小线圈相反。此绕组用于货物起重设备电动机。

（3）绕组端面布接线

如图 4-22 所示。

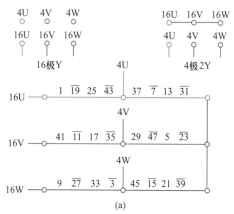

(a)

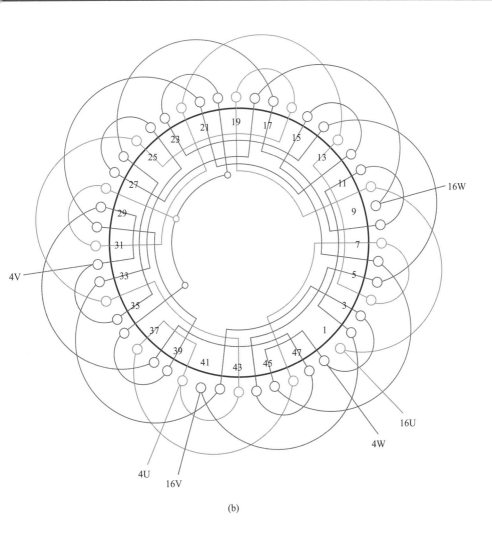

(b)

图 4-22　48 槽 16/4 极 Y/2Y 接线双速电动机绕组单层双节距布线

4.3　36槽倍极比双速电动机绕组端面布接线图

36槽属小型电机系列，其使用最为广泛，在双速机中的绕组型式和数量也较多，故本书将其编成二节。本节是倍极比（比值为整数）双速，它包括4/2极、8/4极、12/6极等近倍极比绕组和8/2极、10/2极、12/4极、16/4极等远倍极比绕组。本节共收入倍极比绕组18例，主要采用常规接线，其中所涉及的特种接法△/△于前已介绍过，故下面仅对两例特种接法作简要介绍。

（1）Y/2△接法双速绕组

其实这种接法早已有之，但应用较少而本书是初次出现，故也作为特种简要介绍。它属于反向法变极，常用于远极比变极；通常Y接是低速，2△变高速。本节应用于8/2极变速，简化接线及端接变换如图4-23（a）所示。8极时将出线端6接到3构成一路Y形，绕组电流方向如箭头所示。变换到2极时，按端接图改接后绕组如图4-23（b）所示，构成2△接线，这时有一半线圈改变电流方向，但各线圈的相属仍未改变。

这种接法的双速绕组属可变转矩输出特性，适用于要求高速输出功率大、低速输出功率小的场合；其缺点是出线多，变速控制也相对复杂。

（2）△/△接法双速绕组

这种接法也是一种新颖的变极接法，属于反向变极的新型式。多极数时采用内角星形（△），实例如图4-35所示；少极数则转接成内星角形（△）。变极绕组引出线6根，三相绕组由6个变极组构成，每相分为角形和星形两部分。变极时星形部分的线圈需反向，而原角形部分则不反向。低速时电源从星形绕组（10U、10V、10W）接入，加速换挡需断开电源，把10U、10V、10W接成星点，使其成为内星绕组，电源改从角形顶点2U、2V、2W进入。

这种变极接法可使远极比变极中获得较接近的绕组系数，而且在低速运行时有效削减谐波分量。此外，采用这种接法的线圈参数是不同的，即角形绕组的线圈匝数较多，约为星形的$\sqrt{3}$倍；而星形绕组的导线截面积是角形的$\sqrt{3}$倍。此变极接法适用于10/2、20/4等远极比变极的双速绕组。

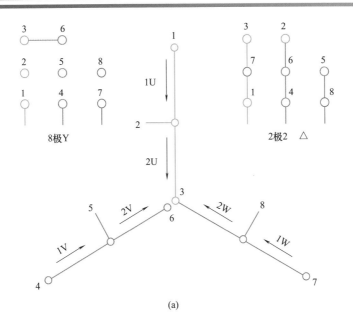

(a)

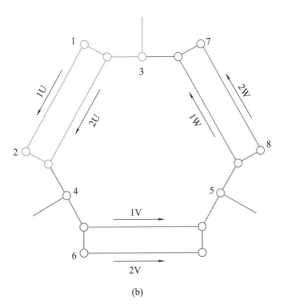

(b)

图 4-23　Y/△接法双速绕组

4.3.1 36槽4/2极（$y=9$）△/2Y接线双速电动机 绕组双层叠式布线

（1）绕组结构参数

定子槽数	$Z=36$	电机极数	$2p=4/2$
总线圈数	$Q=36$	绕组接法	△/2Y
线圈组数	$u=6$	每组圈数	$S=6$
线圈节距	$y=9$	每槽电角	$\alpha=20°/10°$
分布系数	$K_{d4}=0.83$	$K_{d2}=0.96$	
节距系数	$K_{p4}=1.0$	$K_{p2}=0.707$	
绕组系数	$K_{dp4}=0.83$	$K_{dp2}=0.676$	
出线根数	$c=6$		

（2）绕组布接线特点及应用举例

本例是倍极比正规分布反转向变极，每相由2个6联组构成。2极为60°相带，反向获得120°相带（庶极）4极。

输出特性是可变转矩，转矩比 $T_4/T_2=1.06$，功率比 $P_4/P_2=1.84$。此绕组为常用电动机产品绕组。主要实例如 YD160L-4/2 等。

（3）绕组端面布接线

如图4-24所示。

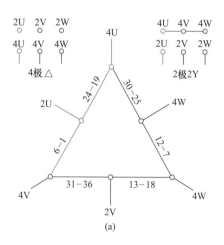

(a)

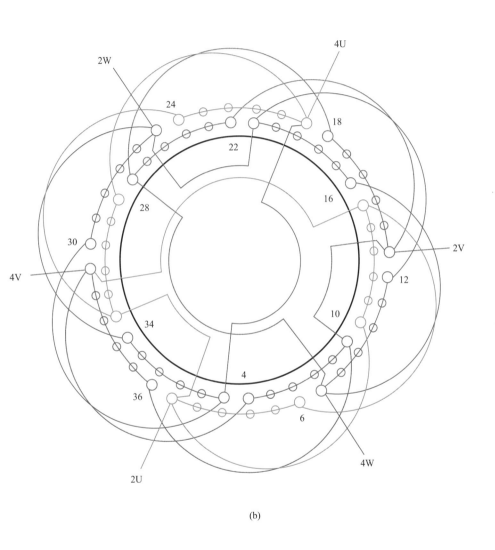

(b)

图 4-24　36 槽 4/2 极（$y=9$）△/2Y 接线双速电动机绕组双层叠式布线

4.3.2　36 槽 4/2 极（$y=9$）△/△接线双速电动机（换相变极）绕组双层叠式布线

(1) 绕组结构参数

定子槽数	$Z=36$	电机极数	$2p=4/2$
总线圈数	$Q=36$	绕组接法	△/△
线圈组数	$u=9$	每组圈数	$S=4$
线圈节距	$y=9$	每槽电角	$\alpha=20°/10°$
线组系数	$K_{dp4Y}=0.925$	$K_{dp4D}=0.911$	
	$K_{dp2Y}=0.694$	$K_{dp2D}=0.683$	
出线根数	$c=9$		

(2) 绕组布接线特点及应用举例

本例采用换相变极，两种极数均为内星角形（△）接法，即绕组分为角形部分和星形部分。其中星形占每相绕组的 1/3，U 相在变极时不换相，而只将 V、W 两相作星形交换相位。角形部分变极时相位改变幅度较大，具体如图 4-25（a）所示。

由于两种极数均为 60°相带分布，绕组系数较高，布接线都简便，引出线 9 根，控制线路较繁。本例为同转向变极方案，适用于要求出力较高的恒功率场合。

(3) 绕组端面布接线

如图 4-25 所示。

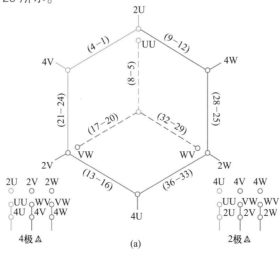

(a)

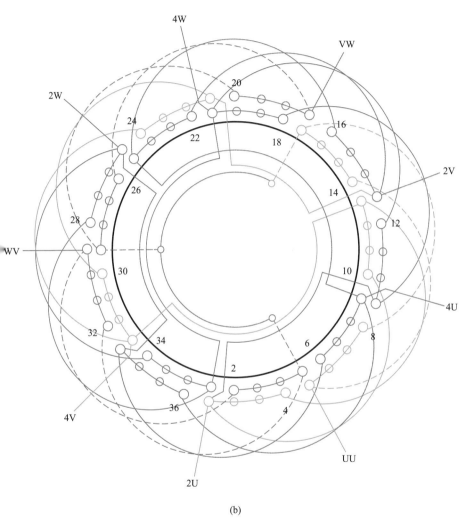

(b)

图 4-25　36 槽 4/2 极（$y=9$）△/△接线双速电动机
（换相变极）绕组双层叠式布线

4.3.3　36 槽 4/2 极（$y=10$）△/2Y 接线双速电动机绕组双层叠式布线

(1) 绕组结构参数

定子槽数　$Z=36$　　　电机极数　$2p=4/2$

总线圈数　$Q=36$　　　绕组接法　△/2Y

线圈组数　$u=6$　　　　每组圈数　$S=6$

线圈节距　$y=10$　　　每槽电角　$\alpha=20°/10°$

分布系数　$K_{d4}=0.831$　　$K_{d2}=0.956$

节距系数　$K_{p4}=0.985$　　$K_{p2}=0.766$

绕组系数　$K_{dp4}=0.818$　　$K_{dp2}=0.732$

出线根数　$c=6$

(2) 绕组布接线特点及应用举例

本例绕组布接线基本同例 4.3.2，但节距长一槽，两绕组系数较接近；转矩比 $T_4/T_2=0.967$，功率比 $P_4/P_2=1.93$。主要应用实例有国产 YD132S-4/2 双速电动机、前苏联 AO2-6/4/2 极三速电动机之 4/2 极绕组等。

(3) 绕组端面布接线

如图 4-26 所示。

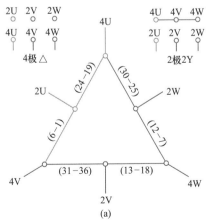

(a)

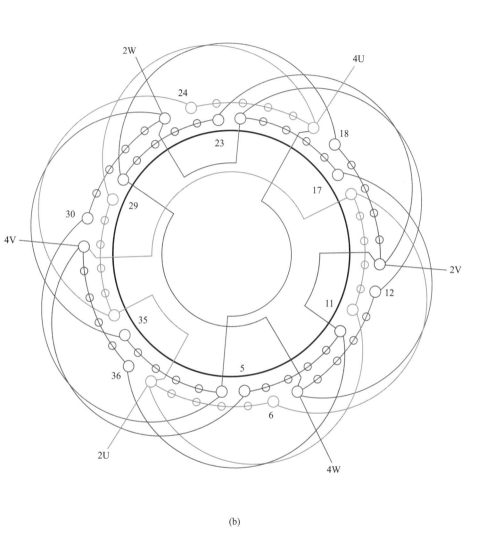

(b)

图 4-26　36 槽 4/2 极（$y=10$）△/2Y 接线双速电动机
绕组双层叠式布线

4.3.4　36 槽 4/2 极（S＝3）△/2Y 接线双速电动机绕组单层同心式布线

(1) 绕组结构参数

定子槽数	$Z = 36$	电机极数	$2p = 4/2$
总线圈数	$Q = 18$	绕组接法	$\triangle/2Y$
线圈组数	$u = 6$	每组圈数	$S = 3$
线圈节距	$y = 13、9、5$	每槽电角	$\alpha = 20°/10°$
分布系数	$K_{d4} = 0.844$		$K_{d2} = 0.679$
节距系数	$K_{p4} = 1.0$		$K_{p2} = 0.707$
绕组系数	$K_{dp4} = 0.844$		$K_{dp2} = 0.48$
出线根数	$c = 6$		

(2) 绕组布接线特点及应用举例

本例采用反向法变极，属倍极比正规分布的双速绕组，变极采用 $\triangle/2Y$ 接法。4 极时为一路角形，每相包括两个变极组，每变极组仅有一个三联线圈组，全部线圈极性为正；变换为 2 极时，电源从 2U、2V、2W 进入，并将 4U、4V、4W 接成星点，从而换接成 2Y 接法。

此双速绕组的每组线圈由 3 个同心线圈组成，且线圈组数少，可采用一相连绕，逐相嵌线构成三平面绕组。

(3) 绕组端面布接线

如图 4-27 所示。

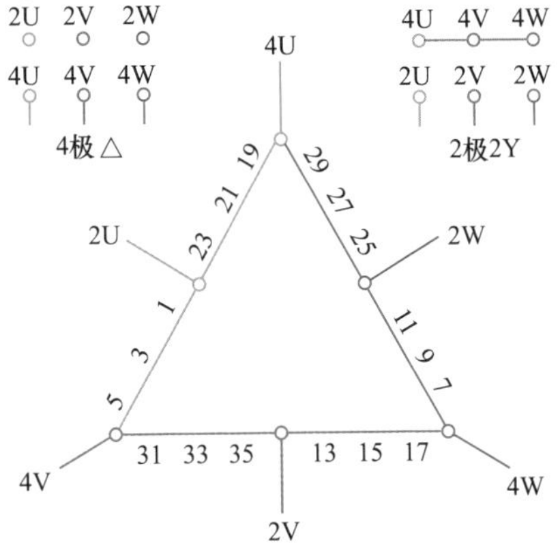

(a)

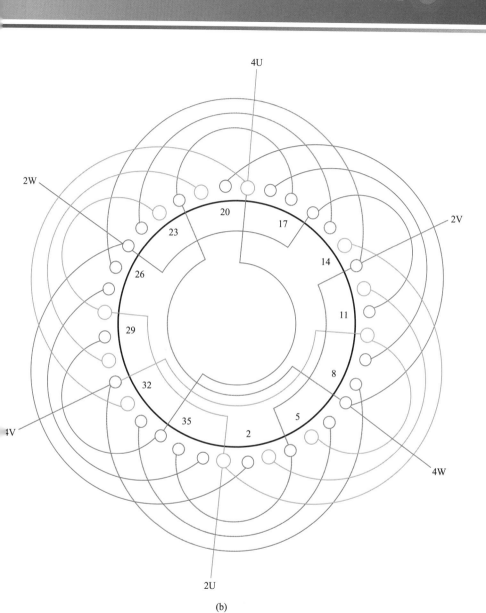

图 4-27　36 槽 4/2 极（$S=3$）△/2Y 接线双速电动机
绕组单层同心式布线

4.3.5　36 槽 8/2 极（$y=5$）Y/2Y 接线双速电动机绕组双层叠式布线

(1) 绕组结构参数

定子槽数　$Z=36$　　　　电机极数　$2p=8/2$

总线圈数　$Q=36$　　　　绕组接法　Y/2Y

线圈组数　$u=18$　　　　每组圈数　$S=2$

线圈节距　$y=5$　　　　每槽电角　$\alpha=40°/10°$

分布系数　$K_{d8}=0.902$　　$K_{d2}=0.823$

节距系数　$K_{p8}=0.985$　　$K_{p2}=0.423$

绕组系数　$K_{dp8}=0.888$　　$K_{dp2}=0.348$

出线根数　$c=6$

(2) 绕组布接线特点及应用举例

本绕组属远极比反向变极绕组，极比为偶数；是采用常规的接线。由于极比较大，为避免造成磁密背离，特将线圈节距大幅缩短至 $y=5$，这样既确保 8 极的绕组系数在高位，而使 2 极从较高值降为过半，从而使 2 极时的磁密值得以提高，使两种极数的磁密趋于合理。此外，绕组采用小节距线圈也利于嵌线，而获得较好的工艺性。

(3) 绕组端面布接线

如图 4-28 所示。

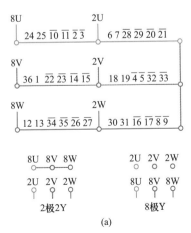

(a)

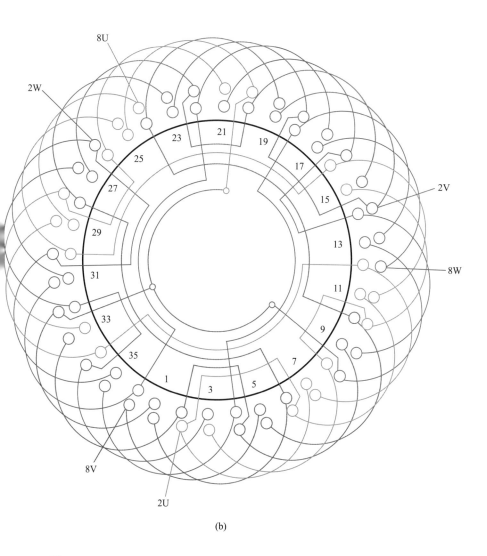

(b)

图 4-28　36 槽 8/2 极（$y=5$）Y/2Y 接线双速电动机绕组双层叠式布线

4.3.6　36 槽 8/2 极（$y=15$）Y/2Y 接线双速电动机绕组双层叠式布线

(1) 绕组结构参数

定子槽数　$Z=36$　　　　　电机极数　$2p=8/2$

总线圈数　$Q=36$　　　　　绕组接法　Y/2Y

线圈组数　$u=24$　　　　　每组圈数　$S=1$、2

线圈节距　$y=15$　　　　　每槽电角　$\alpha=40°/10°$

分布系数　$K_{d8}=0.945$　　$K_{d2}=0.765$

节距系数　$K_{p8}=0.866$　　$K_{p2}=0.966$

绕组系数　$K_{dp8}=0.82$　　$K_{dp2}=0.74$

出线根数　$c=6$

(2) 绕组布接线特点及应用举例

本例绕组每相由 2 个变极组构成，并由 4 组单、双圈串联而成。本例以 8 极为基准极，采用非正规分布排列双速，绕组系数较接近，但线圈组数多，接线较繁，容易出错。变速特性属恒转矩输出。转矩比 $T_8/T_2=1.108$；功率比 $P_8/P_2=0.554$。

(3) 绕组端面布接线

如图 4-29 所示。

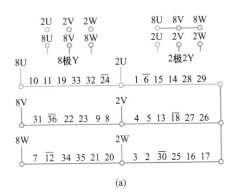

(a)

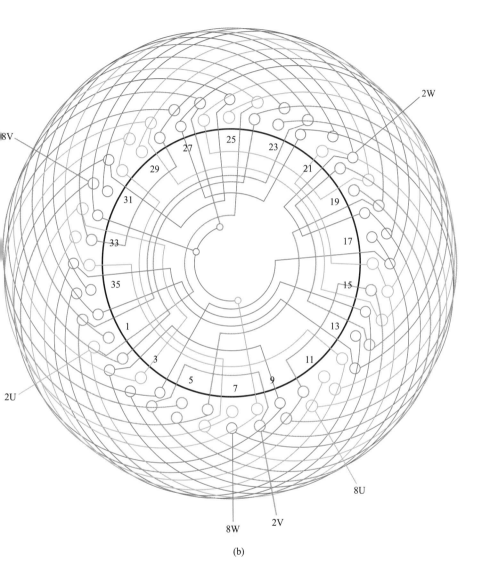

(b)

图 4-29　36 槽 8/2 极（$y=15$）Y/2Y 接线双速电动机绕组双层叠式布线

4.3.7　36 槽 8/2 极（$y=15$，$S=1$、2）Y/2△接线双速电动机绕组双层叠式布线

（1）绕组结构参数

定子槽数　$Z=36$	电机极数　$2p=8/2$
总线圈数　$Q=36$	绕组接法　Y/2△
线圈组数　$u=24$	每组圈数　$S=1$、2
线圈节距　$y=15$	每槽电角　$\alpha=40°/10°$
分布系数　$K_{d8}=0.945$	$K_{d2}=0.765$
节距系数　$K_{p8}=0.866$	$K_{p2}=0.966$
绕组系数　$K_{dp8}=0.82$	$K_{dp2}=0.74$
出线根数　$c=8$	

（2）绕组布接线特点及应用举例

本例绕组布线基本同上例，但 2 极采用 2△接法，变极方案为变转矩特性，转矩比 $T_8/T_2=0.631$，功率比 $P_8/P_2=0.319$，即低速时的功率输出不足高速的 1/3，绕组引出线 8 根，电动机变速接线见端面布接线图。

（3）绕组端面布接线

如图 4-30 所示。

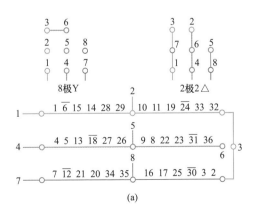

(a)

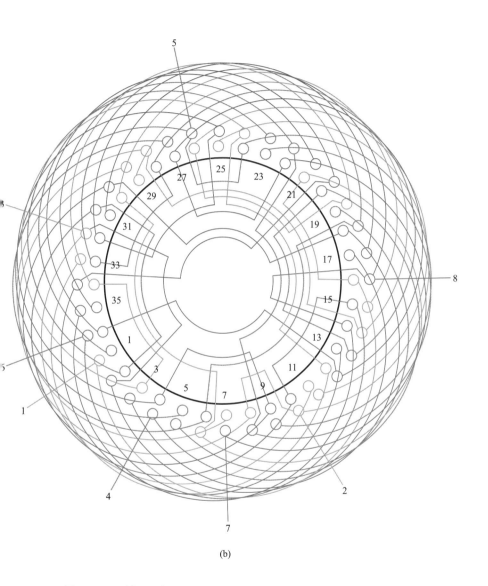

(b)

图 4-30　36 槽 8/2 极（$y=15$，$S=1$、2）Y/2△接线双速电动机
绕组双层叠式布线

4.3.8 36槽8/2极（$y=15$、$S=3$）Y/2△接线双速电动机绕组双层叠式布线

(1) 绕组结构参数

定子槽数	$Z=36$	电机极数	$2p=8/2$
总线圈数	$Q=36$	绕组接法	Y/2△
线圈组数	$u=12$	每组圈数	$S=3$
线圈节距	$y=15$	每槽电角	$\alpha=40°/10°$
分布系数	$K_{d8}=0.844$	$K_{d2}=0.70$	
节距系数	$K_{p8}=0.866$	$K_{p2}=0.966$	
绕组系数	$K_{dp8}=0.731$	$K_{dp2}=0.676$	
出线根数	$c=8$		

(2) 绕组布接线特点及应用举例

本例是正规分布同转向变极方案，以8极为基准排出120°相带庶极绕组，再反向得2极。每变极组由2个三联组构成，绕组接线比前面几例都简便；就是绕组系数稍低，但却比较接近。

本绕组属可变转矩双速方案，转矩比 $T_8/T_2=0.311$，功率比 $P_8/P_2=0.616$。主要应用实例有 JDO2-31-8/2 等。

(3) 绕组端面布接线

如图 4-31 所示。

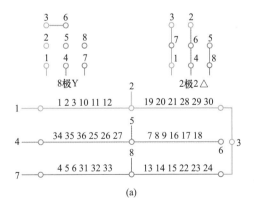

(a)

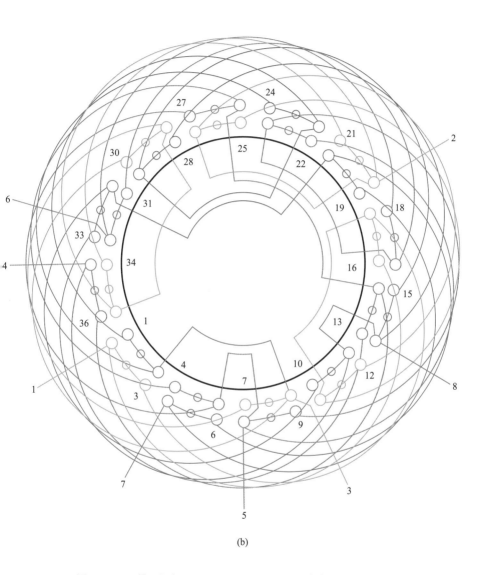

(b)

图 4-31   36 槽 8/2 极（$y=15$、$S=3$）Y/2△接线双速电动机
绕组双层叠式布线

4.3.9　36槽8/4极（y＝5）△/2Y接线双速电动机绕组双层叠式布线

(1) 绕组结构参数

定子槽数	$Z=36$	电机极数	$2p=8/4$
总线圈数	$Q=36$	绕组接法	△/2Y
线圈组数	$u=12$	每组圈数	$S=3$
线圈节距	$y=5$	每槽电角	$\alpha=40°/20°$
分布系数	$K_{d8}=0.844$		$K_{d4}=0.96$
节距系数	$K_{p8}=0.985$		$K_{p4}=0.766$
绕组系数	$K_{dp8}=0.831$		$K_{dp4}=0.735$
出线根数	$c=6$		

(2) 绕组布接线特点及应用举例

本例绕组采用反转向倍极比正规分布方案。以4极为基准，反向得8极；每组由3只线圈组成，每变极组包含两线圈组，再由两变极组串联为一相，从而构成△/2Y接法。绕组是变转矩特性，转矩比 $T_8/T_4=1.95$，功率比 $P_8/P_4=0.98$。实例有YD132-8/4等。

(3) 绕组端面布接线

如图4-32所示。

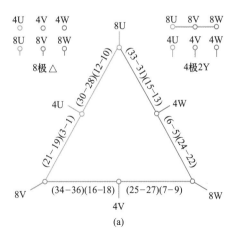

(a)

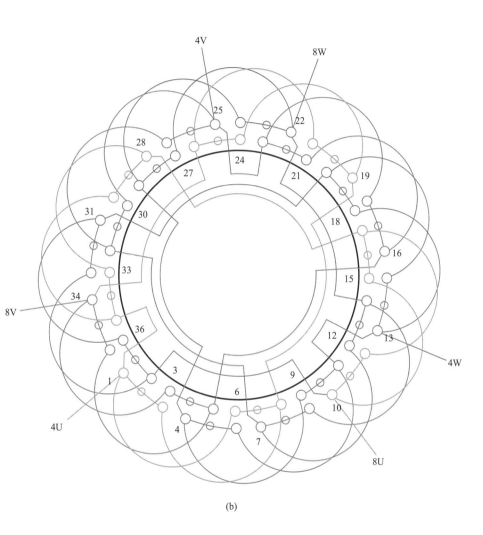

(b)

图 4-32   36 槽 8/4 极（$y=5$）△/2Y 接线双速电动机绕组双层叠式布线

4.3.10 36槽8/4极（y＝5）△/△接线双速电动机（换相变极）绕组双层叠式布线

(1) 绕组结构参数

定子槽数	$Z=36$	电机极数	$2p=8/4$
总线圈数	$Q=36$	绕组接法	$\triangle/\triangle$
线圈组数	$u=18$	每组圈数	$S=2$
线圈节距	$y=5$	每槽电角	$\alpha=40°/20°$
分布系数	$K_{d8}=0.93$	$K_{d4}=0.975$	
节距系数	$K_{p8}=0.985$	$K_{p4}=0.766$	
绕组系数	$K_{dp8}=0.916$	$K_{dp4}=0.747$	
出线根数	$c=9$		

(2) 绕组布接线特点及应用举例

本例是采用内星角形接法的换相变极绕组，两种极数绕组均是60°相带安排，故其绕组系数均属较高，且谐波分量较低。但换相线圈较多，具体如图4-33（a）所示，而且分组也较多，不过按图接线并不算复杂。此绕组应用于低速挡要求有较高出力的使用场合。

(3) 绕组端面布接线

如图4-33所示。

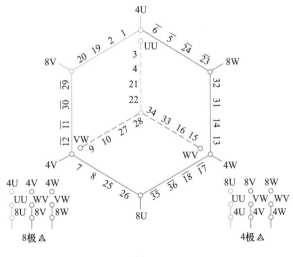

(a)

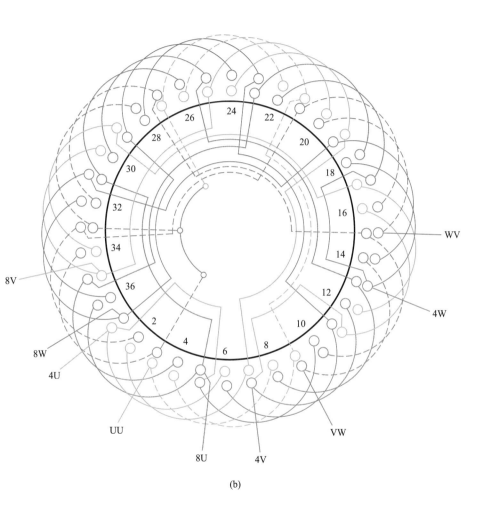

(b)

图 4-33　36 槽 8/4 极（$y=5$）△/△接线双速电动机
（换相变极）绕组双层叠式布线

4.3.11　36 槽 8/4 极（$y=5$）△/2△接线双速电动机（换相变极）绕组双层叠式布线

（1）绕组结构参数

定子槽数　$Z=36$　　　　　　　电机极数　$2p=8/4$

总线圈数　$Q=36$　　　　　　　绕组接法　△/2△

线圈组数　$u=24$　　　　　　　每组圈数　$S=1、2$

线圈节距　$y=5$　　　　　　　　每槽电角　$\alpha=40°/20°$

分布系数　$K_{d8}=0.85$　　　　　$K_{d4}=0.99$

节距系数　$K_{p8}=0.986$　　　　$K_{p4}=0.768$

绕组系数　$K_{dp8}=0.838$　　　　$K_{dp4}=0.76$

出线根数　$c=6$

（2）绕组布接线特点及应用举例

本例采用换相变极，并用"△"形接法（详见 4.1 节前述说明）。绕组接线比较复杂，且不同规格的线圈，故嵌绕时要特别注意，勿使弄错。此绕组适用于电动葫芦及小型双速运输带用电动机。本绕组未见用于系列产品。

（3）绕组端面布接线

如图 4-34 所示。

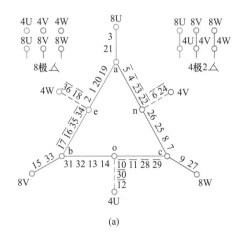

(a)

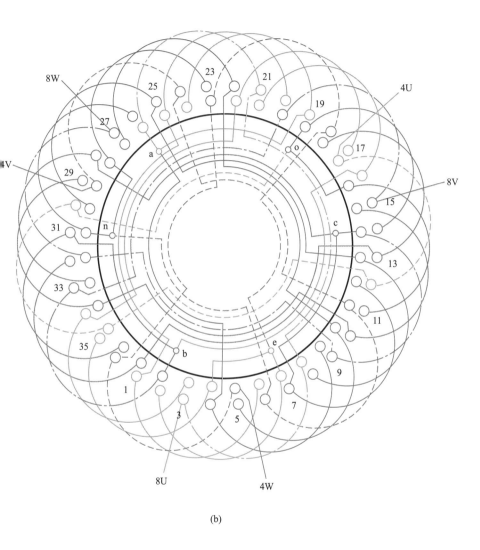

(b)

图 4-34　36 槽 8/4 极（$y=5$）△/2△接线双速电动机
（换相变极）绕组双层叠式布线

4.3.12　36 槽 10/2 极（$y=10$）△/△接线双速电动机绕组双层叠式布线

(1) 绕组结构参数

定子槽数　$Z=36$　　　　　电机极数　$2p=10/2$

总线圈数　$Q=36$　　　　　绕组接法　△/△

线圈组数　$u=12$　　　　　每组圈数　$S=3$

线圈节距　$y=10$　　　　　每槽电角　$\alpha=50°/10°$

分布系数　$K_{d10}=0.762$　　　　$K_{d2}=0.99$

节距系数　$K_{p10}=0.94$　　　　$K_{p2}=0.766$

绕组系数　$K_{dp10}=0.716$　　　$K_{dp2}=0.758$

出线根数　$c=6$

(2) 绕组布接线特点及应用举例

10/2 极变速是远极比变极方案，高速时接成内角星形（△），低速是内角星形（△），两种绕组的线圈规格不同，详见本节前述说明。

本例为反转向方案，即两种极数在电源相序不变时旋转方向相反；两绕组系数较接近，是反向法变极又一种新颖的变极接法。

(3) 绕组端面布接线

如图 4-35 所示。

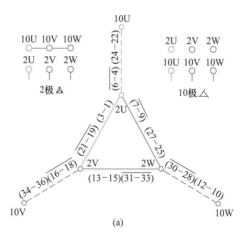

(a)

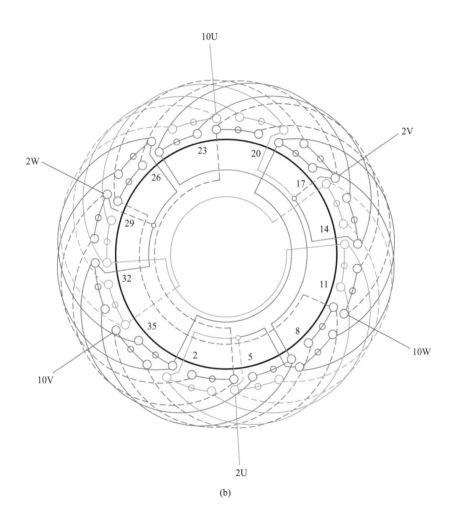

(b)

图 4-35　36 槽 10/2 极（$y=10$）△/△接线双速电动机绕组双层叠式布线

4.3.13　36 槽 10/2 极（$y=10$）Y/2Y 接线双速电动机绕组双层叠式布线

（1）绕组结构参数

定子槽数	$Z=36$	电机极数	$2p=10/2$
总线圈数	$Q=36$	绕组接法	Y/2Y
线圈组数	$u=12$	每组圈数	$S=3$
线圈节距	$y=10$	每槽电角	$\alpha=50°/10°$
分布系数	$K_{d10}=0.736$		$K_{d2}=0.956$
节距系数	$K_{p10}=0.94$		$K_{p2}=0.766$
绕组系数	$K_{dp10}=0.692$		$K_{dp2}=0.732$
出线根数	$c=6$		

（2）绕组布接线特点及应用举例

本例是远极比的反向变极方案，而且极比为奇数，属变极绕组中较为少见的形式。由于极比大，在绕组设计上很难兼顾到两种转速下的磁通密度（B_g）都在理想范围，从而出现 B_g 值背离。即当取定匝数后，极易造成高速时 B_g 过低，低速 B_g 过高的现象。

但此绕组结构简单，每组均由三联组构成，连接也不难。一般应用于专用设备的双速电动机。

（3）绕组端面布接线

如图 4-36 所示。

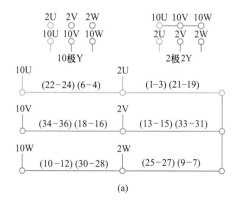

(a)

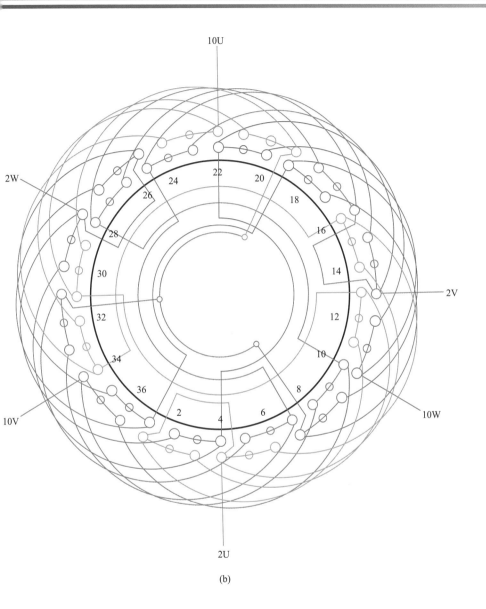

(b)

图 4-36　36 槽 10/2 极（$y=10$）Y/2Y 接线双速电动机绕组双层叠式布线

4.3.14 36槽12/4极（$y=8$）Y/3Y接线双速电动机绕组 双层叠式布线

（1）绕组结构参数

定子槽数　$Z=36$　　　　　电机极数　$2p=10/2$

总线圈数　$Q=36$　　　　　绕组接法　Y/3Y

线圈组数　$u=36$　　　　　每组圈数　$S=1$

线圈节距　$y=8$　　　　　每槽电角　$\alpha=60°/20°$

分布系数　$K_{d12}=0.866$　　　$K_{d4}=0.629$

节距系数　$K_{p12}=0.866$　　　$K_{p4}=0.985$

绕组系数　$K_{dp12}=0.75$　　　$K_{dp4}=0.62$

出线根数　$c=6$

（2）绕组布接线特点及应用举例

本例属新开发的变极方案。目前所见的倍极比如4/2、8/4、8/2、12/6、24/6等均为偶数，此双速则是12/4＝3，故属倍极比为奇数的双速。它在12极时为一路Y形，4极为3Y，每相由3个变极组构成，如图4-37（a）所示。变极时只有中间变极组（U3、U4）需反向，其余线圈不变。此绕组引出线9根，变极无须换接电源，只要改变端接形式。此绕组用于轻型货物电梯电动机。

（3）绕组端面布接线

如图4-37所示。

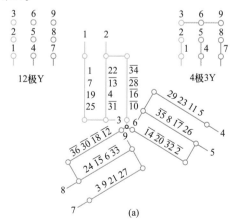

(a)

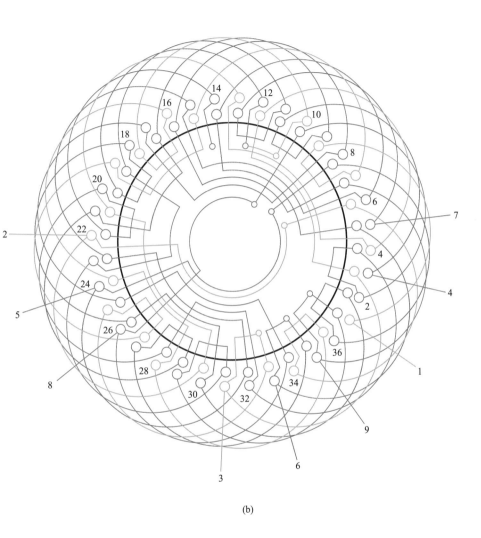

(b)

图 4-37　36 槽 12/4 极（$y=8$）Y/3Y 接线双速电动机绕组双层叠式布线

4.3.15　36 槽 12/6 极（$y=3$）△/2Y 接线双速电动机绕组双层叠式布线

(1) 绕组结构参数

定子槽数　$Z=36$　　　　　电机极数　$2p=12/6$

总线圈数　$Q=36$　　　　　绕组接法　△/2Y

线圈组数　$u=18$　　　　　每组圈数　$S=2$

线圈节距　$y=3$　　　　　　每槽电角　$\alpha=60°/30°$

分布系数　$K_{d12}=0.866$　　　$K_{d6}=0.966$

节距系数　$K_{p12}=1.0$　　　　$K_{p6}=0.707$

绕组系数　$K_{dp12}=0.866$　　　$K_{dp6}=0.683$

出线根数　$c=6$

(2) 绕组布接线特点及应用举例

本例为倍极比正规分布方案，以 6 极为基准按 60°相带排列绕组，每组线圈数为 2，即 3 组双联构成一变极组，并接成二路 Y 形，即电源从 6U、6V、6W 进入；12U、12V、12W 连成星点。反向法排出 12 极庶极绕组，采用一路△形接线，即把两变极组的中间抽头 6U、6V、6W 空出，12U、12V、12W 接入电源。

此绕组是反转向双速；输出属可变转矩特性。主要应用实例有 YD160L-12/6、YD160M-12/6 等。

(3) 绕组端面布接线

如图 4-38 所示。

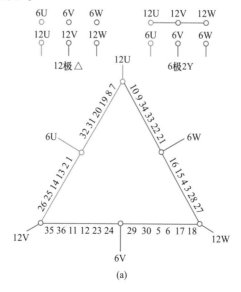

(a)

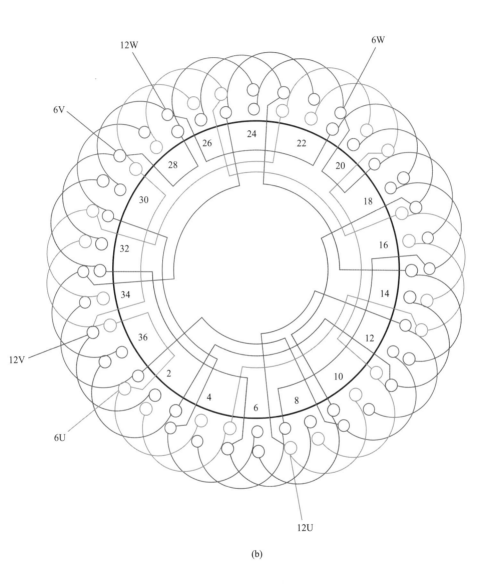

(b)

图 4-38　36 槽 12/6 极（$y=3$）△/2Y 接线双速电动机绕组双层叠式布线

4.3.16　36槽12/6极（y＝3）△/2Y接线双速电动机绕组单层链式布线

(1) 绕组结构参数

定子槽数　$Z = 36$　　　　电机极数　$2p = 12/6$

总线圈数　$Q = 18$　　　　绕组接法　$\triangle/2Y$

线圈组数　$u = 18$　　　　每组圈数　$S = 1$

线圈节距　$y = 3$　　　　每槽电角　$\alpha = 60°/30°$

分布系数　$K_{d12} = 1.0$　　$K_{d6} = 0.707$

节距系数　$K_{p12} = 1.0$　　$K_{p6} = 0.707$

绕组系数　$K_{dp12} = 1.0$　　$K_{dp6} = 0.50$

出线根数　$c = 6$

(2) 绕组布接线特点及应用举例

本例是倍极比正规分布方案，每组线圈数为1，12极时绕组是标准的单层链式庶极绕组，故其绕组系数很高；但6极时的分布系数很低，致使绕组系数相差较大。由于变极双速在变极时有一半线圈反向，所以每相中将奇数线圈和偶数线圈分别同向串联，从而构成一相中的两个变极组。

此绕组的嵌线可依图采用隔圈整嵌，即嵌入一个线圈后，隔开一个线圈再嵌入一个线圈，最后构成双平面绕组。此绕组结构简单，嵌线和接线都方便。

(3) 绕组端面布接线

如图4-39所示。

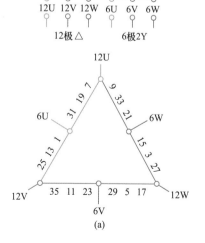

(a)

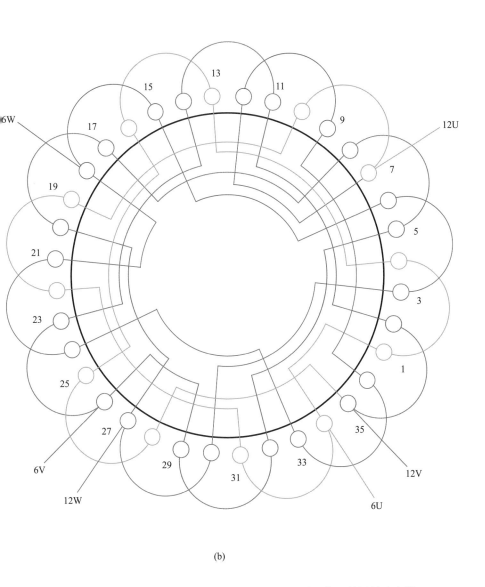

(b)

图 4-39 36 槽 12/6 极（$y=3$）△/2Y 接线双速电动机绕组单层链式布线

4.3.17 36槽16/4极（$y=7$）△/2Y接线双速电动机绕组双层叠式布线

（1）绕组结构参数

定子槽数　$Z=36$　　　　　电机极数　$2p=16/4$

总线圈数　$Q=36$　　　　　绕组接法　△/2Y

线圈组数　$u=24$　　　　　每组圈数　$S=1、2$

线圈节距　$y=7$　　　　　每槽电角　$\alpha=80°/20°$

分布系数　$K_{d16}=0.741$　　　$K_{d4}=0.719$

节距系数　$K_{p16}=0.985$　　　$K_{p4}=0.94$

绕组系数　$K_{dp16}=0.73$　　　$K_{dp4}=0.676$

出线根数　$c=6$

（2）绕组布接线特点及应用举例

本例属远倍极比变极绕组，绕组由单、双圈构成，并按1、2、1、2分布规律循环布线。每变极组由两个单圈和两个双圈组构成。16极采用一路△形接线；4极变换成2Y接线。此绕组主要应用于轻型货物电梯或起重设备的双速电动机。

（3）绕组端面布接线

如图4-40所示。

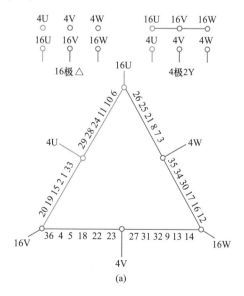

(a)

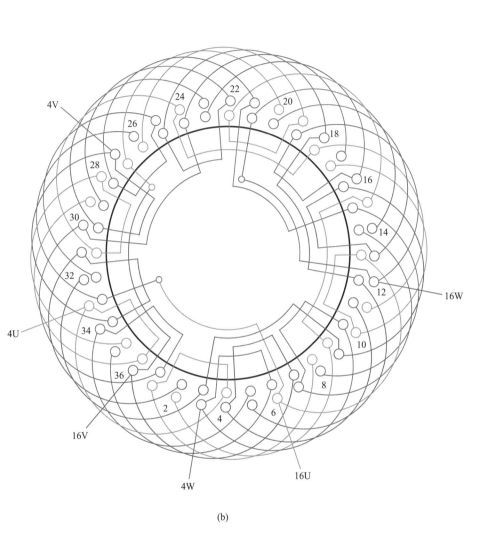

(b)

图 4-40　36 槽 16/4 极（$y=7$）△/2Y 接线双速电动机绕组双层叠式布线

4.3.18　36槽16/4极（$y=7$）Y/2Y接线双速电动机绕组双层叠式布线

(1) 绕组结构参数

定子槽数　$Z=36$　　　　　电机极数　$2p=16/4$

总线圈数　$Q=36$　　　　　绕组接法　Y/2Y

线圈组数　$u=24$　　　　　每组圈数　$S=1、2$

线圈节距　$y=7$　　　　　每槽电角　$\alpha=80°/20°$

分布系数　$K_{d16}=0.741$　　　$K_{d4}=0.719$

节距系数　$K_{p16}=0.985$　　　$K_{p4}=0.94$

绕组系数　$K_{dp16}=0.73$　　　$K_{dp4}=0.676$

出线根数　$c=6$

(2) 绕组布接线特点及应用举例

此绕组变极方案同上例，绕组由单、双圈循环布线，但绕组采用Y/2Y变极接法。此外，绕组接线设计也与上例一样，若从16U起接时，使每一变极组由相邻的单、双圈顺串，隔开两组，再顺串单、双圈后抽出4U；另一变极组也如是连接。由于三相接线相同，使接线简捷，属设计合理的接线方案。此绕组用于起重机的双速电动机。

(3) 绕组端面布接线

如图4-41所示。

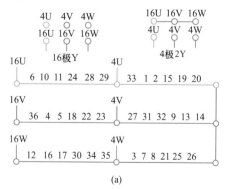

(a)

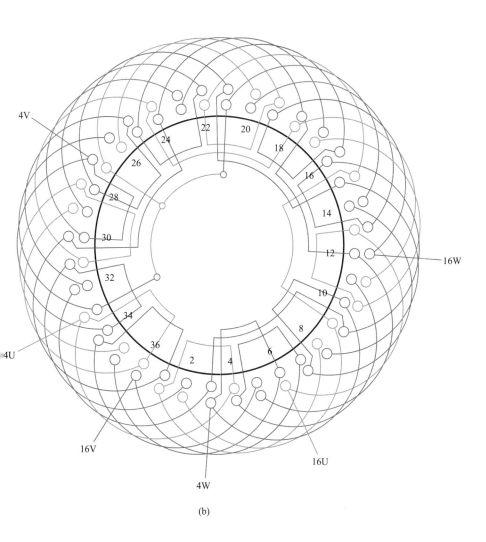

(b)

图 4-41　36 槽 16/4 极（$y=7$）Y/2Y 接线双速电动机绕组双层叠式布线

4.4　36 槽非倍极比双速电动机绕组端面布接线图

36 槽双速有倍极比和非倍极比变极，本节是非倍极比（比值为分数）双速，主要包括 6/4 极和 8/6 极；共收入 36 槽非倍极比双速绕组 20 例，其中 6/4 极 13 例、8/6 极 7 例。变极接线主要采用常规 △/2Y 或 Y/2Y，而特种接法有 4 例，下面仅对新例 3Y/4Y 接法简介如下。

3Y/4Y 接法双速绕组属换相变极绕组，目前只见用于 6/4 极双速，其布线接线型式如图 4-44 所示。它由 12 个变极组构成，两种极数的绕组均为 60°相带，4 极时每相由 4 个变极组（支路）并联而成，星点分别连接，呈 4Y 接线；6 极则只有 3 路并联，即将原三相中的一个支路（变极组）自行短接，使之电流为零，如图 4-44（a）虚线部分；而其余 3 组中有两个变极组需换相。这些需换相的线圈组则称为"基本绕组"；余下（不换相）的称"调整绕组"。6 极时，电源从 6U、6V、6W 接入，而 4U、4V、4W 自成星点。

采用这种接法时，基本绕组与调整绕组每个线圈的参数相同；在换相变极中引出线少，只用 6 根，而且变速切换线路也较简。但 6 极有 3 个变极组呈自闭回路，理想情况是电流为零，但如果电源电压不平衡、定、转子气隙不均匀或三相绕组电阻偏差等，均可能产生内部环流，使电流增大，运行时发出噪声和振动；而且空载电流容易超高。

4.4.1　36 槽 6/4 极（$y=5$）△/2Y 接线双速电动机绕组双层叠式布线

(1) 绕组结构参数

定子槽数	$Z=36$	电机极数	$2p=6/4$
总线圈数	$Q=36$	绕组接法	△/2Y
线圈组数	$u=14$	每组圈数	$S=4、2、1$
线圈节距	$y=5$	每槽电角	$\alpha=30°/20°$
分布系数	$K_{d6}=0.88$	$K_{d4}=0.83$	
节距系数	$K_{p6}=0.966$	$K_{p4}=0.766$	
绕组系数	$K_{dp6}=0.85$	$K_{dp4}=0.636$	
出线根数	$c=6$		

(2) 绕组布接线特点及应用举例

本例采用反向变极非正规分布。以庶极 4 极为基准，而 6 极每相 12 只线圈排列时人为分布为 2、4、4、2，即将远离相轴的线圈移近相轴，从而使 6 极绕组分布系数得以提高，但由于本绕组选用线圈节距过短，导致两种极数下的绕组系数总体不高而影响出力。此绕组应用实例有 JDO3-140S-6/4 的部分厂家产品。

(3) 绕组端面布接线

如图 4-42 所示。

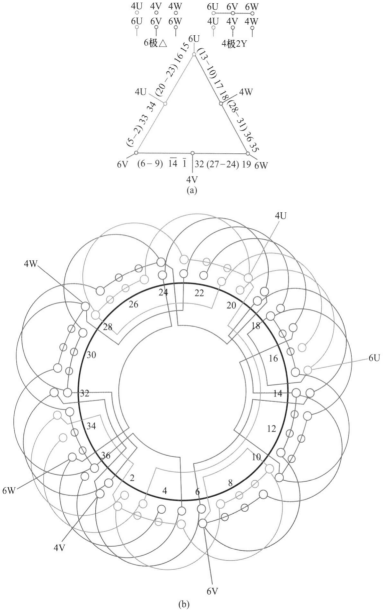

图 4-42 36 槽 6/4 极（$y = 5$）△/2Y 接线双速电动机绕组双层叠式布线

4.4.2　36槽6/4极（y＝6）△/2Y接线双速电动机（同转向非正规分布）绕组双层叠式布线

(1) 绕组结构参数

定子槽数	$Z=36$	电机极数	$2p=6/4$
总线圈数	$Q=36$	绕组接法	$\triangle/2Y$
线圈组数	$u=18$	每组圈数	$S=1、2、3$
线圈节距	$y=6$	每槽电角	$\alpha=30°/20°$
分布系数	$K_{d6}=0.88$	$K_{d4}=0.831$	
节距系数	$K_{p6}=1.0$	$K_{p4}=0.866$	
绕组系数	$K_{dp6}=0.88$	$K_{dp4}=0.72$	
出线根数	$c=6$		

(2) 绕组布接线特点及应用举例

本例则是以120°相带4极为基准的非倍极比变极方案，反向法得6极后也用2、4、4、2非正规排列6极，两种转速下都有较高且较接近的绕组系数。此绕组适用于两种转速下都有相对较高输出功率的使用场合。主要应用实例如YD160L-6/4等。

(3) 绕组端面布接线

如图4-43所示。

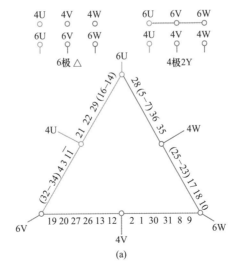

(a)

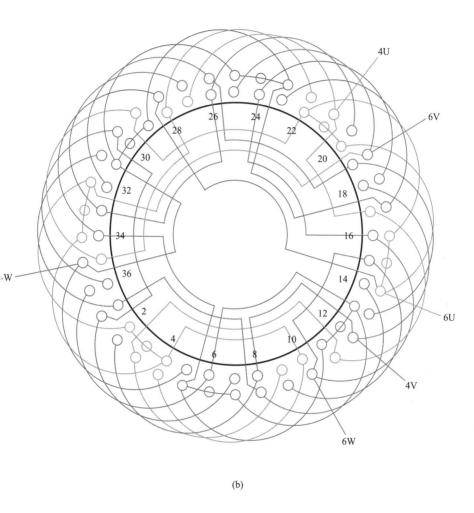

(b)

图 4-43　36 槽 6/4 极（$y = 6$）△/2Y 接线双速电动机（同转向非正规分布）绕组双层叠式布线

4.4.3　36 槽 6/4 极（y＝6）3Y/4Y 接线双速电动机（换相变极）绕组双层叠式布线

（1）绕组结构参数

定子槽数	$Z=36$	电机极数	$2p=6/4$
总线圈数	$Q=36$	绕组接法	$3Y/4Y$
线圈组数	$u=24$	每组圈数	$S=3、2、1$
线圈节距	$y=6$	每槽电角	$\alpha=30°/20°$
分布系数	$K_{d6}=0.91$	$K_{d4}=0.96$	
节距系数	$K_{p6}=1.0$	$K_{p4}=0.866$	
绕组系数	$K_{dp6}=0.91$	$K_{dp4}=0.831$	
出线根数	$c=6$		

（2）绕组布接线特点及应用举例

本绕组是一例接法为 3Y/4Y 的换相法变极，详细可查看本节前述。全绕组每相由 4 个变极组构成，4 极和 6 极都是 60°相带绕组，但 6 极时只有 3 个变极组的线圈工作，其余每相弃用一个变极组（3 个线圈），但弃用的线圈依然会产生感应电势，从而会导致环流的产生。所以目前的产品已极少采用，故实际应用不多，主要实例有 JZTT-51-6/4 等电磁调速拖动用双速电动机。

（3）绕组端面布接线

如图 4-44 所示。

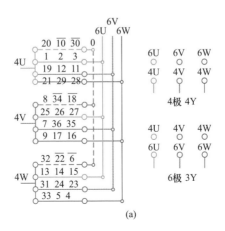

(a)

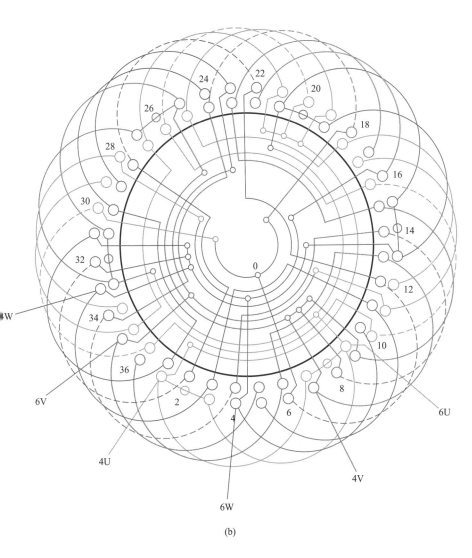

(b)

图 4-44 36槽6/4极（$y=6$）3Y/4Y接线双速电动机（换相变极）
绕组双层叠式布线

4.4.4 36槽6/4极（*y*＝7）△/2Y接线双速电动机（反转向非正规分布）绕组双层叠式布线

(1) 绕组结构参数

定子槽数　$Z = 36$　　　　电机极数　$2p = 6/4$
总线圈数　$Q = 36$　　　　绕组接法　△/2Y
线圈组数　$u = 14$　　　　每组圈数　$S = 4、2、1$
线圈节距　$y = 7$　　　　每槽电角　$\alpha = 30°/20°$
分布系数　$K_{d6} = 0.88$　　$K_{d4} = 0.831$
节距系数　$K_{p6} = 0.966$　　$K_{p4} = 0.94$
绕组系数　$K_{dp6} = 0.85$　　$K_{dp4} = 0.781$
出线根数　$c = 6$

(2) 绕组布接线特点及应用举例

本例采用非正规分布变极方案，4极为120°相带，6极每相线圈呈2、4、4、2分布。每相2个变极组，每变极组由6只线圈构成，但所含线圈组数不等，嵌线必须按图实施。双速绕组功率比 $P_6/P_4 = 0.944$，转矩比 $T_6/T_4 = 1.42$，其输出特性接近于恒功输出。主要应用实例有 YD160M-6/4、YD160L-6/4 等。

(3) 绕组端面布接线

如图 4-45 所示。

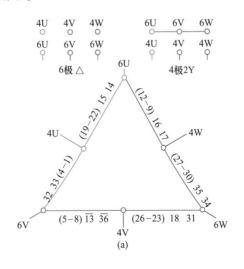

(a)

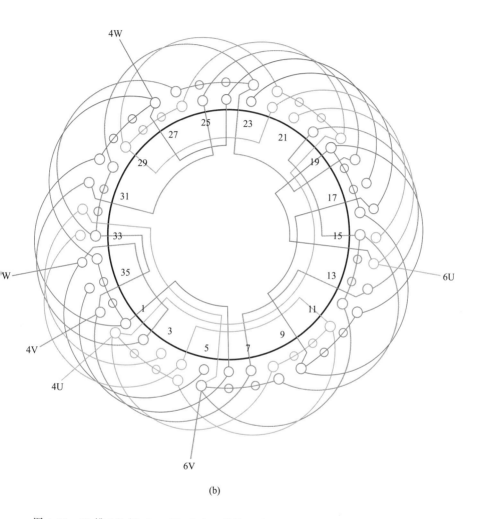

(b)

图 4-45　36 槽 6/4 极（$y=7$）△/2Y 接线双速电动机（反转向非正规分布）
绕组双层叠式布线

4.4.5 36槽6/4极（$y=7$）Y/2Y接线双速电动机（同转向非正规分布）绕组双层叠式布线

(1) 绕组结构参数

定子槽数 $Z=36$ 　　　　电机极数 $2p=6/4$

总线圈数 $Q=36$ 　　　　绕组接法 Y/2Y

线圈组数 $u=18$ 　　　　每组圈数 $S=1、2、3$

线圈节距 $y=7$ 　　　　每槽电角 $\alpha=30°/20°$

分布系数 $K_{d6}=0.88$ 　　$K_{d4}=0.831$

节距系数 $K_{p6}=0.966$ 　$K_{p4}=0.94$

绕组系数 $K_{dp6}=0.85$ 　$K_{dp4}=0.781$

出线根数 $c=6$

(2) 绕组布接线特点及应用举例

本例是非正规分布变极绕组，两种转速为同转向。6极采用2、4、4、2分布，有较高的分布系数；4极为120°相带。绕组由三种线圈组构成，嵌线需按图嵌入，切勿弄错。本绕组在进口设备的电动机中应用。

(3) 绕组端面布接线

如图4-46所示。

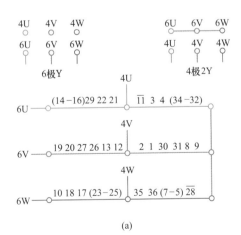

(a)

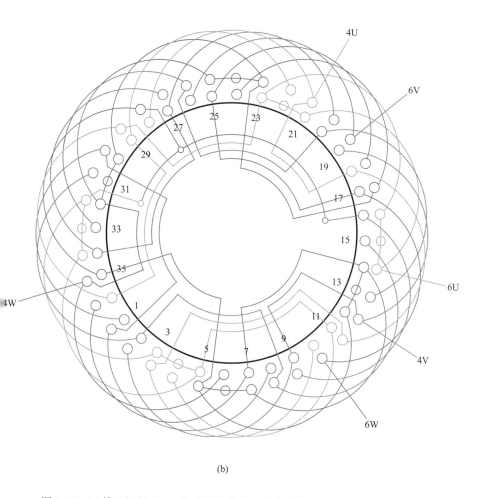

(b)

图 4-46　36 槽 6/4 极（$y=7$）Y/2Y 接线双速电动机（同转向非正规分布）
绕组双层叠式布线

4.4.6　36槽6/4极（y＝7）Y/2Y 接线双速电动机（反转向正规分布）绕组双层叠式布线

(1) 绕组结构参数

定子槽数　$Z＝36$　　　　电机极数　$2p＝6/4$

总线圈数　$Q＝36$　　　　绕组接法　Y/2Y

线圈组数　$u＝16$　　　　每组圈数　$S＝3、2、1$

线圈节距　$y＝7$　　　　每槽电角　$\alpha＝30°/20°$

分布系数　$K_{d6}＝0.644$　　$K_{d4}＝0.96$

节距系数　$K_{p6}＝0.966$　　$K_{p4}＝0.94$

绕组系数　$K_{dp6}＝0.622$　　$K_{dp4}＝0.902$

出线根数　$c＝6$

(2) 绕组布接线特点及应用举例

本例采用反向法正规排列。4极是60°相带，反向得6极，两种极数转向相反。因6极绕组系数较低，故适用于要求高速出力较高的场合。本例在国产系列中无产品，主要用于非标产品。

(3) 绕组端面布接线

如图4-47所示。

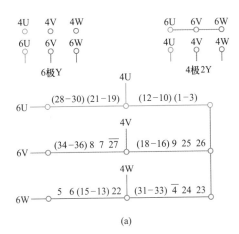

(a)

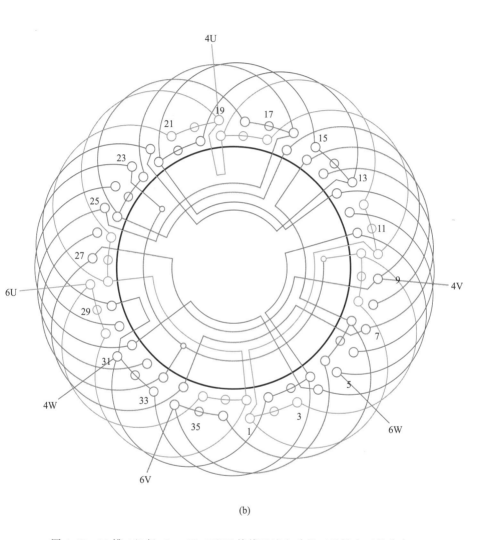

(b)

图 4-47　36 槽 6/4 极（$y=7$）Y/2Y 接线双速电动机（反转向正规分布）
绕组双层叠式布线

4.4.7　36 槽 6/4 极（$y=7$）Y/2Y 接线双速电动机（同转向正规分布）绕组双层叠式布线

(1) 绕组结构参数

定子槽数　$Z=36$	电机极数　$2p=6/4$
总线圈数　$Q=36$	绕组接法　Y/2Y
线圈组数　$u=16$	每组圈数　$S=1、2、3$
线圈节距　$y=7$	每槽电角　$\alpha=30°/20°$
分布系数　$K_{d6}=0.644$	$K_{d4}=0.96$
节距系数　$K_{p6}=0.966$	$K_{p4}=0.94$
绕组系数　$K_{dp6}=0.621$	$K_{dp4}=0.903$
出线根数　$c=6$	

(2) 绕组布接线特点及应用举例

本例双速是非倍极比正规分布方案。4 极为 $60°$ 相带，反向法得 6 极。采用 Y/2Y 接法，6 极绕组系数较低，转矩输出比 $T_6/T_4=0.516$，功率比 $P_6/P_4=0.344$，故只能应用于低速负载较轻的场合。

(3) 绕组端面布接线

如图 4-48 所示。

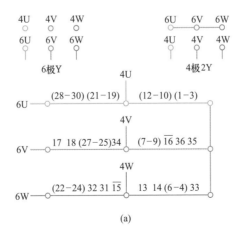

(a)

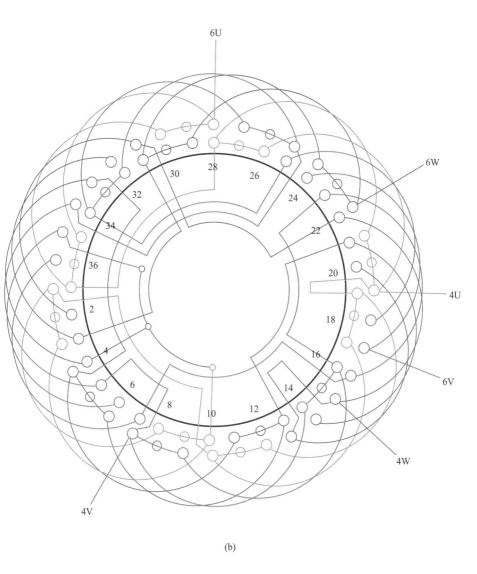

(b)

图 4-48　36 槽 6/4 极 （$y=7$） Y/2Y 接线双速电动机 （同转向正规分布）
绕组双层叠式布线

4.4.8　36槽6/4极（y＝7）3Y/4Y接线双速电动机（换相变极）绕组双层叠式布线

（1）绕组结构参数

定子槽数　$Z=36$　　　电机极数　$2p=6/4$

总线圈数　$Q=36$　　　绕组接法　3Y/4Y

线圈组数　$u=24$　　　每组圈数　$S=1、2、3$

线圈节距　$y=7$　　　每槽电角　$\alpha=30°/20°$

分布系数　$K_{d6}=0.91$　　　$K_{d4}=0.96$

节距系数　$K_{p6}=0.966$　　　$K_{p4}=0.94$

绕组系数　$K_{dp6}=0.879$　　　$K_{dp4}=0.902$

出线根数　$c=6$

（2）绕组布接线特点及应用举例

本例采用换相变极，线圈选用比较合理，故两种极数的绕组系数都较高且接近，更适宜用于要求两种转速下有较高功率输出的使用场合。据称此电机用于纺织机械，而修理者反映，重绕后4极试车较正常，但6极空载电流过大，这可能是弃用变极组线圈产生环流所致。可见这种变极接法并不理想，详细可参考本节前述说明。

（3）绕组端面布接线

如图4-49所示。

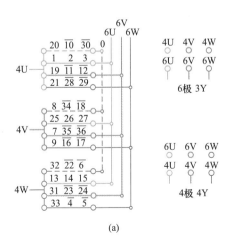

(a)

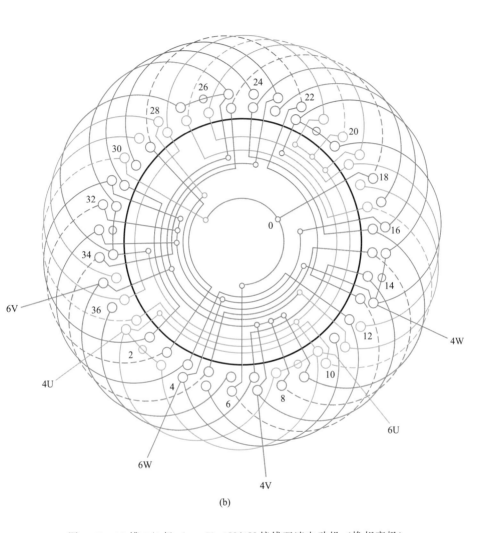

(b)

图 4-49　36 槽 6/4 极（y＝7）3Y/4Y 接线双速电动机（换相变极）

绕组双层叠式布线

4.4.9　36槽6/4极（*y*=7）3Y/3Y接线双速电动机（换相变极）绕组双层叠式布线

（1）绕组结构参数

定子槽数	$Z=36$	电机极数	$2p=6/4$
总线圈数	$Q=36$	绕组接法	3Y/3Y
线圈组数	$u=24$	每组圈数	$S=3、2、1$
线圈节距	$y=7$	每槽电角	$\alpha=30°/20°$
分布系数	$K_{d6}=0.837$	$K_{d4}=0.97$	
节距系数	$K_{p6}=0.966$	$K_{p4}=0.94$	
绕组系数	$K_{dp6}=0.808$	$K_{dp4}=0.911$	
出线根数	$c=6$		

（2）绕组布接线特点及应用举例

本例采用换相变极 3Y/3Y 接线方案。每相有 3 个并联的变极组，每变极组由 4 只线圈分两组串联而成。6 极时其线圈（组）相属如图 4-50（b）所示，而且 U 相每变极组由双圈组成；V、W 两相则由单、三圈组成。4 极时，原来每相中除保留一原相变极组不变外，其余二组均需变相，这时各线圈相属便如图 40-50（a）所示。

本例是换相变极绕组中接线最为简便，引出线最少的方案。因其星点由三个并列的星点构成，故无需另行外接星点。但重绕时如果接头焊接不良，将会导致电动机发生振噪，甚至不能启动。此外，6/4 极绕组还有其他接法，重绕时必须查明实是本绕组，才予套用本例。

（3）绕组端面布接线

如图 4-50 所示。

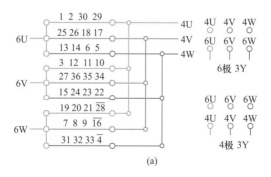

(a)

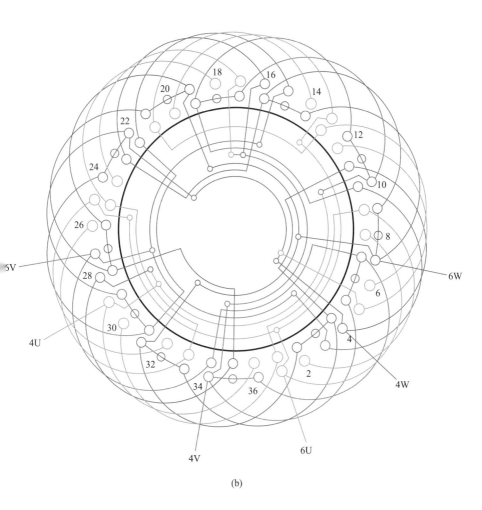

(b)

图 4-50　36 槽 6/4 极（$y=7$）3Y/3Y 接线双速电动机（换相变极）

绕组双层叠式布线

4.4.10　36 槽 6/4 极（$y＝7$）Y＋3Y/3Y 接线双速电动机（换相变极）绕组双层叠式布线

(1) 绕组结构参数

定子槽数　$Z＝36$	电机极数　$2p＝6/4$
总线圈数　$Q＝36$	绕组接法　Y＋3Y/3Y
线圈组数　$u＝24$	每组圈数　$S＝1、2、3$
线圈节距　$y＝7$	每槽电角　$α＝30°/20°$
分布系数　$K_{d6}＝0.933$	$K_{d4}＝0.96$
节距系数　$K_{p6}＝0.966$	$K_{p4}＝0.94$
绕组系数　$K_{dp6}＝0.901$	$K_{dp4}＝0.902$
出线根数　$c＝6$	

(2) 绕组布接线特点及应用举例

本例是在 3Y/3Y 接法的基础上进行改进的换相变极绕组，详细可参考 3.1 节前述说明。

绕组是反转向方案，且两种极数下有很高的绕组系数，在避免产生环流也优于 3Y/4Y 的接法，有利于提高功率因数和降低温升；此外，在调速控制上比较简单，甚至优于△/2Y 接线。但不够完美的是 4 极时，有 1/4 的线圈未被利用。

(3) 绕组端面布接线

如图 4-51 所示。

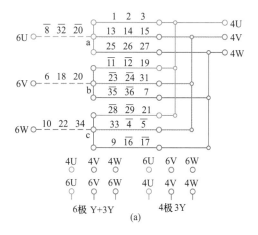

(a)

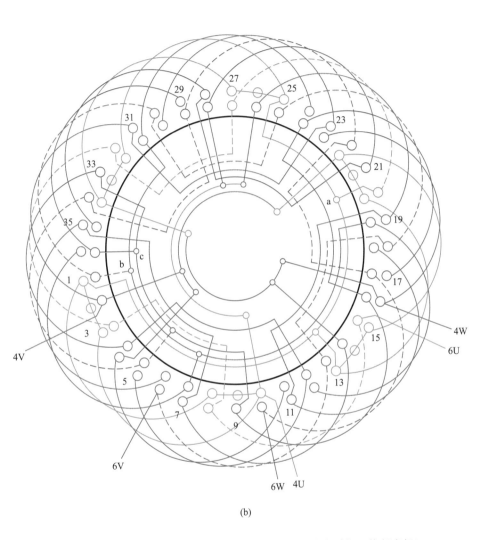

(b)

图 4-51 36 槽 6/4 极（$y=7$）Y+3Y/3Y 接线双速电动机（换相变极）
绕组双层叠式布线

4.4.11　36 槽 6/4 极（$y=7$）△/2Y 接线双速电动机绕组单层混合式布线

(1) 绕组结构参数

定子槽数　$Z=36$　　　　电机极数　$2p=6/4$

总线圈数　$Q=18$　　　　绕组接法　△/2Y

线圈组数　$u=16$　　　　每组圈数　$S=1、2$

线圈节距　$y=7$　　　　　每槽电角　$\alpha=30°/20°$

分布系数　$K_{d6}=0.85$　　$K_{d4}=0.691$

节距系数　$K_{p6}=0.966$　$K_{p4}=0.94$

绕组系数　$K_{dp6}=0.821$　$K_{dp4}=0.65$

出线根数　$c=6$

(2) 绕组布接线特点及应用举例

本例是非倍极比变极方案，以 4 极为基准，采用反向法非正规分布安排 6 极，从而使两种转速下能有较接近的绕组系数。

本绕组的三相采用不同的布线，U 相和 V 相各由 6 个单圈组构成，而 W 相则有两个双圈组，分别安排在 W 相的两个变极组中，呈交叉式布线。所以，它既不是单链，也不是交叉，就暂且将其称之单层混合式。由于绕组由单圈和双圈构成，故绕线和嵌线应予注意，勿使弄错。

(3) 绕组端面布接线

如图 4-52 所示。

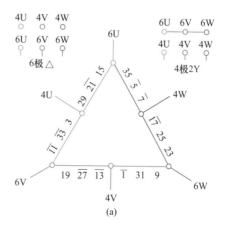

(a)

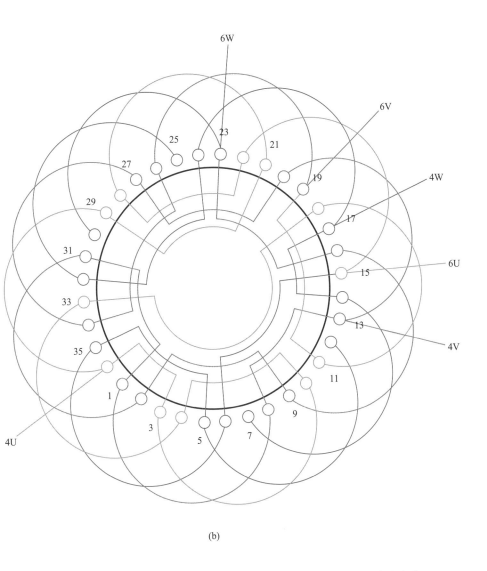

(b)

图 4-52　36 槽 6/4 极（y＝7）△/2Y 接线双速电动机绕组单层混合式布线

4.4.12　36槽6/4极Y/2Y接线双速电动机绕组单层同心交叉式布线

(1) 绕组结构参数

定子槽数　$Z = 36$　　　　电机极数　$2p = 6/4$

总线圈数　$Q = 18$　　　　绕组接法　Y/2Y

线圈组数　$u = 12$　　　　每组圈数　$S = 1、2$

线圈节距　$y = 7、9、5$　　每槽电角　$\alpha = 30°/20°$

分布系数　$K_{d6} = 0.85$　　$K_{d4} = 0.691$

节距系数　$K_{p6} = 0.966$　　$K_{p4} = 0.94$

绕组系数　$K_{dp6} = 0.821$　　$K_{dp4} = 0.65$

出线根数　$c = 6$

(2) 绕组布接线特点及应用举例

本例是非倍极比变极方案，为使高速时的绕组系数不致过低，本绕组以4极为基准，再用反向法非正规分布安排6极绕组。绕组三相布线相同，即采用单层同心交叉布线，每相由2个同心线圈组和一个单圈组成，其线圈平均节距 $y_p = 7$。采用同心线圈布线可减少端部交叠，减少绕组端部的厚度，也利于整嵌工艺，但双速绕组的同心线圈是隔槽安排的，故不同于普通电动机的单层同心式。但是，采用不同节距线圈，不利于工艺的简化，而且，同心大线圈增大跨度也可能增加电动机的铜损耗。

(3) 绕组端面布接线

如图4-53所示。

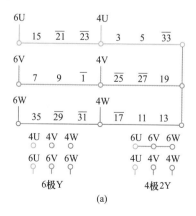

(a)

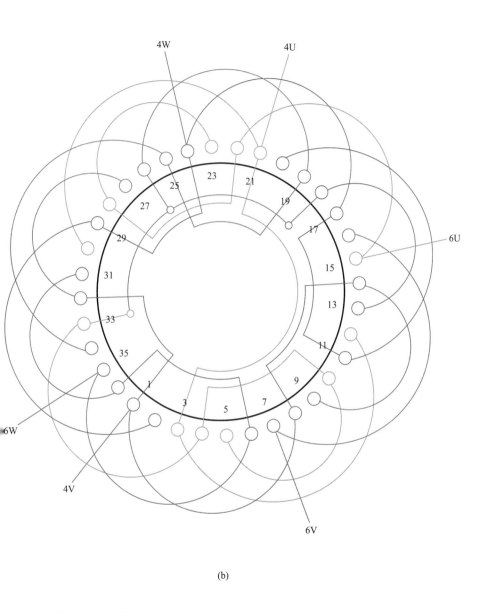

(b)

图 4-53　36 槽 6/4 极 Y/2Y 接线双速电动机绕组单层同心交叉式布线

4.4.13　36槽6/4极△/2Y接线双速电动机绕组单层同心交叉式布线

（1）绕组结构参数

定子槽数　$Z = 36$　　　　　电机极数　$2p = 6/4$

总线圈数　$Q = 18$　　　　　绕组接法　△/2Y

线圈组数　$u = 12$　　　　　每组圈数　$S = 1$、2

线圈节距　$y = 9$、5、7　　　每槽电角　$\alpha = 30°/20°$

分布系数　$K_{d6} = 0.85$　　　$K_{d4} = 0.691$

节距系数　$K_{p6} = 0.966$　　$K_{p4} = 0.94$

绕组系数　$K_{dp6} = 0.821$　　$K_{dp4} = 0.65$

出线根数　$c = 6$

（2）绕组布接线特点及应用举例

本例绕组是非倍极比变极方案，以4极为基准，反向法排出6极。绕组结构与前面单层同心交叉式相同，但本绕组接线采用△/2Y接法。此绕组未见实际应用，仅供参考。

（3）绕组端面布接线

如图4-54所示。

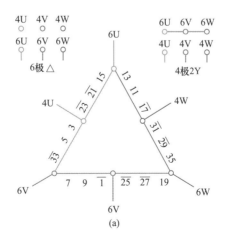

(a)

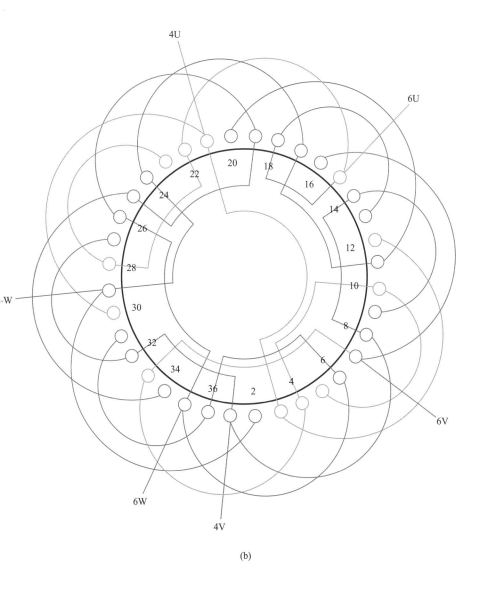

(b)

图 4-54 36槽6/4极△/2Y接线双速电动机绕组单层同心交叉式布线

4.4.14　36 槽 8/6 极（$y=4$）△/2Y 接线双速电动机（同转向非正规分布）绕组双层叠式布线

(1) 绕组结构参数

定子槽数　$Z=36$　　　　电机极数　$2p=8/6$

总线圈数　$Q=36$　　　　绕组接法　△/2Y

线圈组数　$u=24$　　　　每组圈数　$S=1、2$

线圈节距　$y=4$　　　　每槽电角　$\alpha=40°/30°$

分布系数　$K_{d8}=0.831$　　$K_{d6}=0.88$

节距系数　$K_{p8}=0.985$　　$K_{p6}=0.866$

绕组系数　$K_{dp8}=0.819$　　$K_{dp6}=0.762$

出线根数　$c=6$

(2) 绕组布接线特点及应用举例

本绕组采用非倍极比不规则分布方案，两种极数下的转向相同。功率比 $P_8/P_6=0.931$，转矩比 $T_8/T_6=1.241$，属可变转矩输出特性。适用于两种转速时输出功率相当的场合。主要应用实例有 YD132M-8/6 等。

(3) 绕组端面布接线

如图 4-55 所示。

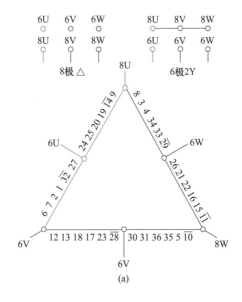

(a)

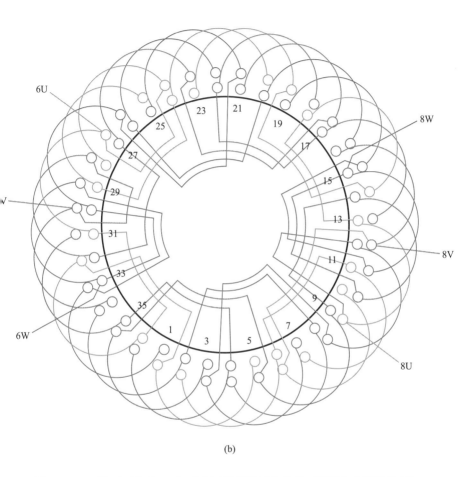

(b)

图 4-55　36 槽 8/6 极（$y=4$）△/2Y 接线双速电动机（同转向非正规分布）
绕组双层叠式布线

4.4.15　36 槽 8/6 极（$y=4$）△/2Y 接线双速电动机（反转向非正规分布）绕组双层叠式布线

(1) 绕组结构参数

定子槽数	$Z=36$	电机极数	$2p=8/6$
总线圈数	$Q=36$	绕组接法	△/2Y
线圈组数	$u=16$	每组圈数	$S=3、2、1$
线圈节距	$y=4$	每槽电角	$\alpha=40°/30°$
分布系数	$K_{d8}=0.831$	$K_{d6}=0.88$	
节距系数	$K_{p8}=0.985$	$K_{p6}=0.866$	
绕组系数	$K_{dp8}=0.819$	$K_{dp6}=0.762$	
出线根数	$c=6$		

(2) 绕组布接线特点及应用举例

本例 8 极采用 120°相带分数绕组；6 极为非正规分布，每相分布为 2、4、4、2。两种极数的绕组系数较接近且较高，故适用于两种转速下要求功率接近的场合，但启动转矩较上例略低。在国产系列中应用不多，仅在修理中见用于 YD132M-8/6 的部分产品。

(3) 绕组端面布接线

如图 4-56 所示。

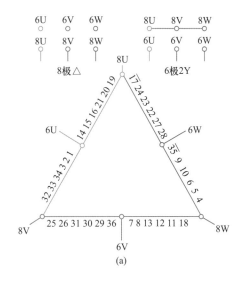

(a)

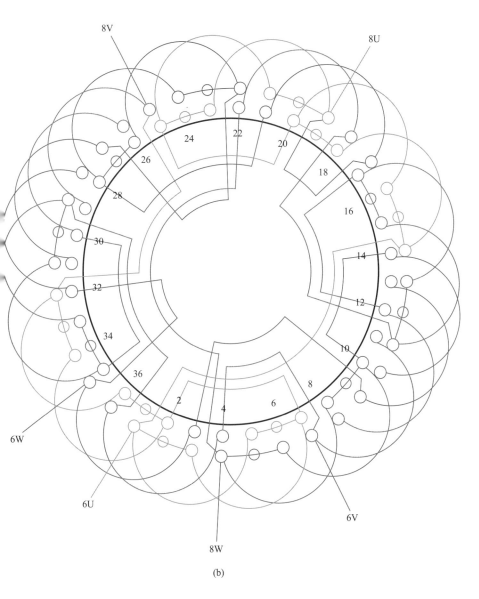

(b)

图 4-56　36 槽 8/6 极（$y=4$）△/2Y 接线双速电动机（反转向非正规分布）绕组双层叠式布线

4.4.16　36 槽 8/6 极（$y=5$）△/2Y 接线双速电动机（反转向非正规分布）绕组双层叠式布线

（1）绕组结构参数

定子槽数	$Z=36$	电机极数	$2p=8/6$
总线圈数	$Q=36$	绕组接法	△/2Y
线圈组数	$u=16$	每组圈数	$S=1、2、3$
线圈节距	$y=5$	每槽电角	$\alpha=40°/30°$
分布系数	$K_{d8}=0.831$	$K_{d6}=0.88$	
节距系数	$K_{p8}=0.985$	$K_{p6}=0.966$	
绕组系数	$K_{dp8}=0.819$	$K_{dp6}=0.85$	
出线根数	$c=6$		

（2）绕组布接线特点及应用举例

本例绕组 8 极是 120°相带，6 极采用 2、4、4、2 的非正规分布以提高绕组系数；而且选用较上例长 1 槽的节距，使 6 极时的绕组系数略有提高，从而使两种极数下的绕组系数更加接近。故适用于要求两种转速下功率接近的场合。本方案在系列产品应用较少，仅见用于 JDO2-71-8/6。

（3）绕组端面布接线图

如图 4-57 所示。

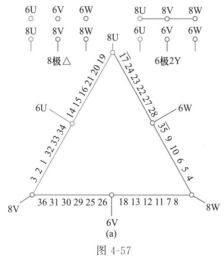

图 4-57

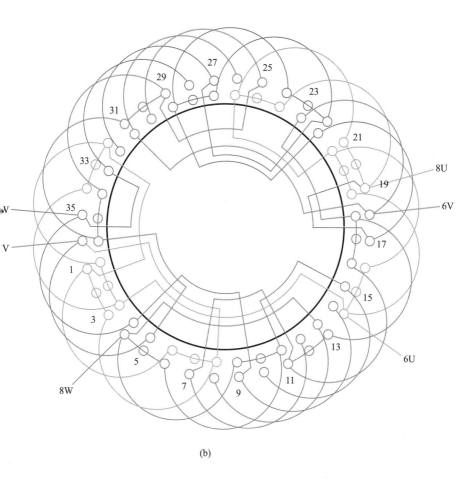

(b)

图 4-57　36 槽 8/6 极（$y=5$）△/2Y 接线双速电动机（反转向非正规分布）
绕组双层叠式布线

4.4.17　36 槽 8/6 极（y＝5）△/2Y 接线双速电动机（同转向非正规分布）绕组双层叠式布线

（1）绕组结构参数

定子槽数　$Z = 36$　　　　电机极数　$2p = 8/6$

总线圈数　$Q = 36$　　　　绕组接法　$△/2Y$

线圈组数　$u = 24$　　　　每组圈数　$S = 1、2$

线圈节距　$y = 5$　　　　每槽电角　$α = 40°/30°$

分布系数　$K_{d8} = 0.831$　　$K_{d6} = 0.88$

节距系数　$K_{p8} = 0.985$　　$K_{p6} = 0.966$

绕组系数　$K_{dp8} = 0.819$　　$K_{dp6} = 0.85$

出线根数　$c = 6$

（2）绕组布接线特点及应用举例

本例采用不规则变极方案，即 8 极为 120°相带分数槽绕组；6 极用非正规分布，每相分布为 2、4、4、2。线圈节距同上例。绕组每相有两个变极组，每变极组均有 4 组线圈，其中包括两个双圈组和两个单圈组。此绕组是同转向变极方案，两种极数的绕组系数较接近，双速输出特性更趋向于等转矩输出，转矩比 $T_8/T_6 = 1.11$，功率比 $P_8/P_6 = 0.834$。主要应用实例有 YD100L-8/6、JDO2-41-8/6 等。

（3）绕组端面布接线

如图 4-58 所示。

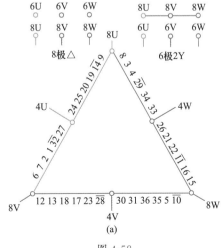

(a)

图 4-58

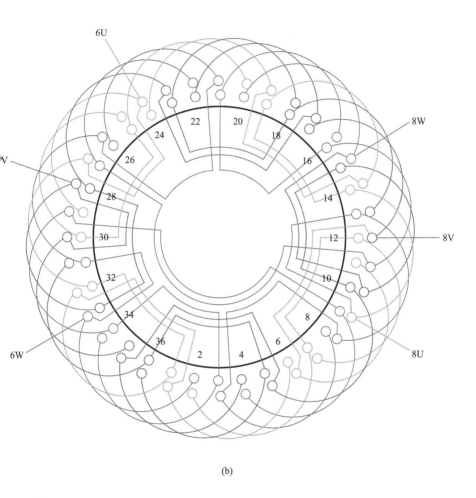

(b)

图 4-58　36 槽 8/6 极 （$y=5$）△/2Y 接线双速电动机（同转向非正规分布）
绕组双层叠式布线

4.4.18 36槽8/6极（$y=6$）△/2Y接线双速电动机（同转向正规分布）绕组双层叠式布线

(1) 绕组结构参数

定子槽数　$Z=36$　　　　电机极数　$2p=8/6$

总线圈数　$Q=36$　　　　绕组接法　△/2Y

线圈组数　$u=26$　　　　每组圈数　$S=1、2$

线圈节距　$y=6$　　　　每槽电角　$\alpha=40°/30°$

分布系数　$K_{d8}=0.958$　　$K_{d6}=0.644$

节距系数　$K_{p8}=0.866$　　$K_{p6}=1.0$

绕组系数　$K_{dp8}=0.83$　　$K_{dp6}=0.644$

出线根数　$c=6$

(2) 绕组布接线特点及应用举例

本方案以8极为基准，采用反向法得6极绕组。8极是正规分布的分数绕组，两种极数的转向相同。由于采用反向法正规分布变极，高速时绕组系数较低，故适用于低速正常工作；高速辅助运行的场合。主要应用实例有JDO2-52-8/6等。

(3) 绕组端面布接线

如图4-59所示。

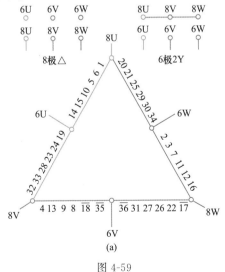

图 4-59

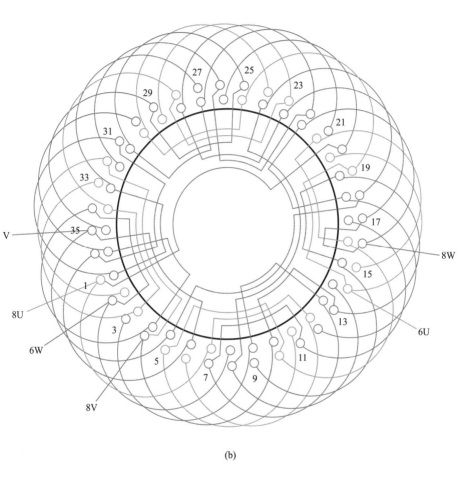

(b)

图 4-59 36 槽 8/6 极（y＝6）△/2Y 接线双速电动机（同转向正规分布）
绕组双层叠式布线

4.4.19 36 槽 8/6 极（$y=6$）△/2Y 接线双速电动机（反转向正规分布）绕组双层叠式布线

（1）绕组结构参数

定子槽数	$Z=36$	电机极数	$2p=8/6$
总线圈数	$Q=36$	绕组接法	△/2Y
线圈组数	$u=26$	每组圈数	$S=2$、1
线圈节距	$y=6$	每槽电角	$\alpha=40°/30°$
分布系数	$K_{d8}=0.958$	$K_{d6}=0.644$	
节距系数	$K_{p8}=0.866$	$K_{p6}=1.0$	
绕组系数	$K_{dp8}=0.83$	$K_{dp6}=0.644$	
出线根数	$c=6$		

（2）绕组布接线特点及应用举例

本绕组特点与上例相同，只是本例采用两种极数下反转向方案。而从绕组结构来说，同样具有线圈组数特多，共由 26 组线圈组成，而且都是单圈组或双圈组，所以在接线时感觉到非常烦琐和复杂。本绕组应用实例有 JDO2-51-8/6 等。

（3）绕组端面布接线

如图 4-60 所示。

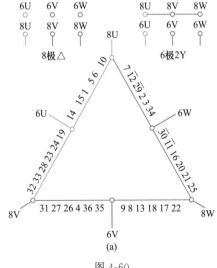

图 4-60

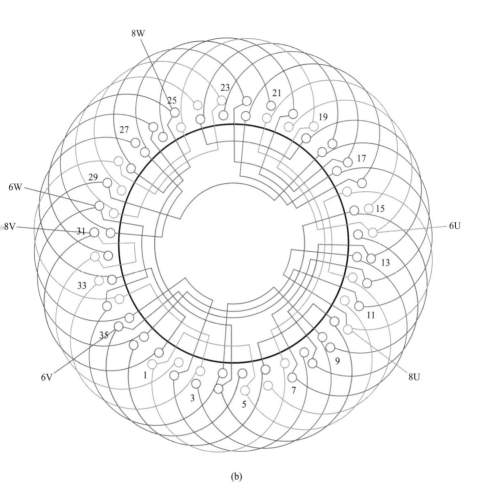

(b)

图 4-60　36 槽 8/6 极（$y=6$）△/2Y 接线双速电动机（反转向正规分布）
绕组双层叠式布线

4.4.20　36 槽 8/6 极（$y=5$）△/2Y 接线双速电动机单层混合式布线

(1) 绕组结构参数

定子槽数	$Z=36$	电机极数	$2p=8/6$
总线圈数	$Q=18$	绕组接法	△/2Y
线圈组数	$u=18$	每组圈数	$S=1$
线圈节距	$y=5$	每槽电角	$\alpha=40°/30°$
分布系数	$K_{d8}=0.892$	$K_{d6}=0.833$	
节距系数	$K_{p8}=0.985$	$K_{p6}=0.966$	
绕组系数	$K_{dp8}=0.879$	$K_{dp6}=0.805$	
出线根数	$c=6$		

(2) 绕组布接线特点及应用举例

本例为非正规分布变极绕组。8 极是带分数槽的基本准极，6 极采用非正规分布，故能获得集中度较高的线圈分布，使两种极数下的绕组系数较为接近。本绕组每组圈数均为 1，与单链相同，但布线却有局部交叠，这与单链不同，故仍归到单层混合式布线。所以，嵌线时可采用整嵌法，逐相整嵌。

(3) 绕组端面布接线

如图 4-61 所示。

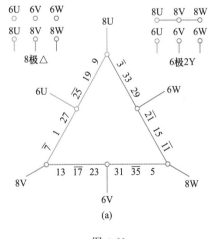

(a)

图 4-61

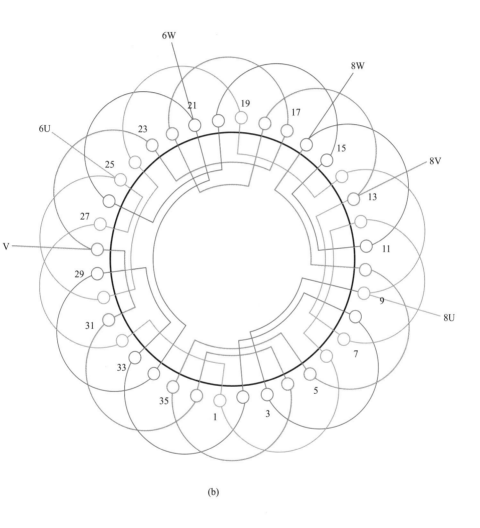

(b)

图 4-61　36 槽 8/6 极（$y=5$）△/2Y 接线双速电动机绕组单层混合式布线

4.5 24 及 18 槽双速电动机绕组端面布接线图

24 槽、18 槽在双速电动机中属微电机，除个别规格列入一般用途系列外，其余多是各厂家为专用设备而制造的专用电机，而且实际应用也不多。本节共收入 24 槽双速 9 例，18 槽双速 2 例；其变极接线多为常规（△/2Y 或 Y/2Y）接法，但有 2 例采用 2Y/2Y 接法。

4.5.1 24 槽 4/2 极（$y=6$）△/2Y 接线双速电动机绕组双层叠式布线

(1) 绕组结构参数

定子槽数	$Z=24$	电机极数	$2p=4/2$
总线圈数	$Q=24$	绕组接法	△/2Y
线圈组数	$u=6$	每组圈数	$S=4$
线圈节距	$y=6$	每槽电角	$\alpha=20°/10°$
分布系数	$K_{d4}=0.83$	$K_{d2}=0.96$	
节距系数	$K_{p4}=1.0$	$K_{p2}=0.707$	
绕组系数	$K_{dp4}=0.83$	$K_{dp2}=0.68$	
出线根数	$c=6$		

(2) 绕组布接线特点及应用举例

本例为倍极比正规分布方案。绕组以 2 极为基准排出，反向得 4 极；绕组为每组等元件分布，且线圈组数少，接线简便；变极时具有反转向可变转矩特性。主要应用实例有 YD-90S-4/2 等。

(3) 绕组端面布接线

如图 4-62 所示。

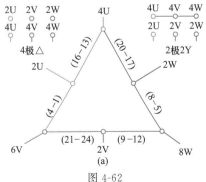

图 4-62

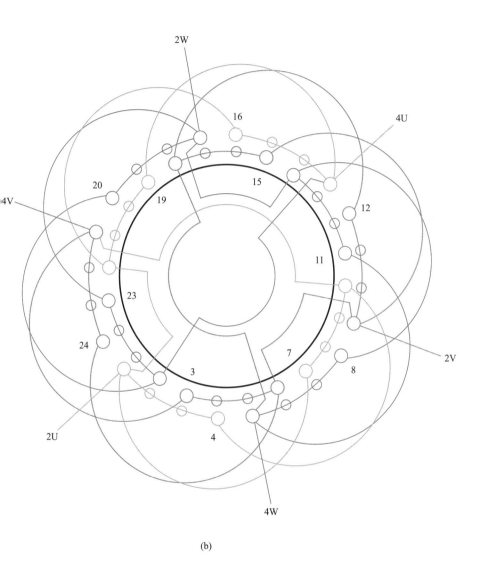

(b)

图 4-62　24 槽 4/2 极（$y=6$）△/2Y 接线双速电动机绕组双层叠式布线

4.5.2 24槽4/2极（$y=6$）2Y/2Y接线双速电动机绕组双层叠式布线

(1) 绕组结构参数

定子槽数	$Z=24$	电机极数	$2p=4/2$
总线圈数	$Q=24$	绕组接法	2Y/2Y
线圈组数	$u=6$	每组圈数	$S=4$
线圈节距	$y=6$	每槽电角	$\alpha=20°/10°$
分布系数	$K_{d4}=0.83$	$K_{d2}=0.96$	
节距系数	$K_{p4}=1.0$	$K_{p2}=0.707$	
绕组系数	$K_{dp4}=0.83$	$K_{dp2}=0.68$	
出线根数	$c=9$		

(2) 绕组布接线特点及应用举例

本绕组是倍极比双速，2 极是 60°相带绕组，并以 2 极为基准，用反向法取得 4 极，两种极数的转向相反；绕组变极排列方法同上例，但接线采用 2Y/2Y 连接，实际输出功率比 $P_4/P_2=1.22$，转矩比 $T_4/T_2=2.44$。此绕组在国产系列中无产品，此例仅供改绕参考。

(3) 绕组端面布接线

如图 4-63 所示。

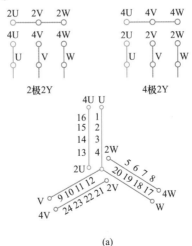

(a)

图 4-63

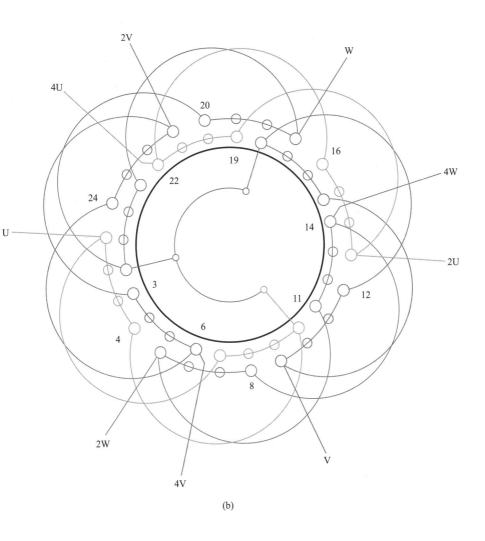

(b)

图 4-63　24 槽 4/2 极（y＝6）2Y/2Y 接线双速电动机绕组双层叠式布线

4.5.3　24 槽 4/2 极（y＝7）△/2Y 接线双速电动机绕组双层叠式布线

(1) 绕组结构参数

定子槽数	$Z=24$	电机极数	$2p=4/2$
总线圈数	$Q=24$	绕组接法	△/2Y
线圈组数	$u=6$	每组圈数	$S=4$
线圈节距	$y=7$	每槽电角	$\alpha=20°/10°$
分布系数	$K_{d4}=0.83$	$K_{d2}=0.96$	
节距系数	$K_{p4}=0.966$	$K_{p2}=0.793$	
绕组系数	$K_{dp4}=0.802$	$K_{dp2}=0.76$	
出线根数	$c=6$		

(2) 绕组布接线特点及应用举例

本方案是倍极比正规分布双速绕组，4 极为庶极，是以 2 极为基准用反向法排出，绕组排列表和接线原理均同图 4-63；唯选用的线圈节距较前例长一槽，使 2 极时节距系数略增而 4 极稍减，两种极数下的绕组系数较接近。本绕组的线圈组均由 4 联组构成，接线时可根据图4-64 (a) 的接线原理图按一路△形进行连接，并引出三个顶点端线 4U、4V、4W 和三个中段抽头 2U、2V、2W。

本绕组采用△/2Y 接线，适用于要求可变转矩输出特性的负载，其转矩比 $T_4/T_2=1.82$，功率比 $P_4/P_2=0.913$。主要应用实例有 Y 系列双速电动机 YD802-4/2 等。

(3) 绕组端面布接线

如图 4-64 所示。

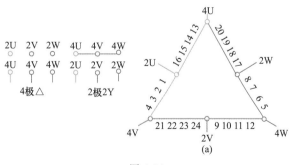

图 4-64

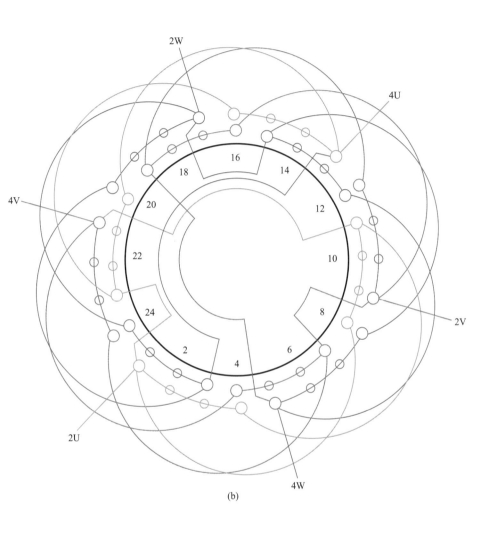

图 4-64　24 槽 4/2 极（$y=7$）△/2Y 接线双速电动机绕组双层叠式布线

4.5.4 24槽4/2极（$y=7$）2Y/2Y接线双速电动机绕组双层叠式布线

(1) 绕组结构参数

定子槽数	$Z=24$	电机极数	$2p=4/2$
总线圈数	$Q=24$	绕组接法	2Y/2Y
线圈组数	$u=6$	每组圈数	$S=4$
线圈节距	$y=7$	每槽电角	$\alpha=20°/10°$
分布系数	$K_{d4}=0.83$	$K_{d2}=0.96$	
节距系数	$K_{p4}=0.966$	$K_{p2}=0.79$	
绕组系数	$K_{dp4}=0.802$	$K_{dp2}=0.76$	
出线根数	$c=9$		

(2) 绕组布接线特点及应用举例

本例绕组为倍极比正规分布双速，变极接线同图4-62，即2极是60°相带绕组，反向法获得4极庶极绕组；但本例取线圈节距$y=7$，则4极时节距系数稍有降低，但2极K_{p2}值相应提高，从而使两种极数下的绕组系数趋于接近，进而可使两种转速下的电动机出力均衡。本例接法属恒功输出，实际功率输出比$P_4/P_2=1.06$，转矩比$T_4/T_2=2.11$。本例供改绕时参考。

(3) 绕组端面布接线

如图4-65所示。

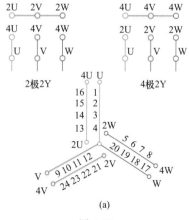

(a)

图 4-65

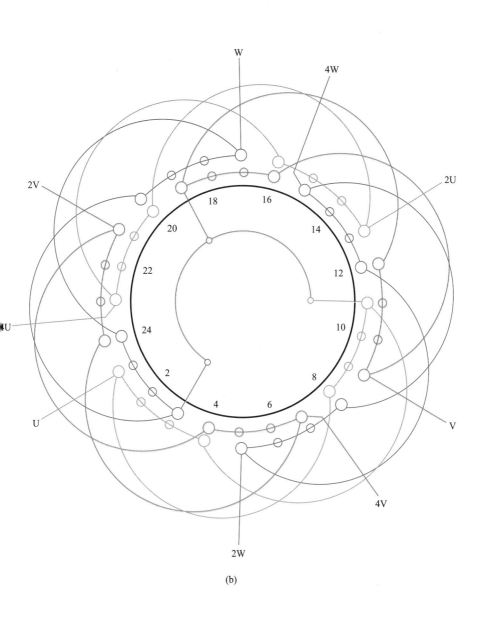

(b)

图 4-65 24 槽 4/2 极 (y=7) 2Y/2Y 接线双速电动机双层叠式布线

4.5.5　24 槽 4/2 极（$y=7$）△/2Y 接线双速电动机绕组单层叠式布线

（1）绕组结构参数

定子槽数	$Z=24$	电机极数	$2p=4/2$
总线圈数	$Q=12$	绕组接法	△/2Y
线圈组数	$u=6$	每组圈数	$S=2$
线圈节距	$y=7$	每槽电角	$\alpha=20°/10°$
分布系数	$K_{d4}=0.808$	$K_d=0.766$	
节距系数	$K_p=0.966$	$K_p=0.79$	
绕组系数	$K_{dp}=0.78$	$K_{dp}=0.605$	
出线根数	$c=6$		

（2）绕组布接线特点及应用举例

本例是倍极比正规分布反向变极的单层布线、△/2Y 接法的双速绕组。每相由两个变极组构成，每变极组只有一组隔槽串联的双联组。双速绕组引出线 6 根，4 极时，2U、2V、2W 不接，电源从 4U、4V、4W 接入，三相接成△形，全部线圈极性为正；换接到 2 极时，电源换接到 2U、2V、2W，并将 4U、4V、4W 接成星点，三相构成 2Y 接法，则每相有一半线圈反向为负。

此绕组具有线圈组少，采用相同规格线圈，嵌线和接线都较方便，但绕组系数较低。

（3）绕组端面布接线

如图 4-66 所示。

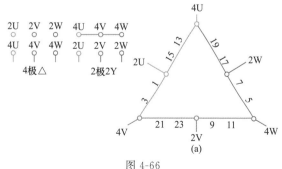

图 4-66

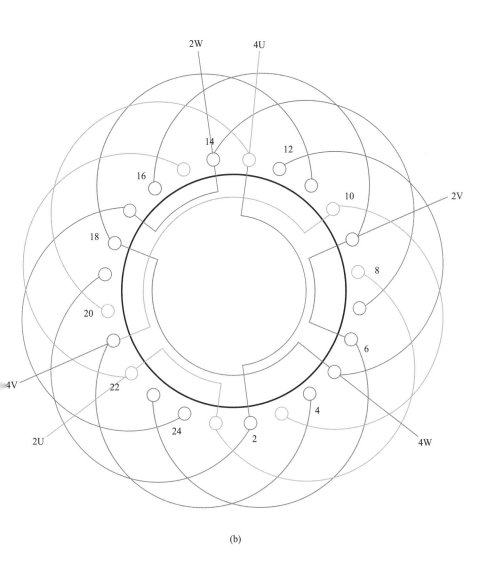

(b)

图 4-66　24 槽 4/2 极（$y=7$）△/2Y 接线双速电动机绕组单层叠式布线

4.5.6　24槽6/4极（y＝4），△/2Y接线双速电动机绕组双层叠式布线

(1) 绕组结构参数

定子槽数	$Z = 24$	电机极数	$2p = 6/4$
总线圈数	$Q = 24$	绕组接法	△/2Y
线圈组数	$u = 14$	每组圈数	$S = 1、2、3$
线圈节距	$y = 4$	每槽电角	$\alpha = 30°/20°$
分布系数	$K_{d6} = 0.88$	$K_{d4} = 0.84$	
节距系数	$K_{p6} = 1.0$	$K_{p4} = 0.866$	
绕组系数	$K_{dp6} = 0.88$	$K_{dp4} = 0.73$	
出线根数	$c = 6$		

(2) 绕组布接线特点及应用举例

本例为非倍极比变极，采用不规则分布的反转向方案。每组元件数不等，有单圈、双圈和3圈组，故嵌线时要注意。此绕组在两种极数下有相对接近且较高的绕组系数，其功率比 $P_6/P_4 = 1.04$，转矩比 $T_6/T_4 = 1.56$，即接近于恒功输出特性。适用于两种转速下要求输出功率接近的场合。

(3) 绕组端面布接线

如图4-67所示。

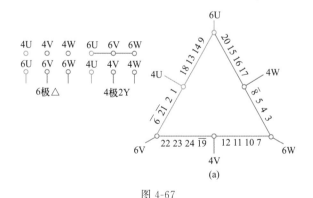

图4-67

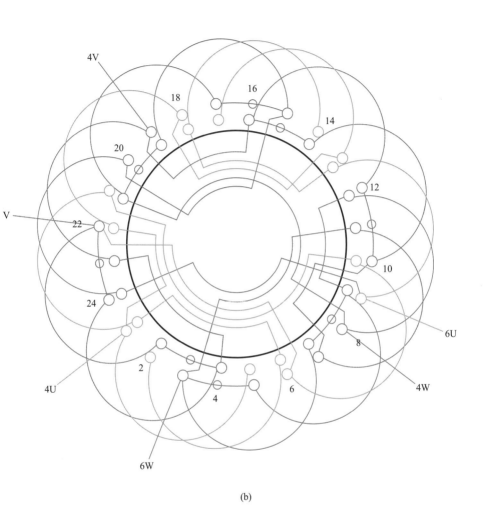

(b)

图 4-67　24 槽 6/4 极（$y=4$）△/2Y 接线双速电动机绕组双层叠式布线

4.5.7　24槽6/4极（y=4）Y/2Y接线双速电动机绕组双层叠式布线

(1) 绕组结构参数

定子槽数	$Z=24$	电机极数	$2p=6/4$
总线圈数	$Q=24$	绕组接法	Y/2Y
线圈组数	$u=14$	每组圈数	$S=3、2、1$
线圈节距	$y=4$	每槽电角	$\alpha=30°/20°$
分布系数	$K_{d4}=0.88$	$K_{d4}=0.84$	
节距系数	$K_{p4}=1.0$	$K_{p4}=0.866$	
绕组系数	$K_{dp4}=0.88$	$K_{dp4}=0.73$	
出线根数	$c=6$		

(2) 绕组布接线特点及应用举例

本例采用不规则分布非倍极比变极方案，两种极数下的转向相反，每组线圈数有单、双和三圈，故嵌线时要依图进行。两种转速下绕组有相对较高的绕组系数。与上例不同的是本绕组采用Y/2Y接法，故其实际功率比 $P_6/P_4=0.724$，转矩比 $T_6/T_4=1.21$。适合于高速时功率稍大的使用场合。本例无系列产品，仅供修理时改绕参考。

(3) 绕组端面布接线

如图 4-68 所示。

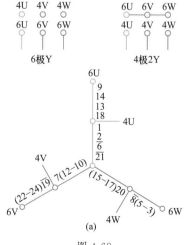

(a)

图 4-68

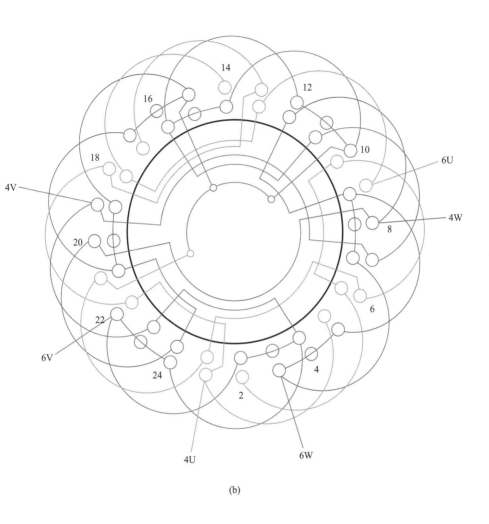

(b)

图 4-68　24 槽 6/4 极（$y=4$）Y/2Y 接线双速电动机绕组双层叠式布线

4.5.8　24槽8/2极△/2Y接线双速电动机绕组单层双节距布线

（1）绕组结构参数

定子槽数　$Z = 24$　　　　电机极数　$2p = 8/2$

总线圈数　$Q = 12$　　　　绕组接法　$\triangle/2Y$

线圈组数　$u = 12$　　　　每组圈数　$S = 1$

线圈节距　$y = 9 \text{、} 3$　　　每槽电角　$\alpha = 40°/10°$

分布系数　$K_{d8} = 1.0$　　　$K_{d2} = 0.654$

节距系数　$K_{p8} = 1.0$　　　$K_{p2} = 0.707$

绕组系数　$K_{dp8} = 1.0$　　　$K_{dp2} = 0.462$

出线根数　$c = 6$

（2）绕组布接线特点及应用举例

本例采用的单层布线比较特殊，从图中粗看，它近似同心绕组，其实它的两种节距线圈分属于两个单圈组，故称"双距"。本绕组以奇数槽号代表线圈号，各线圈布线如图4-68（a）所示。此绕组的接线也比较特别，我们且把每一双距线圈称作一单元，则接线从8极开始，进入单元1的大圈，与单元2的小圈反串后抽出2极引出线，则一个变极组接线完成，随之进入另一变极组，即串入此单元的大圈，再反串单元1的小线圈则一相完成。其余二相接法相同。由此可见，同一单元的大小线圈的极性相反。

此双速绕组分解成单层叠式，则8极时，其等效节距相当于$y_8 = 3$；2极时$y_2 = 6$，其绕组系数也由此计算。由于2极绕组系数很低，故适合低速正常工作，而高速适合辅助运行的场合。

这种布线型式可把线圈交叠减至最小，从而减薄端部厚度。故常应用于双绕组多速电动机配套使用。

（3）绕组端面布接线

如图4-69所示。

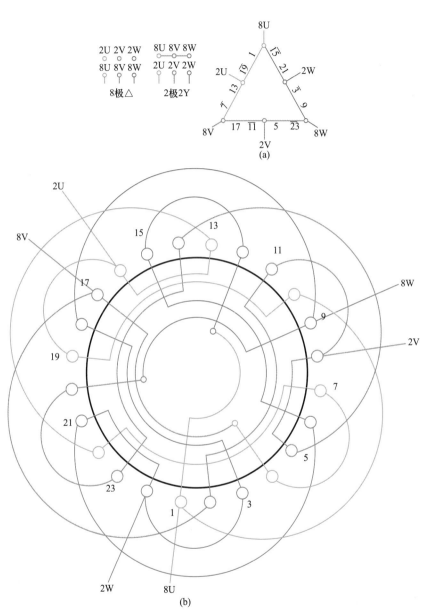

图 4-69　24 槽 8/2 极 △/2Y 接线双速电动机绕组单层双节距布线

4.5.9　24槽8/4极（$y=3$）△/2Y接线双速电动机绕组双层叠式布线

(1) 绕组结构参数

定子槽数　$Z = 24$　　　　电机极数　$2p = 8/4$

总线圈数　$Q = 24$　　　　绕组接法　△/2Y

线圈组数　$u = 12$　　　　每组圈数　$S = 2$

线圈节距　$y = 3$　　　　每槽电角　$\alpha = 40°/20°$

分布系数　$K_{d8} = 0.866$　　$K_{d4} = 0.966$

节距系数　$K_{p8} = 1.0$　　　$K_{p4} = 0.707$

绕组系数　$K_{dp8} = 0.866$　　$K_{dp4} = 0.683$

出线根数　$c = 6$

(2) 绕组布接线特点及应用举例

双速绕组是倍极比正规分布反转向方案。4极为60°相带分布，8极是庶极。双速输出为变矩特性，转矩比 $T_8/T_4 = 2.19$，功率比 $P_8/P_4 = 1.1$。主要应用实例有 JDO2-12-8/4 等。

(3) 绕组端面布接线

如图 4-70 所示。

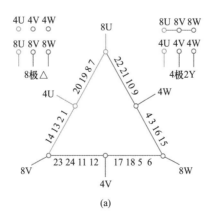

(a)

图 4-70

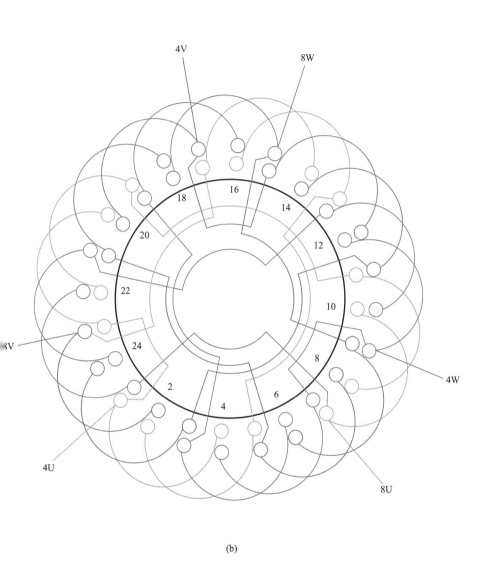

(b)

图 4-70　24 槽 8/4 极（$y=3$）△/2Y 接线双速电动机绕组双层叠式布线

4.5.10　18槽8/2极（y＝7）△/2Y接线双速电动机绕组双层叠式布线

（1）绕组结构参数

定子槽数	$Z = 18$	电机极数	$2p = 8/2$
总线圈数	$Q = 18$	绕组接法	△/2Y
线圈组数	$u = 12$	每组圈数	$S = 1、2$
线圈节距	$y = 7$	每槽电角	$\alpha = 80°/20°$
分布系数	$K_{d8} = 0.647$	$K_{d2} = 0.78$	
节距系数	$K_{p8} = 0.985$	$K_{p2} = 0.94$	
绕组系数	$K_{dp8} = 0.637$	$K_{dp2} = 0.733$	
出线根数	$c = 6$		

（2）绕组布接线特点

本例由单、双圈构成，每相两个变极组，每变极组有单圈和双圈各一组正串而成；8极时，线圈组全部为正。此绕组具有线圈组数较少的优点，但两种极数下的绕组系数都不高，但较为接近。本绕组未见应用实例，仅作为72槽32/8极电动机绕组的扩展图模。

（3）绕组端面布接线

如图4-71所示。

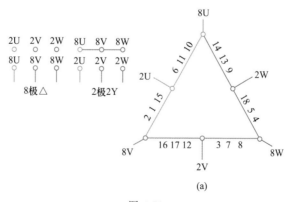

（a）

图4-71

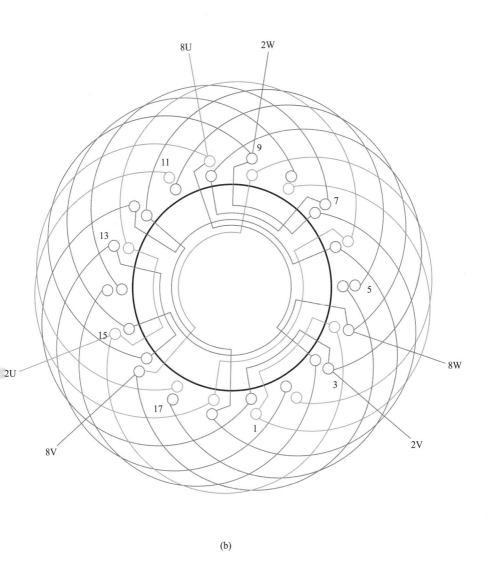

(b)

图 4-71　18 槽 8/2 极（$y=7$）△/2Y 接线双速电动机双层叠式布线

4.5.11 18槽8/2极（y＝7）Y/2Y接线双速电动机绕组双层链式布线

（1）绕组结构参数

定子槽数　$Z = 18$　　　　电机极数　$2p = 8/2$
总线圈数　$Q = 18$　　　　绕组接法　Y/2Y
线圈组数　$u = 18$　　　　每组圈数　$S = 1$
线圈节距　$y = 7$　　　　每槽电角　$\alpha = 80°/20°$
分布系数　$K_{d8} = 0.862$　　$K_{d2} = 0.778$
节距系数　$K_{p8} = 0.985$　　$K_{p2} = 0.94$
绕组系数　$K_{dp8} = 0.849$　　$K_{dp2} = 0.731$
出线根数　$c = 6$

（2）绕组布接线特点及应用举例

本例也是扩展72槽32/8极双速绕组的图模，与上例不同的是本绕组全部采用单圈组，所以线圈组数特多，接线也比上例烦琐，但绕组系数略高于上例。此双速也无实例，仅供微型双速电动机选用参考。

（3）绕组端面布接线

如图4-72所示。

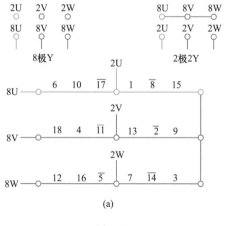

(a)

图 4-72

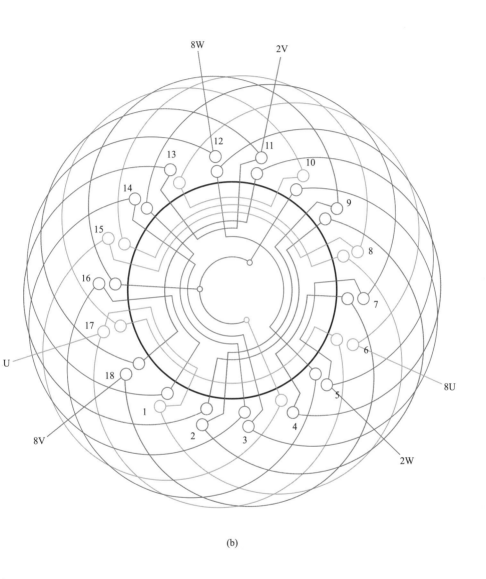

(b)

图 4-72   18 槽 8/2 极（y＝7）Y/2Y 接线双速电动机绕组双层链式布线

第 5 章

单绕组三速与单相变极双速电动机绕组

本章是变极电动机另一种规格类型，因实际应用所限而图例不多；主要包括两方面内容，即三相单绕组三速电动机和单相变极调速双速电动机。

5.1　三相单绕组三速电动机端面布接线图

三速电动机有两种结构型式：一是复合式，即定子槽中放置两套完全独立的绕组，其中一套是双速绕组，再加一套单速绕组，从而使电动机获得三种转速；另一是单绕组变极的三速绕组。本节所列图例就是后一种型式。单绕组三速常以某极数为基准，通过现有的变极方法获得其他两种极数。而三速绕组常用的变极接法有如下几种。

（1）2Y/2Y/2Y接法

本接法常用于非倍极比变极，即三种极数中，有一变极组合是非倍极比，但另一组合是倍极比，如8/6/4变极。它属于典型的反向法变极，通常是在非倍极比组合中选倍极比关联的少极数为基准极，如本例选4极为基准，并以60°相带安排4极绕组，然后用反向法排出6极；最后仍以4极为基准，再用反向底极法取得8极的120°相带绕组，也就是底极绕组。由此可见，运用反向法获得三速最为简单，也最为成熟。采用2Y/2Y/2Y接线时，引出线9根，外部控制变速接线也较简；但非基准极的绕组系数过低，从而影响其功率的发挥，不能满足两种转速下均衡出力的要求。

（2）3Y/△/△接法

反向变极只改变部分线圈的极性（电流方向），而不改变线圈的相位，而3Y/△/△则属换相变极。它把其中两种极数按正规60°相带的槽电势分布的方法来安排绕组，这样必定造成某些线圈可能反向，而且还可能会改变相属，所以称换相变极。既然它的两种极数都是60°相带，故其分布系数都很高，故可能使两种甚至三种极数的绕组获得较高的绕组系数；而换相变极电动机的内部接线是变极绕组中最为简练的，但引出线特多，故外部控制接线相当复杂。所以其推广应用受到一定的限制。

（3）2Y/2△/2△接法

这种接法的特点介乎于前两者之间，它既可用反向法变极，也可用换相变极。如果一台8/4/2极电动机，主要工作在高速，而且要求出力较大，按反向法变极原理则宜选2极为基准，再反向得4极，但这时的4极已是120°相带，按以往的反向法就无法再变8极，为此则可用双节距法。即把一组的线圈分成两部分，如图5-4所示，一部分采用小节距线圈；另一部分用大节距线圈，这样再用反向法便可获得8极。这种方法则称为双节距变极法。它是根据反向法改进而成的一种特殊的变极方法。双节距的线圈组一般为双层叠式，但也可改变其端部形式而成为同心式线圈组的双节距绕组，如图 5-5 所示。

此外，2Y/2△/2△接线还可运用于换相变极，如图 5-6 所示。它是以 4 极为基准，换相法获得 2 极后，再以基准极反向取得 8 极的庶极绕组。这样可使 2 极和 4 极都得到较高的绕组系数，从而使其都获得较大的出力。但它仍然继承换相变极的特点，即内部接线简单而外部接线多，变速控制复杂。

本节收入三速电动机绕组 9 例，其中 72 槽 48 槽定子各 1 例，其余均是 36 槽的变极三速。

5.1.1　36 槽 8/6/4 极（$y=4$）2Y/2Y/2Y 接线三速电动机绕组双层叠式布线

(1) 绕组结构参数

定子槽数	$Z=36$	电动极数	$2p=8/6/4$
总线圈数	$Q=36$	绕组接法	2Y/2Y/2Y
线圈组数	$u=16$	每组圈数	$S=3、2、1$
线圈节距	$y=4$	每槽电角	$\alpha=40°/30°/20°$
绕组系数（8 极）	$K_{dp8}=0.844\times0.985=0.831$		
绕组系数（6 极）	$K_{dp6}=0.644\times0.866=0.558$		
绕组系数（4 极）	$K_{dp4}=0.96\times0.643=0.617$		
出线根数	$c=9$		

(2) 绕组布接线特点及应用举例

本绕组的 4 极采用正规 60°相带绕组，用反向法排出 6 极绕组；然后再在 4 极的基础上用庶极法排出 8 极。4、6 极为同转向方案，8 极反转向。本绕组每组线圈数不等，故绕制线圈组及嵌线时应参考端面图进行，其相对位置不得嵌错。此绕组在系列电动机中有应用，主要实例如 JDO3-140M-8/6/4、JDO3S-8/6/4 等。

(3) 绕组端面布接线

如图 5-1 所示。

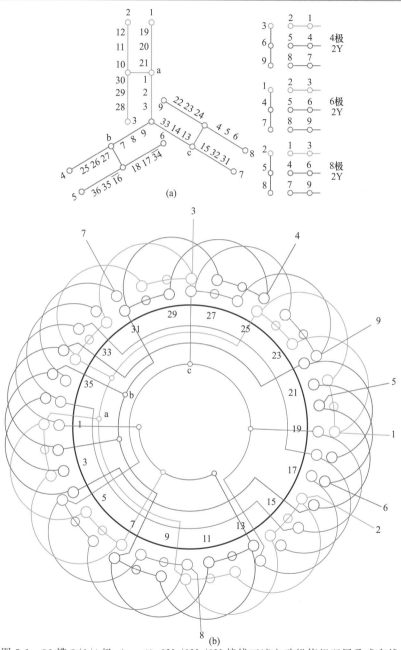

图 5-1　36 槽 8/6/4 极（$y=4$）2Y /2Y /2Y 接线三速电动机绕组双层叠式布线

5.1.2　36 槽 8/6/4 极（$y=5$）2Y/2Y/2Y 接线三速电动机绕组双层叠式布线

（1）绕组结构参数

定子槽数	$Z=36$	电机极数	$2p=8/6/4$
总线圈数	$Q=36$	绕组接法	2Y/2Y/2Y
绕圈组数	$u=16$	每组圈数	$S=3、2、1$
绕圈节距	$y=5$	每槽电角	$\alpha=40°/30°/20°$

绕组系数（8 极）　$K_{dp8}=0.844×0.985=0.735$

绕组系数（6 极）　$K_{dp6}=0.644×0.966=0.622$

绕组系数（4 极）　$K_{dp4}=0.96×0.766=0.831$

出线根数　$c=9$

（2）绕组布接线特点及应用举例

本绕组采用反向变极方案。4 极是 60°相带正规绕组，用反向法获得 6 极。两种极数的转向相同，但绕组系数较低，且较接近。8 极是在 4 极的基础上用反向法取得，故属 120°相带的庶极绕组，但 8 极是反转向，且绕组系数较高，宜作低速正常工作的场合。

主要应用实例有 JDO3-100S-8/6/4，JDO2-42-8/6/4 等。

（3）绕组端面布接线

如图 5-2 所示。

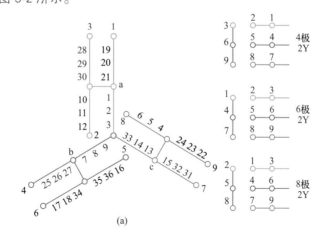

(a)

图 5-2

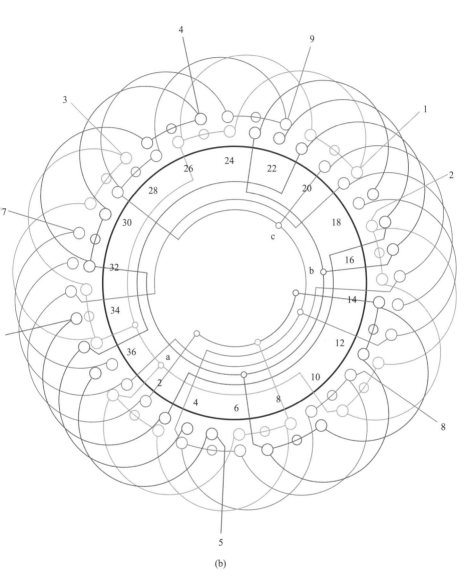

(b)

图 5-2　36 槽 8/6/4 极（$y=5$）2Y/2Y/2Y 接线三速电动机绕组双层叠式布线

5.1.3　36槽8/6/4极（y＝5）2Y/2△/2△接线三速电动机绕组双层叠式布线

(1) 绕组结构参数

定子槽数	$Z=36$	电机极数	$2p=8/6/4$
总线圈数	$Q=36$	绕组接法	$2Y/2\triangle/2\triangle$
线圈组数	$u=16$	每组圈数	$S=3、2、1$
线圈节距	$y=5$	每槽电角	$\alpha=40°/30°/20°$
绕组系数（8极）	$K_{dp8}=0.844\times0.985=0.831$		
绕组系数（6极）	$K_{dp6}=0.644\times0.966=0.622$		
绕组系数（4极）	$K_{dp4}=0.96\times0.766=0.735$		
出线根数	$c=9$		

(2) 绕组布接线特点及应用举例

前例2Y/2Y/2Y三速接线是36槽8/6/4极系列电动机常用接法，它不足之处在于8极时气隙磁密偏高而4、6极偏低；这样，如果机械设备运行于高速时就不理想了。为此，本例通过改用2Y/2△/2△接线来改变输出特性，使4、6极的气隙磁密相应提高，从而提高电动机在高速时的出力。本绕组适用于高速时要求有较高出力的三速电动机的改绕。

此外，本绕组由单、双、三圈构成，嵌绕时必须注意严格按图进行，勿使弄错。

(3) 绕组端面布接线

如图5-3所示。

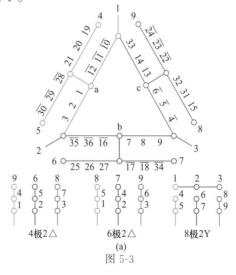

(a)

图 5-3

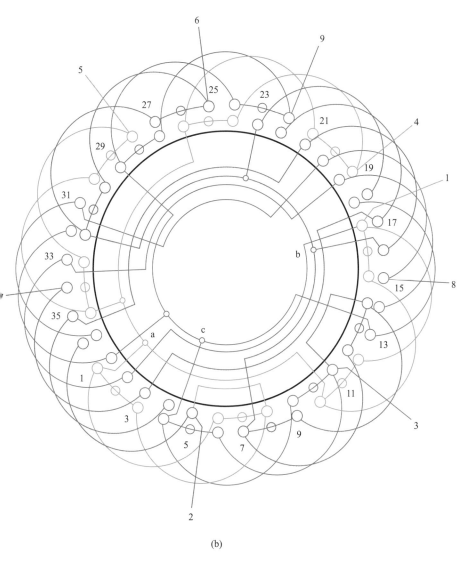

(b)

图 5-3 36 槽 8/6/4 极（y＝5）2Y/2△/2△接线三速电动机绕组双层叠式布线

5.1.4 36槽8/4/2极（$y=12$、6）2Y/2△/2△接线三速电动机（双节距变极）绕组双层（特种）叠式布线

(1) 绕组结构参数

定子槽数	$Z=36$	电动极数	$2p=8/4/2$
总线圈数	$Q=36$	绕组接法	2Y/2△/2△
线圈组数	$u=12$	每组圈数	$S=3$
线圈节距	$y=12、6$	每槽电角	$\alpha=40°/20°/10°$

绕组系数（8极） $K_{dp8}=0.731\times0.866=0.633$
绕组系数（4极） $K_{dp4}=0.832\times1=0.832$
绕组系数（2极） $K_{dp2}=0.956\times0.707=0.676$
出线根数 $c=9$

(2) 绕组布接线特点及应用举例

本例采用大节距 $y_1=12$ 和小节距 $y_2=6$ 的两种线圈（简化接线图中，用圈标示的线圈号为小节距线圈）。在三速绕组中，2极是60°相带正规分布绕组，用反向法得4极，属120°相带的庶极绕组；然后采用双节距法获得8极。此种三速由9根引出线通过改接变换极数。它具有绕组系数较高的特点。此绕组2、8极为同转向，4极是反转向。主要实例有JDO2-42-8/4/2、JDO3-112L-8/4/2等。

(3) 绕组端面布接线

如图5-4所示。

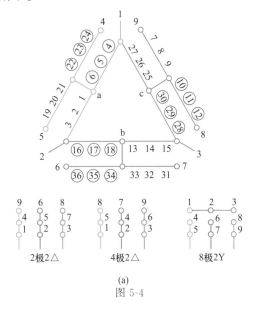

(a)

图5-4

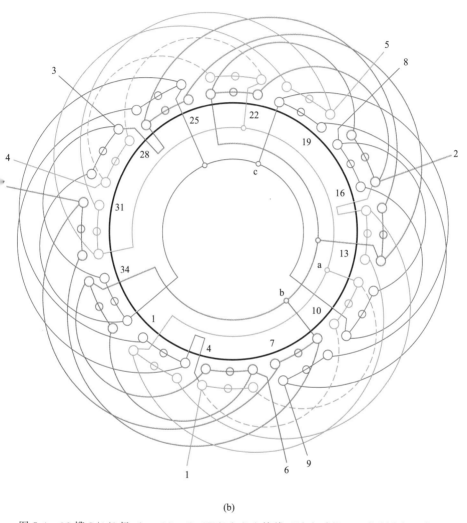

(b)

图 5-4　36 槽 8/4/2 极（$y=12$、6）2Y/2△/2△接线三速电动机（双节距变极）绕
组双层（特种）叠式布线

5.1.5 36 槽 8/4/2 极（$S=3$）2Y/2△/2△接线三速电动机（双节距变极）绕组双层（双同心组）布线

(1) 绕组结构参数

定子槽数　$Z=36$　　　　　电动极数　$2p=8/4/2$

总线圈数　$Q=36$　　　　　绕组接法　2Y/2△/2△

线圈组数　$u=12$　　　　　每组圈数　$S=3$

线圈节距　$y_d=9$　　　　　每槽电角　$\alpha=40°/20°/10°$

绕组系数（8极）　$K_{dp8}=0.731\times0.866=0.633$

绕组系数（4极）　$K_{dp4}=0.832\times1=0.832$

绕组系数（2极）　$K_{dp2}=0.956\times0.707=0.676$

出线根数　$c=9$

注：y_d——线圈组的等效节距。

(2) 绕组布接线特点及应用举例

本例也是双节距变极三速绕组，它是从上例演变而来，即把每组的 3 只交叠线圈改为同心线圈组，故其绕组变极特点与上例相同。此绕组应用于个别厂家生产的 JDO3-100L-8/4/2 等三速电动机。

(3) 绕组端面布接线

如图 5-5 所示。

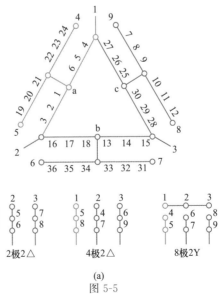

(a)

图 5-5

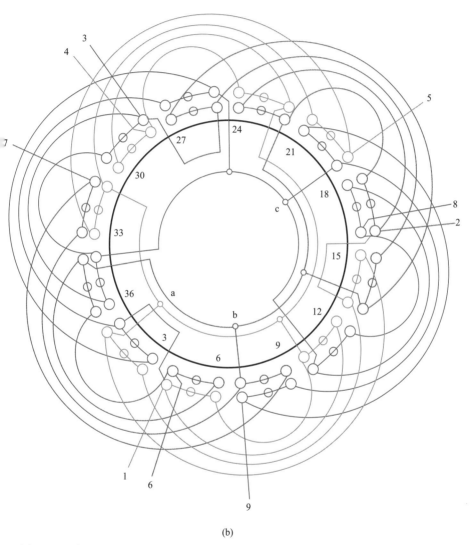

(b)

图 5-5　36 槽 8/4/2 极（$S=3$）2Y/2△/2△接线三速电动机（双节距变极）绕组双
层（双同心组）布线

5.1.6 36槽8/4/2极（$y=6$）2Y/2△/2△接线三速电动机（换相变极）绕组双层叠式布线

（1）绕组结构参数

定子槽数	$Z=36$	电动极数	$2p=8/4/2$
总线圈数	$Q=36$	绕组接法	2Y/2△/2△
线圈组数	$u=12$	每组圈数	$S=3$
线圈节距	$y=6$	每槽电角	$\alpha=40°/20°/10°$

绕组系数（8极）　$K_{dp8}=0.844×0.866=0.731$
绕组系数（4极）　$K_{dp4}=0.96×0.866=0.831$
绕组系数（2极）　$K_{dp2}=0.956×0.5=0.478$
出线根数　$c=12$

（2）绕组布接线特点及应用举例

本绕组是换相变极三速绕组。2、4极是正规安排的60°相带绕组；8极则在4极基础上用反向法获得的庶极绕组。2、4极为同转向，8极是反转向。绕组出线虽多，但内部接线却较简。由于采用换相变极，各绕组换相情况由简化图结合端接图进行变换。主要应用实例有JDO2-32-8/4/2、JDO2-51-8/4/2等。

（3）绕组端面布接线

如图5-6所示。

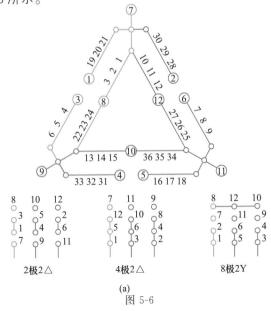

2极2△　　　　4极2△　　　　8极2Y

(a)

图5-6

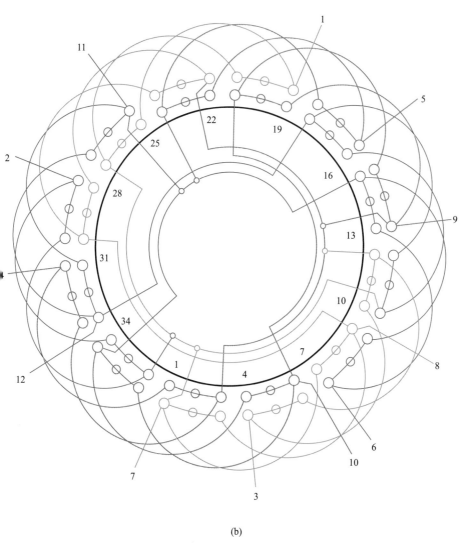

(b)

图 5-6 36 槽 8/4/2 极 ($y=6$) 2Y/2△/2△接线三速电动机
（换相变极）绕组双层叠式布线

5.1.7　36 槽 6/4/2 极（$y=6$）3Y/△/△接线三速电动机（换相变极）绕组双层叠式布线

（1）绕组结构参数

定子槽数　$Z=36$　　　　电动极数　$2p=6/4/2$

总线圈数　$Q=36$　　　　绕组接法　3Y/△△

线圈组数　$u=9$　　　　　每组圈数　$S=4$

线圈节距　$y=6$　　　　　每槽电角　$\alpha=30°/20°/10°$

绕组系数（2 极）　$K_{dp2y}=0.49$　$K_{dp2d}=0.483$

绕组系数（4 极）　$K_{dp4y}=0.801$　$K_{dp4d}=0.789$

绕组系数（6 极）　$K_{dp6}=0.836$

出线根数　$c=13$

（2）绕组布接线特点及应用举例

本例采用换相变极。2 极和 4 极为△形接法，6 极是 3Y 接法并呈庶极形式。三种极数转向相同。本例绕组端面图及接线示意图均按 2 极时的相别标示相色，变 4 极或 6 极时有部分线圈组要进行改换相属；故变速时要按图 5-7（a）的端接进行接线。此绕组接线简单，但引出线最多，共有 13 根，所以变速控制比较复杂。

主要应用实例有 JDO2-41-6/4/2、JDO3-140S6/4/2 等。

（3）绕组端面布接线

如图 5-7 所示。

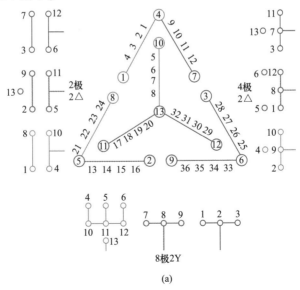

(a)

图 5-7

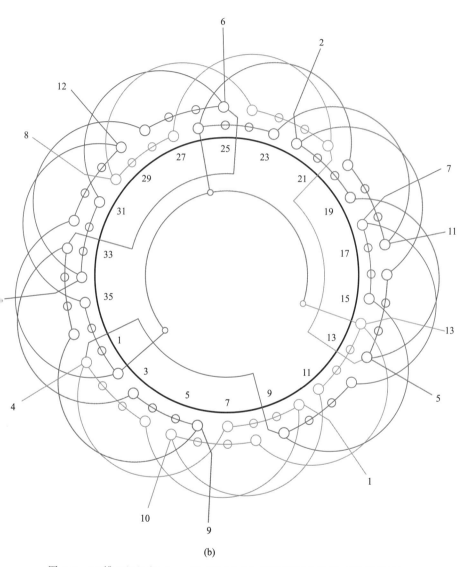

(b)

图 5-7 36 槽 6/4/2 极（$y=6$）3Y/△/△接线三速电动机（换相变极）
绕组双层叠式布线

5.1.8 48 槽 8/4/2 极（$y=16$、8）2Y/2△/2△接线三速 电动机（双节距变极）绕组双层（特种）叠式布线

(1) 绕组结构参数

定子槽数	$Z=48$	电动极数	$2p=8/4/2$
总线圈数	$Q=48$	绕组接法	2Y/2△/2△
线圈组数	$u=12$	每组圈数	$S=4$
线圈节距	$y=16.8$	每槽电角	$\alpha=40°/20°/10°$

绕组系数（8 极）　$K_{dp8}=0.837\times0.793=0.664$
绕组系数（4 极）　$K_{dp4}=0.824\times1=0.824$
绕组系数（2 极）　$K_{dp2}=0.955\times0.707=0.675$
出线根数　$c=9$

(2) 绕组布接线特点及应用举例

本例是倍极比三速。采用双节距变极方案。其中 2 极是 60°相带，并以此为基准反向法获得 120°庶极的 4 极绕组，这时再不能用庶极的方法来获得 8 极，所以改用双节距法，即由原来每极相 8 槽线圈中分为大小节距的两组，并将其中一半逆反再形成 60°相带的 8 极。本方案中 2、8 极为同转向，4 极为反转向。本绕组具有嵌线方便，绕组内接较简且引出线较少等优点。常用于倍数比三速绕组，常见于 JDO3-100S-8/4/2、JDO2-42-8/4/2 等。

(3) 绕组端面布接线

如图 5-8 所示。

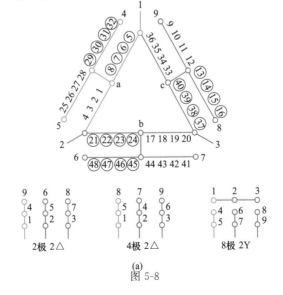

(a)
图 5-8

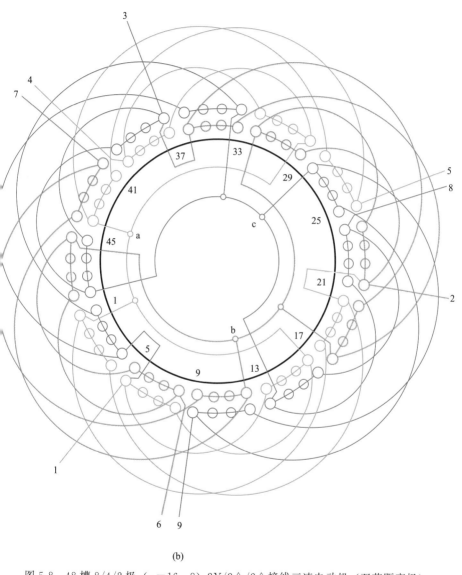

(b)

图 5-8 48 槽 8/4/2 极（$y=16$、8）2Y/2△/2△接线三速电动机（双节距变极）绕组双层（特种）叠式布线

5.1.9　72槽8/6/4极（$y=12$）2Y/2△/2△接线三速电动机绕组双层叠式布线

(1) 绕组结构参数

定子槽数　$Z=72$	电机极数　$2p=8/6/4$
总线圈数　$Q=72$	绕组接法　2Y/2△/2△
线圈组数　$u=18$	每组圈数　$S=6$、5、3、1
线圈节距　$y=12$	每槽电角　$\alpha=40°/30°/20°$
绕组系数（8级）　$K_{dp8}=0.831×0.866=0.72$	
绕组系数（6级）　$K_{dp6}=0.636×1=0.636$	
绕组系数（4级）　$K_{dp4}=0.956×0.866=0.823$	
出线根数　$c=9$	

(2) 绕组布接线特点及应用举例

本例是非倍极比变速，三速采用反向法变极。它以4极60°相带绕组为基准，用反向法排6极绕组；再用4极为基准，反向获得8极的庶极绕组。根据对磁场校验，4极和8极都能形成规整的磁场，而6极形成的磁场则不够规整，但这也是非倍极比变极带来的通病，所以启动、运行时会产生振噪。本绕组6、8极是同转向，并与4极反转向。

本例绕组每组圈数不等，每组有6圈、5圈、3圈和单圈4种。嵌线和绕线时应以注意。

(3) 绕组端面布接线

如图5-9所示。

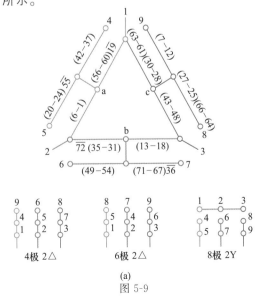

(a)

图5-9

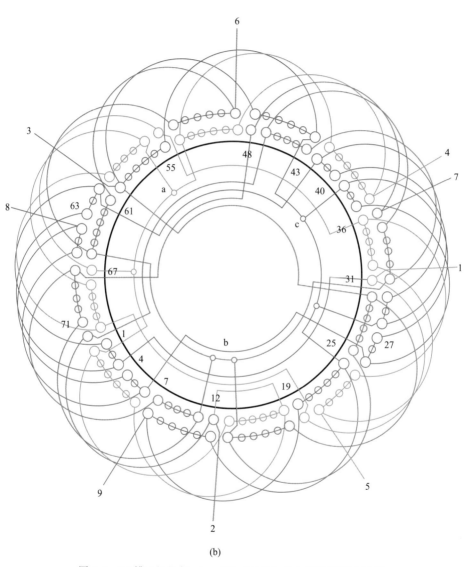

(b)

图 5-9　72 槽 8/6/4 极 （$y=12$）2Y/2△/2△接线三速电动机
绕组双层叠式布线

5.2　单相变极双速电动机绕组端面布接线图

　　家用电器常用到调速电动机，最常见的调速就数电风扇了。电扇调速属于单相抽头调速，它是一种特殊形成的降压调速，基于负载随风扇转速下降而迅速减小，从而使转速与负载达到新的平衡点；并利用定子绕组部分匝数所形成的串联电抗来降低输入到主绕组的电压，从而达到降压减速的一种调速方式。因此，对于空载运行或负载不随转速改变的机械，抽头调速就不能成立而无效。这时如果需要调速，就要采用变极调速。

　　众所周知，交流感应电动机的转速大致取决于绕组极（对）数，即 $n \approx 60f/p$，即改变电动机绕组的极对数 p 就可改变电动机转速。而变极是可通过绕组的特殊设计，再通过外部改接线（如串联、并联），把一相绕组中的部分线圈极性（电流方向）的改变来实现的。通常，改变绕组极数除反向法（改变电流方向）外，还有改变线圈原来的相属来获得，即换相变极。

　　国产系列产品中并无单相变极电动机，目前使用不普遍，也无资料可查。笔者也仅从网上得到一些零散资料；所以，本节收入图例也仅从有限的资料中整理，拼凑而成。虽然是笔者杜撰的作品且未经实践，却从中选出数例，经反复进行过理论检验无误，若选配合适的线圈数据，变速运行应无问题。

　　本节收入单相双速绕组 7 例，主要是 4/2 极倍极比变极；非倍极比 6/4 极绕组仅 1 例。为方便读者对单相双速绕组的认识，特作说明如下。

　　（1）绕组结构参数

　　① 电机极数和绕组接法　极数与接法是对应关系，如 4/2 极 1/2-L 表示 4 极是 1 路 L 形接线；2 极是 2 路 L 形接线。

　　② 线圈组数　是指全绕组所含线圈组的组数。

③ 线圈节距　一般是指线圈两有效边所跨的槽距，但单相双速绕组除双层叠式绕组外，还有其他布线，因此，对叠式布线，线圈节距就是实际跨槽距；而单层同心式则计算绕组系数时采用的是平均节距 y_p；而双层同心布线则是等效节距 y_d，即演变前双层叠式绕组的实际节距。

④ 主、副相圈数　即主绕组、副绕组所含线圈数。

⑤ 主、副相组数　是指主绕组、副绕组的线圈组组数。

⑥ 绕组系数　由于修理计算只涉及主绕组的绕组系数，故参数中的绕组系数仅指主绕组系数。

⑦ 启动型与运行型　单相电动机副绕组启动后断开，只有主绕组工作者为启动型，通常，线圈数 $S_m > S_a$；主、副绕组都参与启动机运行称运行型，这时，$S_m = S_a$，但并非绝对。

(2) 单相变极电动机绕组调速特点

① 变极调速是用一套变极绕组通过外部改换接线来获得两种极数的转速，其调速方便有效；

② 变极电动机只能变极数改变转速，即只能按级数变速而无法得到均匀的调速；

③ 单相变极绕组主要是倍极比调速，但也可设计成非倍极比调速；

④ 变极调速较之抽头调速具有机械特性硬、效率高等优点，而且可根据负载特性而选用恒转矩、恒功率等调速特性；

⑤ 变极绕组只适用于笼型转子的感应电动机。

5.2.1　16 槽 4/2 极（$S=2$）1/2-L 接线单相双速电动机（运行型）绕组单层同心式布线

(1) 绕组结构参数

定子槽数　$Z = 16$　　　　电机极数　$2p = 4/2$

总线圈数　$Q = 8$　　　　绕组接法　1/2-L

线圈组数　$u = 4$　　　　绕组极距　$\tau = 4/8$

线圈节距　$y = 7、3$　　　每槽电角　$\alpha = 45°/22.5°$

主相圈数　$S_m = 4$　　　　主相组数　$u_m = 2$

副相圈数　$S_a = 4$　　　　副相组数　$u_a = 2$

绕组系数　$K_{dp4} = 0.653$　　$K_{dp2} = 0.639$

出线根数　$c = 6$

（2）嵌线要点

本例是单层绕组，可用分层整嵌法，先嵌入主绕组，再嵌副绕组，使之形成双平面结构。

（3）绕组结构及变极特点

本例是单相运行型倍极比变极绕组。绕组型式采用同心式，每相均由两组线圈构成，每组则由隔槽的同心线圈组成。两组间的接线是顺向串联，使两组线圈形成 4 极的庶极形式；变换 2 极时，引出线端 3 与 4、2 与 6、1 与 5 连接，电源从 3、5 进入，即主、副绕组均变为二路并联，电机构成 2L 接线。

（4）绕组端面布接线（本例以线圈左侧有效边所在槽号为线圈号）

如图 5-10 所示。

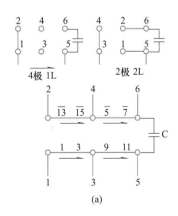

(a)

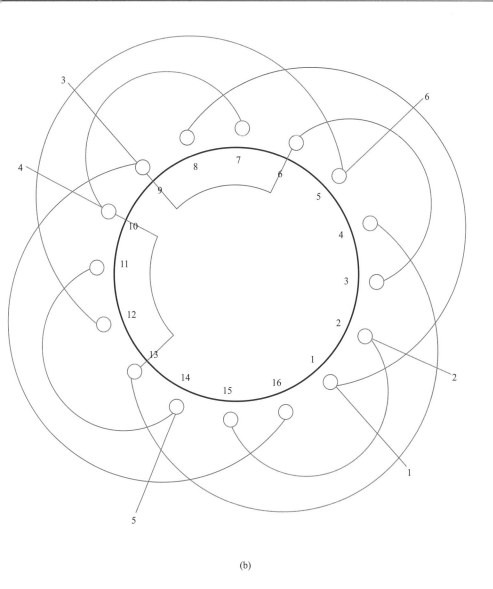

(b)

图 5-10　16 槽 4/2 极（$S=2$）1/2-L 接线单相双速电动机（运行型）
绕组单层同心式布线

5.2.2 16槽4/2极（y＝4）1/2-L接线单相双速电动机（运行型）绕组双层叠式布线

（1）绕组结构参数

定子槽数 $Z = 16$ 电机极数 $2p = 4/2$

总线圈数 $Q = 16$ 绕组接法 1/2-L

线圈组数 $u = 6$ 绕组极距 $\tau = 4/8$

线圈节距 $y = 4$ 每槽电角 $\alpha = 45°/22.5°$

主相圈数 $S_m = 8$ 主相组数 $u_m = 4$

副相圈数 $S_a = 8$ 副相组数 $u_a = 2$

绕组系数 $K_{dp4} = 0.854$ $K_{dp2} = 0.753$

出线根数 $c = 6$

（2）嵌线要点

本例是采用双层叠式绕组，嵌线采用交叠法，嵌线规律：每嵌好一槽往后退，上层边先吊起，逐槽嵌至第5槽便可整嵌，下层边全部嵌完后，再把吊边嵌入相应槽的上层。

（3）绕组结构及变极特点

本例是双层叠式双速绕组。主绕组有8只线圈，分4组，每组由2只线圈组成；副绕组也是8只线圈，但只有两组，每组4只线圈。绕组4极时是1L接法，即把引出线端1与2连接，而5与6接入电容器，电源从1、5端进入，电源方向如箭头所示。变换2极时为2L接法，这时分别将3与4、2与6、1与5连通，电源改至3和5进入。

（4）绕组端面布接线

如图5-11所示。

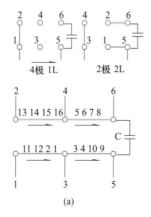

(a)

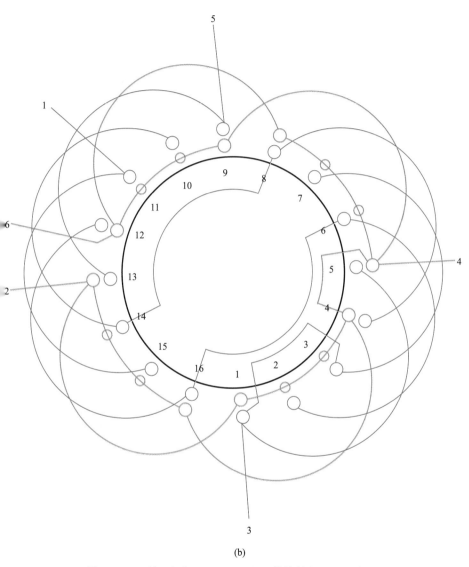

(b)

图 5-11　16 槽 4/2 极（$y=4$）1/2-L 接线单相双速电动机
（运行型）绕组双层叠式布线

5.2.3　16 槽 4/2 极（y＝5）2/2-L 接线单相双速电动机（运行型换相变极）绕组双层叠式布线

(1) 绕组结构参数

定子槽数	$Z = 16$	电机极数	$2p = 4/2$
总线圈数	$Q = 16$	绕组接法	2/2-L
线圈组数	$u = 8$	绕组极距	$\tau = 4/8$
线圈节距	$y = 5$	每槽电角	$\alpha = 45°/22.5°$
主相圈数	$S_m = 8$	主相组数	$u_m = 4$
副相圈数	$S_a = 8$	副相组数	$u_a = 4$
绕组系数	$K_{dp4} = 0.854$	$K_{dp2} = 0.753$	
出线根数	$c = 10$		

(2) 嵌线要点

本例是双层叠式绕组，嵌线采用交叠吊边法，即顺次后退嵌入 5 个下层边，另边吊起，至第 6 只线圈开始整嵌，当下层嵌满后，再把原来的吊边逐个嵌入相应槽的上层。

(3) 绕组结构及变极特点

本例是换相变极的单相双速绕组，主、副绕组占槽相等，适用于运行型。绕组由双圈组成，引出线较多。2 极时 1 与 7、6 与 8、4 与 5 连通，2、3 接入电容器，电源从 3 和 5 进入。这时各线圈所属相别如图 5-12（a）相色所示；电流方向也如箭头标示。当变 4 极时仍是 2L 接线，而图（a）右侧线圈换相（即主、副线圈相属调换），但左侧相属不变。电源从 1 与 8 进入，由 10 与 9 流出；而且电容器连接端也需改变。

(4) 绕组端面布接线

如图 5-12 所示。

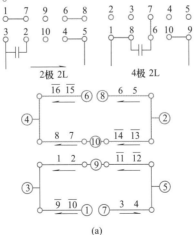

(a)

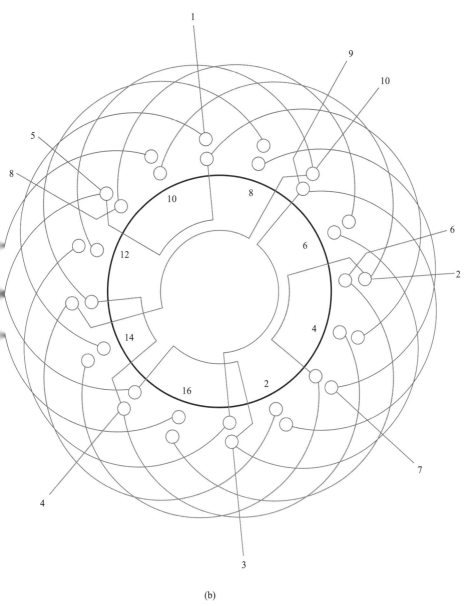

(b)

图 5-12　16 槽 4/2 极（$y=5$）2/2-L 接线单相双速电动机（运行型换相变极）绕组双层叠式布线

5.2.4 18 槽 4/2 极（$y_j = 5.8$）1/2-L 接线单相双速电动机（启动型）绕组单双层混合布线

(1) 绕组结构参数

定子槽数	$Z = 18$	电机极数	$2p = 4/2$
总线圈数	$Q = 10$	绕组接法	1/2-L
线圈组数	$u = 4$	绕组极距	$\tau = 4.5/9$
线圈节距	$y = 9、7、3$	每槽电角	$\alpha = 40°/20°$
主相圈数	$S_m = 6$	主相组数	$u_m = 2$
副相圈数	$S_a = 4$	副相组数	$u_a = 2$
绕组系数	$K_{dp4} = 0.608$	$K_{dp2} = 0.658$	
出线根数	$c = 6$		

(2) 嵌线要点

本例绕组采用双平面嵌法，先嵌主绕组，再嵌副绕组。但主绕组属 A 类安排，故其最大节距线圈用交叠吊边嵌入。

(3) 绕组结构及变极特点

本例是反向变极绕组。采用同心式双平面布线，主绕组每组 3 圈，属 A 类安排，即最大线圈节距等于极距，但最小线圈隔槽安排而形成不连续相带；副绕组采用隔槽双圈 B 类安排。绕组 4 极时是一路 L 型（1L），电源从端子 1、5 接入，1 与 2 连通，3、4 端空置，5 和 6 接入电容器；改换 2 极时，则 3 与 4、2 与 6、1 与 5 连通，电源改换到 3 和 5 进入，这时是 2L 接线。

(4) 绕组端面布接线

如图 5-13 所示。

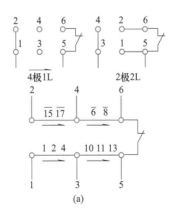

(a)

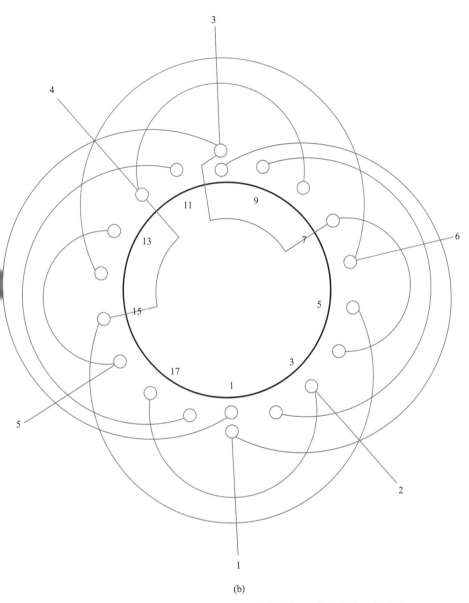

(b)

图 5-13　18 槽 4/2 极（$y_j = 5.8$）1/2-L 接线单相双速电动机（启动型）
绕组单双层混合布线

5.2.5　24 槽 4/2 极（$y=8$）1/1-L 接线单相双速电动机（启动型）绕组双层叠式布线

(1) 绕组结构参数

定子槽数	$Z=24$	电机极数	$2p=4/2$
总线圈数	$Q=24$	绕组接法	1/1-L
线圈组数	$u=6$	绕组极距	$\tau=6/12$
线圈节距	$y=8$	每槽电角	$\alpha=30°/15°$
主相圈数	$S_m=16$	主相组数	$u_m=4$
副相圈数	$S_a=8$	副相组数	$u_a=2$
绕组系数	$K_{dp4}=0.725$	$K_{dp2}=0.718$	
出线根数	$c=7$		

(2) 嵌线要点

本绕组是双层叠式，故采用交叠法嵌线，即后退逐个嵌入 8 只线圈的下层边，另边暂时吊起，从第 9 只线圈开始整嵌，当全部下层边嵌满后，再把原来吊起的上层边逐个嵌入相应槽内。

(3) 绕组结构与变极特点

本例是反向变极双速绕组，采用双层叠式布线，主、副绕组的占槽比是 2∶1，故属启动型绕组，引出线 7 根。4/2 极双速采用相同的接法，4 极时引出线端 2 与 4、3 与 5 连通，电源从 1 和 7 接入；变换 2 极时，电源改由 1 和 5 接入，再把 3 与 7、2 与 6 连通。

(4) 绕组端面布接线

如图 5-14 所示。

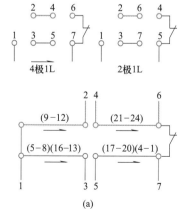

(a)

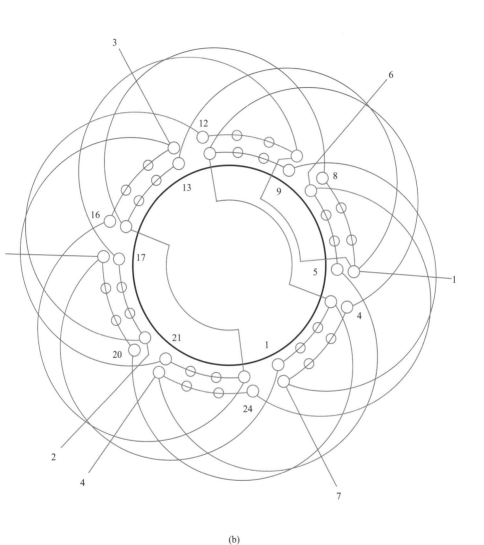

(b)

图 5-14　24 槽 4/2 极（$y=8$）1/2-L 接线单相双速电动机
（启动型）绕组双层叠式布线

5.2.6 24 槽 4/2 极 （$y_d=6$） 1/2-L 接线单相双速电动机 （运行型）绕组双层同心式布线

(1) 绕组结构参数

定子槽数	$Z=24$	电机极数	$2p=4/2$
总线圈数	$Q=24$	绕组接法	1/2-L
线圈组数	$u=8$	绕组极距	$\tau=6/12$
线圈节距	$y=8、7、6$	每槽电角	$\alpha=30°/15°$
主相圈数	$S_m=12$	主相组数	$u_m=4$
副相圈数	$S_a=12$	副相组数	$u_a=4$
绕组系数	$K_{dp4}=0.789$	$K_{dp2}=0.424$	
出线根数	$c=6$		

(2) 嵌线要点

本例是双层同心式绕组，可以分相嵌线，即先嵌入主绕组，再嵌副绕组。但由于同相存在双层线圈，故对交叠线圈采用吊边嵌法，最后构成不完整的双平面端部结构。

(3) 绕组结构与变极特点

本例主、副绕组均用相同的布线，每组由 3 只同心线圈组成，每相有两个变极组，每变极组包括 2 组线圈，如图 5-15 (b) 所示。双速绕组引出线 6 根，采用反向法变极。4 极时端号 1 与 2 连通，3、4 不接，电源从 1 和 5 进入时，绕组为 1L 接线。变换 2 极时，改使 3 与 4、2 与 6，1 与 5 连通，电源由 1 和 5 接入，绕组为 2L 接线。

(4) 绕组端面布接线（本例以线圈左侧有效边所在槽号为线圈号）

如图 5-15 所示。

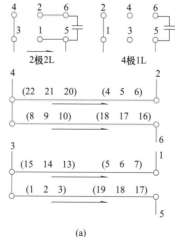

(a)

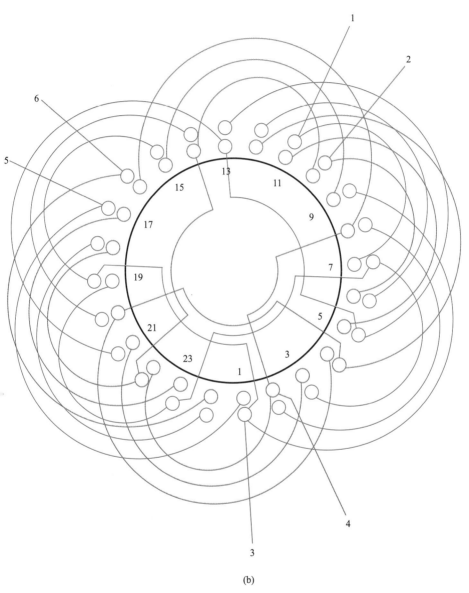

(b)

图 5-15　24 槽 4/2 极（$y_d=6$）1/2-L 接线单相双速电动机
（运行型）绕组双层同心式布线

5.2.7　24槽6/4极（$y=5$）2/2-L接线单相双速电动机（运行型换相变极）绕组双层叠式布线

(1) 绕组结构参数

定子槽数	$Z=24$	电机极数	$2p=6/4$
总线圈数	$Q=24$	绕组接法	2/2-L
线圈组数	$u=16$	绕组极距	$\tau=4/6$
线圈节距	$y=5$	每槽电角	$\alpha=45°/30°$
主相圈数	$S_m=12$	主相组数	$u_m=8$
副相圈数	$S_a=12$	副相组数	$u_a=8$
绕组系数	$K_{dp6}=0.854$	$K_{dp4}=0.879$	
出线根数	$c=10$		

(2) 嵌线要点

本例双速绕组采用双层叠式布线，嵌线采用交叠法，即逐槽（后退）嵌入线圈下层边，嵌至第6只线圈开始整嵌，嵌满全部槽的下层边后，再把开始时的吊起线圈边逐个嵌入相应槽的上层。

(3) 绕组结构与变极特点

本例是非倍极比换相变极绕组。各线圈（组）的电流方向如图5-16(a)所示，其中实线箭头所指方向是4极时线圈（组）所处的方向；虚线箭头指的方向是6极时线圈电流方向。另外，变极时除改变电流方向外，还需改变某些线圈（组）的相属，例如图(a)中的变极组8—2、10—2、9—5、7—5，变极后都要改变相属，即主改副或副改主；而其他则不变相属。

此处，本例图中绕组线圈相色及图(a)线圈极性均以4极（实线箭头）为基准标示。

(4) 绕组端面布接线

如图5-16所示。

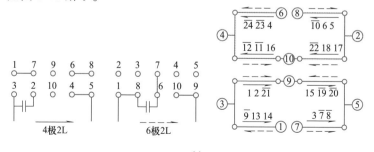

(a)

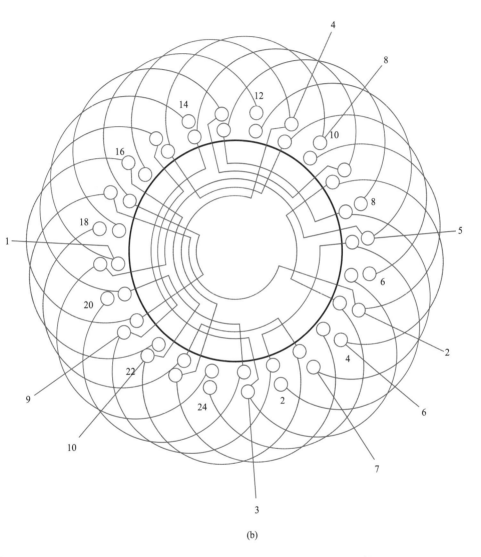

(b)

图 5-16　24 槽 6/4 极（$y=5$）2/2-L 接线单相双速电动机
（运行型换相变极）绕组双层叠式布线